JN161433

アクアバイオ学概論

東京農業大学生物産業学部アクアバイオ学科

松原 創・塩本 明弘　編著

生物研究社

はじめに

東京農業大学生物産業学部は，寒冷地農業の展開を産学官で行い，地域産業の発展に貢献するため，1989年，北海道網走市に開設された。開設当初，生物産業学部は，生物生産学科・食品科学科（現食品香粧学科）・産業経営学科（現地域産業経営学科）の3学科で構成されていたが，2006年にアクアバイオ学科が新設され，現在の4学科体制となった。そして，開設当初から現在に至るまで，東京農業大学の「生みの親」榎本武揚そして「育ての親」横井時敬による実学創造の精神を北の地で継承している。

北半球において，凍る海としては最も南に位置するオホーツク海は，生物多様性が豊かであり，世界有数の漁場として知られている。アクアバイオ学科では，この豊かな海をはじめとするオホーツク域の水圏（アクア）を実際に観察しながら，生物（バイオ）の特性や生態，生態環境を地元と連携し，調査・研究を行い，オホーツク域の水産業の振興に尽力してきた。また，次世代の養成を積極的に行い，多くの卒業生を地元ひいては日本の水産業に還してきた。

2015年，アクアバイオ学科設立10年を迎えたことを機に，平成27年度日本水産学会北海道支部大会公開シンポジウム「オホーツク圏におけるアクアバイオロジーのフロンティア：東京農業大学アクアバイオ学科10年を迎えて」にて，アクアバイオ学科現職教員一同，くわえてオホーツク域の水圏で調査を行っているアクアバイオ学科以外の教員や各研究機関の職員の研究内容を，水産関係者と一般の方に紹介した。本書は，このシンポジウムあるいはアクアバイオ学科1年生の必修講義であるアクアバイオ学概論をベースに，新たな知見を加え，いまだ不明な点が多く残されているオホーツクの水圏全般に関して書かれたものである。

本書においては，巻頭の“はじめに”に続いてアクアバイオ学科設立の趣旨，第I部にオホーツク圏の水圏環境および生態，第II部にオホーツク圏の水産利用を配置した。まず，どのようにして，アクアバイオ学科が設立に至ったのか（伊藤，蓑茂）にて言及する。つぎに，豊かなオホーツク海の環境特性については第I部1章（朝隈），コラム1（谷口）およびコラム2（柏井）で概説し，水圏生態を支える基礎生産者である植物プランクトンについては2章（塩本）および3章（西野），くわえて海洋動物の餌として重要な役割を担う動物プランクトンについては4章（中川）で解説する。つづいて，海洋植物である海藻については5章（高橋）で，塩性植物であるアッケシソウについてはコラム3（中村）で紹介する。そして，オホーツク海の海洋動物について，6章（瀬川）では頭足類の生活史，7章（白井）では魚類の種分類，8章（小林）ではアザラシの生態を概説する。一方，海水と陸水が接する汽水域の生態については9章（園田）で説明する。さらに，オホーツク域の陸水魚類に関する興味深い研究成果を10章（荒井）および11章（山家）で紹介する。第II部では，オホーツク域の水産業に関して解説する。まず，12章（千葉）はオホーツク域の水産増殖について概説し，コラム4（金岩）では北海道東部の水産資源管理について紹介する。つづいて，オホーツク域の水産業で重要な位置を占めるサケ・マス類の資源について，13章（宮腰）で説明する。14章（松原）では，オホーツク域の地の利を活かした海洋資源の付加価値向上に関する技術を紹介する。15章（渡邉）は，北海道を含む全国各地の水産養殖業で不可欠な仔稚魚期の疾病を防除するべく研究されている微生物に関して概説する。そして，北海道を含む全国各地の水産業で不可欠な漁港・市場の衛生管理について，最新の知見を16章（吉水）で説明する。また，コラム5（山崎）ではオホーツク域の水産業で最も重要な位置を占めるホタテガイの新しい加工モデルを提案し，コラム 6 (佐藤) では，最新機器を用いた北海道を含む日本で作られている魚醤油と他国との相違を紹介する。17 章 (菅原) はオホーツク陸水域における生産，加工そして流通に関して説明する。コラム 7 (渡部) では，北海道網走市におけるアクアバイオ学科の役割について言及する。

執筆にあたっては，先のとおり，アクアバイオ学科 1 年生の必修講義であるアクアバイオ学概論の教科書とすることを主眼としたが，アクアバイオ学専攻の大学院入学試験に向けての参考書，ひいてはオホーツク域の水圏について学びたい方々の啓蒙書としての位置づけも考慮した。さまざまな方に本書を活用してもらえたら幸甚である。

2016 年 10 月 1 日

松原 創・塩本明弘

アクアバイオ学科開設10周年記念出版に寄せて

伊藤雅夫（東京農業大学アクアバイオ学科　初代学科長）

平成18年，東京農業大学オホーツクキャンパスにアクアバイオ学科が開設されて，東京農業大学の115年という永き歴史のなかで初めての，水産学・水圏科学系の本格的な教育・研究が始まった。本年，アクアバイオ学科開設10周年を迎えて，記念の出版事業が進んでいると聞いて，開設に携わった一人としてたいへんうれしく思っている。また，この10年の間，さまざまな障害や苦難と向き合いながら立派な学科に育てて下さったスタッフ一同に深甚なる敬意を表する次第である。

生物産業学部（オホーツクキャンパス）は平成元年に開設されて以来，教育・研究組織の充実や設備機能の拡充など順調に発展を遂げていたが，アクアバイオ学科設置の検討がなされた平成15年から16年当時は，平成5年頃を境にすでに減少し始めていた18歳人口の減少が加速され，数年後の18歳人口は激減するだろうと予測されていた。このような社会状況に呼応して，わが東京農業大学でも大学改革推進室による改革が図られ，その一環として，生物生産学科に一研究室として組み込まれていた水圏科学の教育を，新しい学科として拡充し，本格的な水産学・水圏科学系の教育・研究体制を整えるという構想が実現したのである。

新しい学科（アクアバイオ学科）の個性は「流氷が着岸する独特な水圏環境と豊かな水産資源を持つオホーツク海を教育・研究のフィールドにし，水産系の資源管理や増殖の問題と理学系の水圏環境の問題を統合した科学として教育・研究出来ること」というような文言だったと思う。そして，これに沿ってカリキュラムが整備されたように記憶している。私は門外漢で専門的にどのような学問体系を構築すべきかの議論に加わることはなかったけれども，生物産業学部の特性を生かした教育を実現するために，水産加工や水産資源を活用した地域産業に係る科目を加えることをお願いした。

さて，水産学・水圏科学系の新しい学科の名称がなぜ「アクアバイオ学科」となったかである。端的に言えば，東京農業大学の付属高校3校を対象にしたアンケート調査で，「魅力的な学科名」として最も高い支持を得たのがアクアバイオ学科であったからである。はっきりとは覚えていないが，「アクアバイオ学科」をはじめ「水圏科学科」，「水圏生物学科」，「水産学科」など漢字名，カタカナ名を合わせて15程度の候補から，最も魅力的と思う名称を選んでもらった結果である。

生物産業学部が立地するオホーツクの大地にはヨーロッパに匹敵する大規模農業が展開されており，その周辺には手つかずの大自然が残されている。そして世界的にも特異的なオホーツク海が横たわっている。アクアバイオ学科が水圏の生態系や環境を農林水産業あるいは陸圏の生態系との関わり合いから総合的に研究・解析する拠点になってくれることを願っている。

アクアバイオ学科の誕生に関わって思うこと

蓑茂壽太郎（東京農業大学名誉教授）

アクアバイオ学科が開設されたのは，平成18（2006）年4月である。約2年間の準備期間を経てスムーズに新学科は発足した。学校法人の松田藤四郎理事長，進士五十八学長の体制下で大学改革が進められ，東京農業大学で初めて副学長制が採られ，私は，中西載慶，門間敏幸の両教授と一緒に3人制副学長の一人として就任した。私の担当は大学改革推進である。当時の学部長は天野卓農学部長，大澤貫寿応用生物学部長，新沼勝利国際食料情報学部長，駒村正治地域環境科学部長，伊藤雅夫生物産業学部長である。社会の変化を踏まえ大学改革をどう進めるかはどの大学でも課題だった。東京農業大学でも法人理事会や全学審議会で種々骨格が議論されていた。そのなかには獣医学部構想や獣医系学科増設の話題，そして少し時代が下がっては薬学部や薬学系学科の構想をしようかという話もあったと記憶している。そうしたなかで，生物産業学部改組の一環としてアクアバイオ学科を計画し文部科学省への申請準備を進めた。文部科学省との協議では東京農業大学にアクアバイオ学科が置かれることには必然性があると良い感触を得，時間を置かずして学科設置委員会を構成した。「陸の東京農業大学を海の東京農業大学にまで広げる」として計画したのがこのアクアバイオ学科である。「東京農業大学は宮古のマンゴー林，奥多摩のヒノキ林，そしてオホーツクのコンブ林までをフィールドとします」と宣言したかった。

ところで，平成元（1989）年のオホーツクキャンパス開設当時から水産系の研究教育組織をここに作りたいという大学の思いは強かった。そして何よりも地元の要望が強かった。しかし，高額となる練習船のことや教授陣の大部分を外部から招聘しなければならないなどの理由から単独の学科設置には至らず，生物生産学科のなかに分野を置くことで繕ってきた。そこで学部創設20年を前に，生物産業学部の充実とオホーツクの地域力と連動したキャンパス強化からアクアバイオ学科の増設となったのである。生物産業学部は，東京農業大学にまだ農学部一学部しかない時代の創設であり，第二農学部にならないアイデンティティ形成と魅力づくりを当初から意識していた。「オホーツクの特徴，オホーツクらしさ」への回答は誕生以来，永遠の課題で，このアクアバイオ学科をつくることは，この課題解決の切り札とも見て取れた。

つまりこのアクアバイオ学科には，特段の思い入れが大学はもとより全国，全世界で活躍する10万校友，そして何よりも北の大地の道東地域の人々の心にあった。この時期，この学科のほかに，学部分割改組後に厚木キャンパスに誕生した新・農学部についても学部強化の観点からバイオセラピー学科の創設を考えた。アクアバイオ学科については，新学科の学科長予定者とされた伊藤雅夫教授と大学改革室を預かっていた私がカリキュラムや研究室の分野構成などを検討した。その過程では改革室のメンバーと全国の水産系学科や講座をくまなく調べ，カリキュラムの分析を通して理想の教育体系を探った。また気鋭の研究者やベテラン教授陣の発掘にも努めた。まさにゼロからのスタートである。公募の戦略や人脈調査も試みた。全国の大学はもとより国や道の試験研究機関にも適材を求めた。松田理事長と学術会議を通じて懇意にされていた水産学の大御所である東北大学の谷口旭教授を東京出張で滞在中の本郷のホテルに訪ね，教育体系や研究分野の構成についてアドバイスをいただくお願いをしたことが昨日のように思い出される。

いよいよアクアバイオ学科の研究棟と臨海研究センターを整備することになった。そこに忘れられない思い出がある。研究棟は結果として野球場に面する現在地となり，その奥には47本のカラマツが生える小高い丘があるが，当初はその丘も建物用地としカラマツ林を伐採する案であった。小高い丘はオホーツクキャンパスの校地の中で標高の最高点で，その理由から最初のマスタープランで残したのだと説明した。また，海と山は対として相互に大事である。森は海の恋人だから，アクアバイオ学科の学び舎には森がよく似合うのである。アクアバイオ学科の創設からずっと現在まで，私は集中講義でウォーターフロント論を担当している。そこで触れているのが，戦後の昭和28年から始まった襟裳岬における緑化事業と漁獲高との見事な相関の話である。

学科創設から10年を経て希望するのは，卒業生・校友を学科の財とする組織運営である。オホーツクのアクアバイオ学科への在籍は人在（ジンザイ）である。ここでたくさんの知識を習得し，研究室活動で学問の仕方を学んだことでやがて社会の人材（ジンザイ）になるだろう。そしてこれからの時代，これを人財（ジンザイ）にするまで，このアカデミック・コミュニティは関わってほしい。大学院もそうだが社会人になってからの継続的専門職能開発CPDがどうしても必要だから。常に学び足しと学び直しの機会をつくる学科であることを願い，四方の海にはばたかれんことを。

目　次

第Ⅰ部

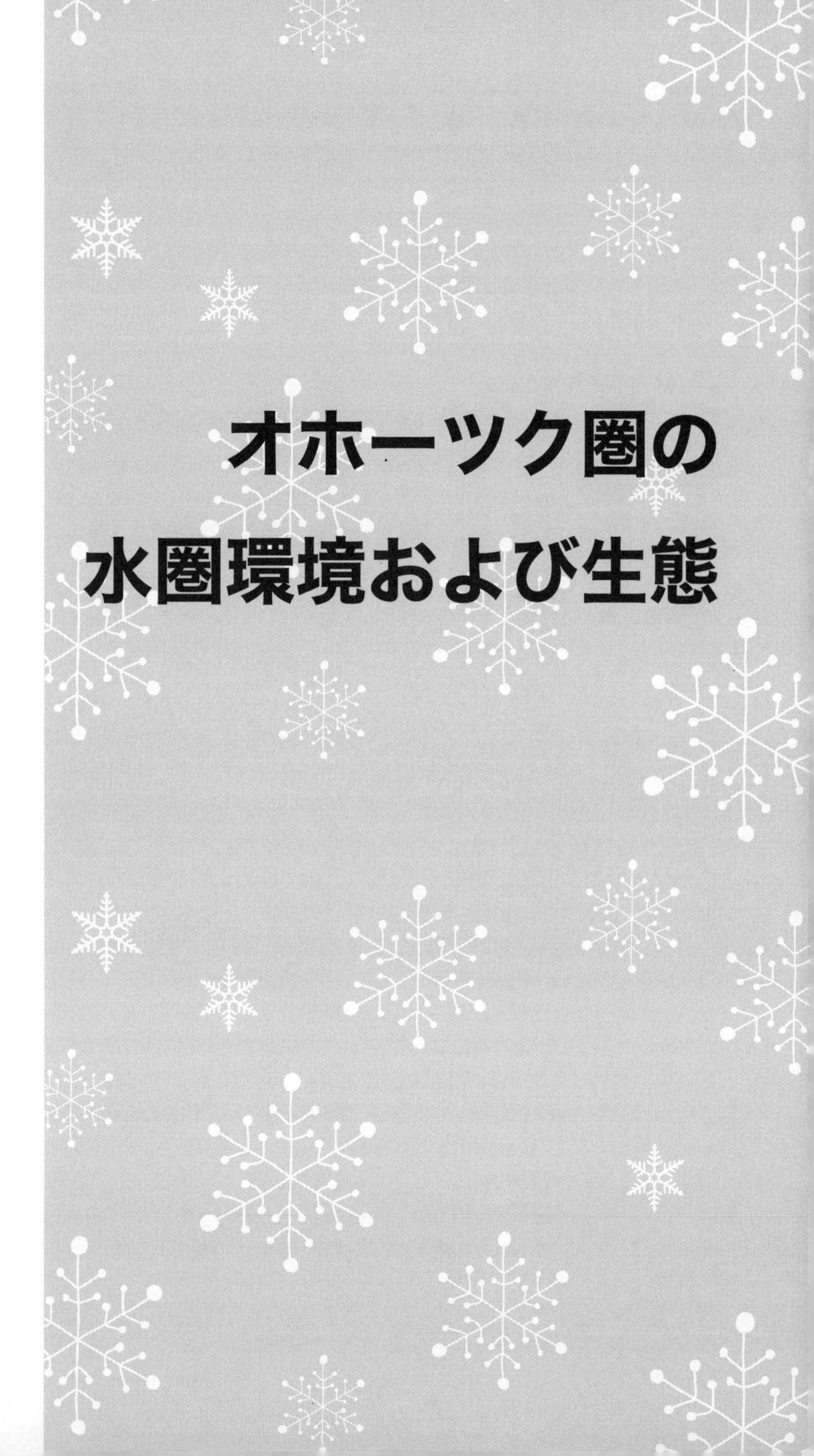

オホーツク圏の水圏環境および生態

❖ 第1章 ❖

リモートセンシングで見るオホーツク沿岸環境

1　はじめに

海洋環境のモニタリングとは，どのような観測であろうか。海洋環境のモニタリングは基本的には観測船による深度別の採水と，CTD (Conductivity Temperature Depth profiler：塩分 (電気伝導度)，水温，水深計) とよばれる海洋観測機器などの投下，引き上げによって行われる。採水された海水は，船の上または研究施設に持ち帰りその成分などが分析される。この観測は，調査内容やその規模によって異なるが，数海里 (1 海里は約 1.8 km) ごとに調査船を停泊させ，海洋観測指針 (気象庁, 1999) により，それぞれの項目について，決められた手順で実施される。このようにして集められた各地点での観測データは，各種研究機関が協力して共有しあい，広大な海域を網羅する海洋データとなる。このデータは，研究者などが利用しやすいように日本海洋データセンター (JODC) によってとりまとめられ公開されている (http://jdoss1.jodc.go.jp/vpage/scalar_j.html)。

オホーツク海の表面積はおよそ 150 万 km^2 あるが (第 2 章参照)，このうち，国内の水産業の中心は，沿岸から 100 km 以内である。JODC のデータベースで，オホーツク海における漁業対象となる海域 (北緯 43.5 ～ 46.0°，東経 142.0 ～ 144.5°，面積 40,000 km^2) の 1999 年から 2008 年までの 10 年間のデータを検索してみると (2009 年以降は 2016 年 7 月現在，まだ公開されていない)，観測点数は平均 98 回で，2008 年の 221 回が最多である。オホーツク海の環境を 2 次元的に捉えようとすれば，さらに多くの観測点を設ける必要がある。このような海洋観測を将来にわたって続けることは，経済的にも労働する人的資源的にも難しいだろう。このような場合には，人工衛星によるリモートセンシングが便利である。

人工衛星による海洋モニタリングは，船による観測と比べて観測項目は限定され，精度もそれほど高くはないが，利用する衛星や内容によっては数分に 1 回の観測が可能である。人工衛星によって得られる海洋の観測項目は海表面に限られるが，古くから外洋域での海表面水

温 (sea surface temperature：SST), 海面高度, 植物プランクトンによるクロロフィル *a* 濃度が計測されており, 近年では沿岸域において土砂などの浮遊懸濁物質, 河川などから流入する陸域生物由来の有色溶存有機物および塩分まで計測可能である。また, 最新の研究では, プランクトンの種類まで分類可能とした報告もある (Fujiwara, *et al*., 2011)。このような観測項目はいったいどのような原理で観測されているのだろうか。観測対象とその原理のいくつかを簡単に学んでみよう。

2　リモートセンシングとは？

リモートセンシングとは, 名前が示すとおり,「遠く離れた場所から(リモート)」,「感知する (センシング)」ことである。また, リモートには「間接的な」という意味あいも強く,「対象物に直接触れずに」という意味も含む。日本リモートセンシング研究会 (1992) によると, リモートセンシングとは「離れた場所から直接触れることなく, 対象物を同定あるいは計測し, その性質を分析する技術全般」のことを示す。それでは, どのようにして離れた場所から, 触れもせずに対象物を分析できるのだろうか。すべての物質は何らかの形で電磁波を放射している。リモートセンシングでは, 物質が放射や反射する電磁波を計測することによって物質を同定して性質を観察する。

それでは, 電磁波とはどのようなものだろうか。電磁波とは空間そのものを伝わる波である。日常的には光や携帯電話の電波も電磁波の1種である。皆さんは波というと海の波や音波のように水や空気のような媒質そのものの振動を思いうかべると思うが, 電磁波はこれとは少し異なり真空中でも伝わる。ただし, 波であることには変わりないので基本的な考え方は似ている。波に関する物理的な特徴は高校の物理 (の教科書) を復習してもらうとして, ここでは, 物質と電磁波の相互作用について簡単に述べる。

物質に電磁波が照射されると, 物質はその電磁波を吸収, 散乱・反射するなどの相互作用を引き起こす。そして, 物質ごとに吸収や反射する波長が異なる。つまり, 物質に電磁波を照射してその吸収や反射する波長を調べれば, その物質が何であるかがわかる。電磁波のそれぞれの波長における強度の対応関係を, 分光スペクトルとよぶ。リモートセンシングでは物質固有の分光スペクトルを観測することで, 離れた場所から, 触れもせずに対象物を分析できるのである。図1に, オホーツクキャンパス内に植樹されている樹木の葉の分光反射スペクトルを示した。この図は, 分光器 (Ocean Optics 社製 USB-2000) で観測した, それぞれの樹木の葉の分光反射光強度と標準白版の反射光強度の比を表

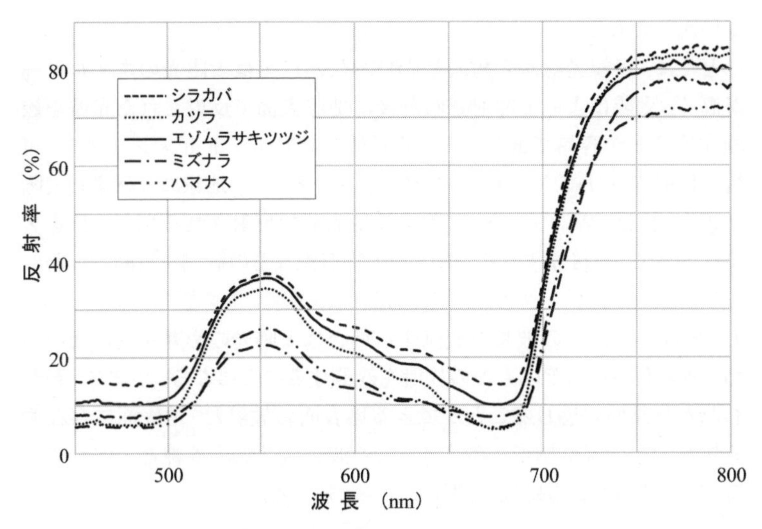

図1　樹木の葉の反射スペクトル

している。図を見ると，樹木の種類によって強弱はあるが，500 nm 以下（青色光）と 670 nm 付近（赤色光）で反射率が小さく，550 nm 付近（緑色光）と 750 nm 以上（近赤外線）で反射率が大きいことがわかる。すなわち，人工衛星や航空機に搭載されたセンサなどでこのようなスペクトルをもつ物質が観測されたとしたら，それは樹木である。

電磁波は波長によって分類されており，リモートセンシングもその観測する波長域によって分類される。大まかには，波長 0.1 mm（100 μm）未満の領域である光波を用いた光波リモートセンシングと，波長 0.1 mm 以上の領域である電波を用いたマイクロ波リモートセンシングに分けられる。この2つはその計測原理も異なる。本章では，光波リモートセンシングについて述べ，マイクロ波リモートセンシングについては割愛する。

3　地球放射と太陽放射

光波リモートセンシングはその利用する波長域が，近紫外線（280 ～ 380 nm），可視光線（380 ～ 750 nm），赤外線（750 nm ～ 14 μm）に分類される（Rees, 1990；日本リモートセンシング研究会, 1992）。赤外線域は，さらに近赤外域（750 nm ～ 1.3 μm），短波長赤外線（1.3 ～ 3.0 μm），中間赤外線（3 ～ 8 μm），熱赤外線（8 ～ 14 μm），遠赤外線（14 μm ～ 1 mm）に分けられる。衛星を利用する場合は，近紫外線から短波長赤外線までである。なぜなら宇宙から地球を観測する場合，近紫外線から短波長赤外線までは太陽光に含まれるが，それ以上の波長は太陽光には含まれないからである。

とくに，可視光線から短波長赤外線にかけては太陽光のエネルギーが高く，太陽によって照射された後に地球表面で反射された光波を観測することが容易である。この波長域でのリモートセンシングを，可視・反射赤外リモートセンシングとよぶ。そして，地球に入射する太陽光束（単位は，W；ワット）に対する地表面で反射される光束の比をアルベドとよぶ。後述するが，海洋の生物資源などの観測を目的に行われるリモートセンシングでは，主に海表面のアルベドを観測している。一方，熱赤外線以上の波長を観測する場合は太陽光の影響を受けないため，地表面の物質そのものの放射を観測することになる。つまり，われわれが日常的に感じることができる地表面の放射と，地表面に存在する物質のもつ温度域が一致する。この波長域は熱赤外線とよばれている。次節で温度と電磁波の関係について述べる。

4　リモートセンシングによる海表面温度観測の原理

ここでは，どうして遠く離れた場所から物質の温度がわかるのか，前述したように，地表面に存在するすべての物質は何らかの電磁波を放射している。まず，物質と電磁波の放射が海表面温度（SST）の観測に利用できる原理について説明する。

皆さんは紙を黒く塗り，虫眼鏡で太陽光を集光すると紙が燃え出すという実験をした記憶があるだろうか。人の目に見える可視光に限れば，黒く塗られた物体は光をよく吸収し反射が小さいので黒く見える。すべての電磁波を吸収する（反射も透過もしない）理想的な物質を黒体とよぶ。黒く塗られた物質が燃えないためには入射した電磁波を何らかの形で放出し，釣り合いをとる必要がある。このような状態を平衡状態とよび，放射平衡にある物体が放射する電磁波と吸収する電磁波の比は，温度 t [K] と波長 λ [μm] にのみ依存する。これを，キルヒホッフの放射法則とよぶ。この法則は，地球に入射する電磁波と放出される電磁波のバランスによって温暖化や冷却化が生じる原因を理解するうえで重要となっている。

黒体は吸収と放射の比が 1 である理想的な完全放射体でもある。もちろん，現実の物質はこのような理想状態にはなりえない。ある物体が放射する放射エネルギーと黒体が放射する放射エネルギーの比を，放射率または射出率とよぶ。電磁波を観測する場合，単位面積だけではなく，単位立体角中の放射量を基本量とする場合が多い（会田, 1982）。立体角とは平面上の角度（ラジアン）の概念を 3 次元に拡張したもので，

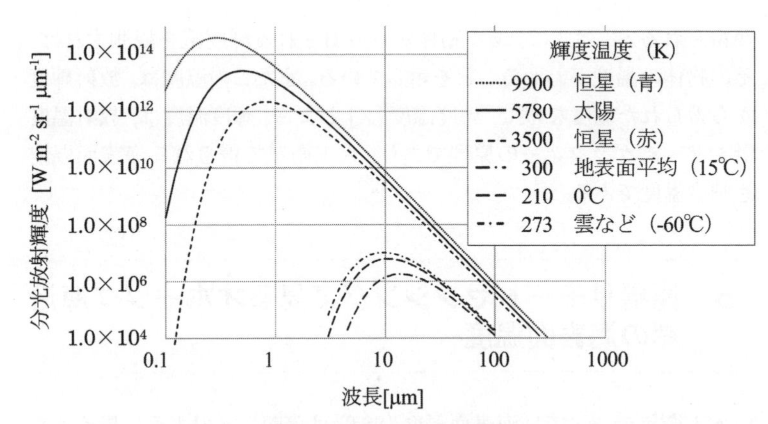

図2　プランクの放射法則

その単位はステラジアン（sr）と書く。単位波長あたりの放射輝度を分光放射輝度（$\mathrm{W\,m^{-2}\,sr^{-1}\,\mu m^{-1}}$）とよぶ。

黒体の放射する分光放射輝度Bは，以下の式，

$$B(\lambda,t)=\frac{2hc^2}{\lambda^5}\frac{1}{e^{hc/k\lambda t}-1}$$

で与えられる。これをプランクの放射法則とよぶ。ここで，cは光速，$h=6.626\times10^{-34}\,\mathrm{J\,s}$はプランク定数，$k=1.380\times10^{-23}\,\mathrm{J\,K^{-1}}$はボルツマン定数である。この式は一見難しく見えるが，この式の意味は，黒体の放射する分光放射輝度は，波長λとその温度tのみによって決まる。この式は，図2のようになる。図2からわかることは，ある温度に対する波長と輝度の関係は上に凸の関数の形で表され，温度が高くなると，波長の短い方へシフトするということである。

波長λが十分に大きい場合は，プランクの法則を次の手順で近似できる。上式を振動数ν（$=c/\lambda$）で書き直すと，

$$B(\nu,t)=\frac{2h\nu^3}{c^2}\frac{1}{e^{h\nu/kt}-1}$$

と書ける。このとき，振動数νが小さいときに，$h\nu/kt<<1$なので，$e^{h\nu/kt}\approx1+h\nu/kt$と近似すると（$x<<1$のとき，$e^x\approx1+x$），

$$B(\nu,t)\approx\frac{2h\nu^3}{c^2}\frac{1}{h\nu/kt}=\frac{2h\nu^3}{c^2}\frac{kt}{h\nu}=\frac{2\nu^2kt}{c^2}$$

となる。この式を波長λで書き直すと，

$$B(\lambda,t)\approx\frac{2kt}{\lambda^2}$$

を得る。これを，レイリー・ジーンズの法則とよぶ。この式を温度tで表すと，

$$t=\frac{B\lambda^2}{2k}[\mathrm{K}]$$

が得られる。この式は，ある物体から放射される輝度値を観測すれば，その物体の温度がわかることを示している。またこの温度は，放射輝度から得られた温度なので，輝度温度［K］とよぶ。輝度温度は，放射温度計やサーモグラフィーの原理であり，人工衛星で得られる海表面温度も輝度温度である。

5　衛星リモートセンシングで見るオホーツク海沿岸の海表面温度

人工衛星データでは海表面温度（SST）は実際にどのように見えるだろうか。ここでは，東京農業大学生物産業学部で受信している MODIS（MODerate resolution Imaging Spectroradiometer）画像を例にみてみよう*。MODIS は，NASA（アメリカ航空宇宙局）が 1998 年に開始した EOS 計画（Earth Observation System）によって打ち上げられた衛星 EOS-AM（通称 TERRA）と PM（通称 AQUA）に搭載されている可視・赤外域のセンサであり，0.4 〜 14.4 μm の範囲に 36 のバンド（波長帯）をもつ。利用者によって分類に差があるが，このうち可視域は 11 バンド，近赤外域は 5 バンド，短波長赤外域は 4 バンド，中間赤外域は 9 バンドおよび熱赤外域 7 バンドである。また，空間解像度は，250 m が 2 バンド，500 m が 5 バンド，残り 19 バンドが 1 km となっている。

MODIS によって SST を計測するには，熱赤外バンドであるチャンネル 31（波長：10.8 〜 11.3 μm）ならびにチャンネル 32（11.8 〜 12.3 μm）によって観測される放射輝度から，前述したレイリー・ジーンズの法則をもとに輝度温度を算出する。ただし，人工衛星は地表面の対象物質から遠く離れた宇宙から観測するため，その観測値は地球大気の影響や太陽の位置，衛星の観測角度によって変化する。それ以外にもセンサの経年劣化による較正計算が必要となる。このような較正計算を行うソフトウェアはさまざまな研究機関から配布されている。また，海洋観測をする場合は，NASA の the Ocean Biology Processing Group（http://seadas.gsfc.nasa.gov/）による SeaDAS が便利である。図３に SeaDAS で処理を行った 2010 年 5 月 23 日の北海道北部沿岸の SST 画像を示す。図３中の北東部，オホーツク海にある黒い部分は海氷である。海氷の南側と西側の A で示した暗灰色の領域の SST は 1℃前後である。SST はそこから沿岸に近づくにつれ明るい灰色となり，B 領域付近では 5℃前後となる，さらに沿岸域の C 付近では明るい灰色となり，この領域の温

＊ 現在も MODIS データは配信されているが，老朽化のため，2011 年に NPOSESS 計画により打ち上げられた Suomi NPP 衛星に搭載される VIIRS（Visible Infrared Imaging Radiometer Suite）に運用転換している。

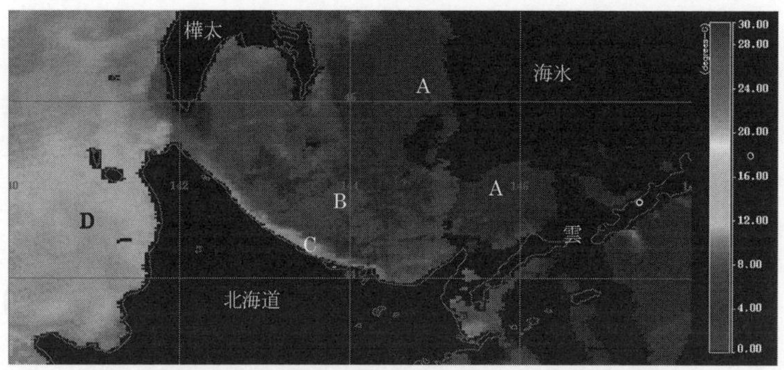

図3　2010年5月23日の北海道北部沿岸の海表面温度（SST）
提供：東京情報大学。

度は9～10℃となっている。日本海側のさらに明るい灰色で示した領域Dでは12℃となっている。これは，北海道日本海側には対馬暖流が流れてきており高水温となっているためである。また，日本海側から宗谷海峡を越えて知床半島付近までC領域を含む沿岸付近は明るい灰色となっていることがわかる。これは，宗谷暖流が流れているとされている北海道沿岸から40km程度の領域と等しい。このようにして衛星画像を解析すれば，宗谷暖流のSSTモニタリングも可能である。

6　衛星リモートセンシングでみるオホーツク海沿岸のクロロフィル*a*濃度

海洋生態系に関わる植物プランクトンのもつクロロフィル*a*をリモートセンシングで計測するにはどうしたらよいか。地表面に存在する物質を観測するには前述したように対象物質の反射スペクトルまたは吸収スペクトルを観測すればよいが，スペクトルを観測するには高い波長分解能が必要となり，衛星から観測するのは容易ではない。衛星搭載センサは，すべての波長を観測しているわけではなく地表面に存在する物質を同定するために必要ないくつかのバンド（チャンネル）を観測している。それでは，観測に必要なバンドはどのように選ばれるのだろうか。図1をもう一度見てみよう。樹木の葉は光合成のためのクロロフィル*a*と構造を維持するための細胞壁にセルロースを含んでいる。クロロフィル*a*は，可視域の赤色光650nm（0.65µm）付近に強い吸収をもち，セルロースは近赤外域800nm（0.8µm）に強い反射をもつ。植物の健康状態によってクロロフィル*a*の活性は変わるので，この2つのバンドの差をとれば，植生の強さを評価するための指標となる。例えば650nmならびに800nmの衛星による観測輝度（もしくは反射率）をそれぞれ$I(650)$，$I(800)$とし，植生の強さを評価するための指標を

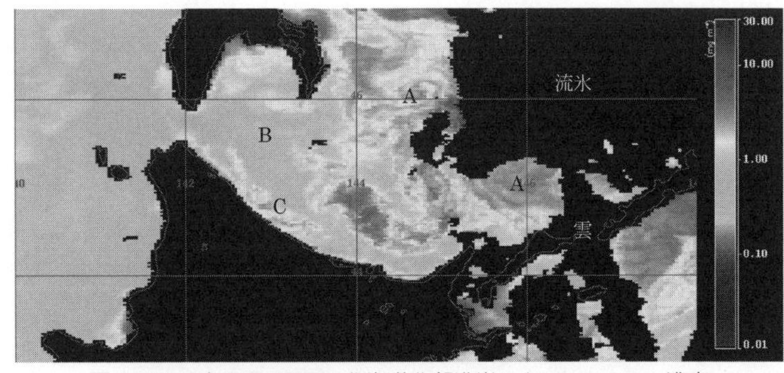

図4 2010年5月23日の北海道北部沿岸のクロロフィル *a* 濃度
提供：東京情報大学。

NDVI (Normalized Difference Vegetation Index) とすると，

$$NDVI = \frac{I(800) - I(650)}{I(800) + I(650)}$$

が得られる。この *NDVI* を正規化植生指標とよぶ。このように，衛星に搭載されるセンサの観測バンドは，その目的に応じて設計されており，土壌水分から雲や大気に関わるものまで，さまざまな指標が存在する。

それでは海の場合はどうだろうか。海には必ず水が存在するが，水は一部の短い波長での散乱，反射を除き，可視光のほとんどを透過し，さらに赤色光より長い波長のほとんどを吸収する。このため，*NDVI* など赤色光や近赤外線を用いた指標では正確に植物プランクトンのもつクロロフィル *a* 量を測ることができない。クロロフィル *a* は赤色光ほどではないが青色光 (443 nm 付近) を吸収し緑色光 (555 nm 付近) を反射する。このため，青色光と緑色光の比 *R*,

$$\begin{cases} C_{chl} = 10^{\left(a_0 + a_1 R + a_2 R^2 + a_3 R^3\right)} \\ R = \log\left(I(443)/I(555)\right) \end{cases}$$

を基本とした指標が用いられる。なお，上式は海洋リモートセンシング分野で生物学的光学アルゴリズムとよばれる (O'Reilly *et al*., 1998；Carder *et al*., 2004)。SeaDAS などのソフトウェアはこのアルゴリズムをもとにしており，より複雑な海況に対応したアルゴリズムが搭載されている。

図４に SeaDAS で処理を行った図３と同じ日の北海道北部沿岸のクロロフィル *a* 濃度分布画像を示す。図３同様に図中の北東部にある黒い部分は海氷である。海氷南部や西部の A で示す領域は暗灰色 ($10\,\mathrm{mg\ m^{-3}}$ 以上) ならびに明灰色 ($3\,\mathrm{mg\ m^{-3}}$ 以上) で示されているが，これは，氷縁部で起こるクロロフィル *a* 濃度のいちじるしい増加の影響であると考えられる。また，沿岸域では，図３にみられる宗谷暖流の影響と思われる高水温の領域と一致する箇所 C が，明灰色 ($3\,\mathrm{mg\ m^{-3}}$ 以上)

や暗灰色（10 mg m^{-3}以上）で示される。これは，沿岸域において春季ブルームによるクロロフィル *a* 濃度が高い場所であると考えられる。日本海側やオホーツク海側の沿岸および海氷から離れた領域Bは灰色で示されておりクロロフィル *a* 濃度は 1 mg m^{-3}以下となっている。このように，人工衛星によるリモートセンシングを用いると，ひと目で広い範囲のモニタリングが可能であることがわかるだろう。衛星リモートセンシングにより，北海道オホーツク海沿岸域，とくに宗谷暖流に関わる海表面温度や植物プランクトンの現存量に関わるクロロフィル *a* 濃度の季節的な変化がわかってきた。近年は，衛星画像のさらなる高解像度化や高時間分解能化が進んできており，衛星リモートセンシングによる詳細な環境モニタリングが可能となることに期待したい。

謝辞：本章で利用した衛星画像は，文部科学省学術フロンティア推進事業「東アジアにおける陸圏・水圏を統合した環境情報システムの研究」2011－2013，代表：原慶太郎氏（東京情報大学，総合情報学部教授）ならびに東京農業大学大学戦略研究プロジェクト「北海道オホーツク海沿岸域の豊かさを支えるメカニズムの解明：低次生産からのアプローチ」2013－2015，代表：塩本明弘氏（東京農業大学，生物産業学部教授）により実施された成果の一部である。ここに記して感謝いたします。

（朝隈康司）

参考文献

会田勝（1982）大気と放射過程．東京堂出版，東京，280 pp.

Carder, K. L., Chen, F. R., Cannizzaro, J. P., Campbell, J. W. and Mitchell, B. G. (2004) Performance of the MODIS semi-analytical ocean color algorithm for chlorophyll-*a*, Advances in Space Research, 33: 1152－1159.

気象庁（1999）海洋観測指針（第1部），財団法人 気象業務支援センター．

Fujiwara, A., Hirawake, T., Suzuki, K. and Saitoh, S. I. (2011) Remote sensing of size structure of phytoplankton communities using optical properties of the Chukchi and Bering Sea shelf region, Biogeosciences, 8: 3567－3580.

日本リモートセンシング研究会（1992）図解リモートセンシング，社団法人 日本測量協会，322 pp.

O'Reilly, J. E., Maritorena, S., Mitchell, B. G., Siegel, D. A., Carder, K. L., Garver, S. A., Kahru, M. and McClain, C. (1998) Ocean color chlorophyll algorithms for SeaWiFS, Journal of Geophysical Research, 103: C11, 24937－24953.

Rees, W. G. (1990) Physical principles of remote sensing, Topics in remote sensing 1, Cambridge University press, Cambridge, 247 pp.

◉ コラム－1 ◉

オホーツク海は幸運の海

無酸素化しやすい海盆*とは

日本の沿岸域には，内部の面積に対して湾口が比較的狭い閉鎖性水域が数多く存在する。そこでは，夏季，気温上昇と降雨量増加による表層水の密度低下が起こり，水柱の成層が強固になる。その結果，海面からの酸素供給から切り離された底層水が停滞し，その中で表層から沈降してくる有機物が分解するため，無酸素化しやすい。東京湾，伊勢・三河湾，大阪湾，有明海など，かなり広大でしかも外海との海水交換も大きい海域であっても，毎夏底層水が無酸素化し，大きな社会問題になる。無酸素になれば普通の生物は生息できず，いわば「死の海」になり，漁業生産が低下することはもちろん，生物多様性も損なわれるからである。

もし，水柱の密度成層が周年持続すれば，無酸素状態も長年継続し，本当の死の海になってしまう。網走湖はその典型的な例である。網走湖の水深は，湖盆*中央部では 17 m であるが，そのうち表層の 5 m ほどは淡水（低密度）で，それ以深には網走川を遡ってきた海水（高密度）が滞留している。表層ではプランクトンやワカサギなどの生物が活発に活動しているが，その下の塩水層は常に無酸素状態になっている。河川水が海へ流れ出す河口域や，小さな湖口で海とつながっている湖などのように，淡水と海水が混ざりあっている汽水域は，一般にこういう悪条件に陥りやすい。網走湖のように，中は深いのに海とつながる境界部が浅いところでは，とくに無酸素化の危険がある。

巨大な無酸素海：黒海

沿岸の閉鎖性内湾だけが危険なのではない。アジアとヨーロッパの境にある黒海（Black Sea）は面積 44 万 km^2，日本国土よりも広い「海」であるが，地理学的および水理学的条件は巨大な網走湖のような存在である。北西からドナウやドニエプルなどの大河川が流入し，南西のボスポラス海峡からマルマラ海とダーダネルス海峡を経て地中海につながっている。ボスポラス海峡は浅く，最深部でも 70 m 程度にすぎない。これは，黒海全体の平均水深 1,253 m に比べるとたいへん浅い。そのため，河川水で希釈された低塩分表層水と，地中海起源の高塩分下層水との間に強固な密度成層が恒久的に形成されており，100 ～ 200 m 以深は完全に無酸素化している。もし，黒海が独立した淡水湖のままであったならば，冬の冷却で起こる鉛直循環が表面から深層へ酸素を供給する，健全な完全循環湖**であっただろう。

黒海が地中海とつながったのは，最終氷河期（7 万～ 1 万年前）後に氷河が溶けて水面が上昇し，ボスポ

＊ 海盆（かいぼん），湖盆（こぼん）：海洋学および湖沼学の用語。地表の大規模なくぼみで，海水が溜まっていれば海盆，淡水が溜まっていれば湖盆という。「海」，「湖」とほぼ同じ意味で使われるが，海底や湖底あるいは隣接するほかの海域や水域からの地形的な独立性に注目する言葉である。丸いお盆の形とはかぎらず，細長いところは舟状海盆（しゅうじょうかいぼん）とかトラフ（ともに trough；この英語は「溝」と訳されるが，従来は細長い盆，丸木船の形をいう）という。さらに細長いところは海溝（trench；同じく「溝」と訳されるが，本来は水を流すために木に彫った筋，のちに塹壕（ざんごう）など）である。

ラスの地峡が決壊して海峡になったときだというのだから，1万年前からのメソポタミア農耕文明よりも最近のことである。ある説は，紀元前5600年ころ地中海側から黒海に海水がなだれ込み，それが旧約聖書に「ノアの洪水」として記憶されているという。それくらい最近のことだったにもかかわらず，大きな黒海で90％もの水が無酸素化してしまったのだ。紀元前16世紀ころのギリシア航海者は，この海を「無愛想な海」とか「近寄りがたい海」とよんでいた。それ以前に，ペルシア系民族は「暗い海」とか「明かりがない海」とよんでいたという説もある。それが，「黒潮」のように高い透明度のせいで黒く見えたのか，あるいは下層にたまった硫化水素のせいで黒く見えたのかは，今ではわからないが，いずれにしてもそのころには，すでに地中海とはちがった異様な海になっていたのだろう。そのような変化は，黒海の海底堆積物の深部にも記録されている。

以上のことは，黒海は大きな海ではあるが，中が深くて出入口が浅い地形に加えて，低塩分表層水と高塩分下層水との恒常的な成層により，急速に「死の海」状態に陥ったことを示している。

日本海：黒海と似ているが，無酸素化しない幸運な海

日本海は黒海の2倍以上広く，面積98万km^2，水深は最大3,742 m，平均でも1,752 mと深いが，海峡部は浅い。最深部をみても，宗谷海峡は60 m，津軽海峡は450 m，対馬海峡は120 mしかない。そのため，表層と300 m以深層とが分離され，黒海のように恒常的に成層化して下層が無酸素化する危険をはらんでいる。しかし，幸いなことに，日本海には大河川が流れ込んでいないので，表面水の塩分は低下せず，深層水の塩分とほぼ等しい。したがって，冬に冷たくて乾燥した北西季節風***が吹くと，海面から熱と水蒸気が奪われ，表面水の密度はまもなく底層水の密度と等しくなる。その結果，表層水は容易に海底まで沈み込む。このときに，表面水中の酸素が底層に運ばれるので，日本海は無酸素化を免れる。地形的な条件は黒海に近いけれど流入する大河川がないことが，完全循環という幸運をもたらしていると言える。

以上のことは，日本海で憂慮すべきことは温暖化であることを意味している。冬の季節風が弱まり，また，冬の気温が下がらなくなると，表面水の冷却が不十分になって鉛直循環が弱まり，ついには黒海のようになる可能性が高いのだ。

オホーツク海：もうひとつの幸運な海

オホーツク海の面積はさらに広くて150万km^2以上もあるが，太平洋との境界をなす千島列島間の海峡は，数は多いがいずれも狭く，日本海とつながる宗谷海峡と間宮海峡はさらに狭小である。このような地形的な孤立は，黒海や日本海と共通する。さらに，大河アムール川の影響で表層水が低塩分になっている点では，黒海と似た危険をはらんでいる。しかし，千島列島間には1,000 mを超える深い海峡があり，そのことがオホーツク海に幸運をもたらしている。最も深い海峡は2,000 mに達し，そのような深い海峡を通じて

＊＊ 完全循環湖（かんぜんじゅんかんこ），部分循環湖（ぶぶんじゅんかんこ）：陸水学用語。完全循環湖とは，冬季に表面水が下層水以上に重くなるまで冷却され，湖底までの水柱全体が対流する湖で，高地や寒冷地にみられる。部分循環湖は，表面積に対する水深が非常に大きいか，網走湖のように高密度の下層水があるために，冬季にも対流が湖底まで及ばない湖をいう。

＊＊＊ 海流と風の向き：海流の向きを「流向（りゅうこう）」というが，それは流れていく方角で示すことになっている。南流といえば，親潮のように，北から南に向う流れのことであり，北流は黒潮のように北へ向かう流れをいう。北半球では，南流は冷たい水を南に運び，北流は熱を北へ運ぶ。これは風の向きの表し方と反対であり，誤解をまねきやすい。南風は南から北に向かう風で，北半球では暖かい風である。北半球の北風は北から吹く冷たい風である。このような，海流の流向と風向の表現法の違いは西欧でも同じである。ヨーロッパの北風（North wind）も南へ吹く冷たい風であり，世界最大の暖流である「湾流（わんりゅう）」は北極海に向かって北流する（flows northward），と表現される。

下層水は太平洋水と交換するので，無酸素にはならない。

最深部は 3,658 m で日本海とほぼ同じだが，平均水深は 838 m と浅い。オホーツク海には広い陸棚が発達しているからである。とくにシベリア沿岸側で陸棚が広く，そこに低塩分水が浅く広がっている。ここでは冬期間続けて冷たい季節風が吹きつのり，浅い水柱全体を厳しく冷却し，海氷を生成する。日本海は深いために水柱全体が結氷点まで冷えることがないのとは対照的である。こうしてできる海氷が流氷となって広がり，北緯 45 度よりも南，すなわち北極よりも赤道に近い網走沿岸まで流れてくる。

流氷はゴマフアザラシなどの海獣類に繁殖・棲息場を提供する。海獣類は魚類よりも大型で長寿命である。基本的に貧栄養な環境である海洋では，限られた量の栄養塩が速い速度で再生されて繰り返し利用されること（再生生産）が，生態系の持続性の重要な鍵となっている。一方，大型長寿命の動物は大量の栄養塩を構成元素とする有機物を長年体内に独占し，栄養塩が海水中へと再生されるのを妨げる。したがって，大型長寿命の動物は，栄養塩が外部から豊富に供給される新生産型の生態系でなければ繁栄できない。優勢な湧昇流域とか冬季に対流が起こる高緯度海域は，そういう海である。反対の視点からみれば，海獣類は，その海域が富栄養な環境であることのシンボルなのだ。

オホーツク海の水は，基本的にはベーリング海に起源する東カムチャツカ海流水である。この海流は親潮の源流でもあり，世界で最も富栄養な海流の 1 つだと言われる。そのうえ，アムール川も陸源の栄養塩を供給する。その結果，オホーツク海は富栄養で新生産が卓越する海となり，大型動物の繁栄を許容することができる。このとき，表層の生物生産が高いと有機物の沈降量が増えるので，淡水と海水が成層して滞留すれば，下層は簡単に無酸素化するはずである。しかし，前述したように，深い海峡のおかげでオホーツク海の下層水は停滞することがない。北部の浅海域から流れてきた流氷上の大型動物の姿は，幸運の海オホーツク海の象徴と言えるかもしれない。アムール川の汚染と地球の温暖化が進行しないことを祈りたい。

（谷口 旭）

❖ 第2章 ❖

北海道オホーツク海沿岸域の植物プランクトン
― 豊かさを支えているもの ―

1　はじめに

北海道は，北太平洋，日本海，そしてオホーツク海という3つの海に囲まれている（図1）。北海道のオホーツク海沿岸域は，晩春から晩秋にかけての暖かい時季には宗谷暖流が流れ，晩秋から翌年の春季までの寒い時季には東樺太海流（寒流）が流れ，とくに冬季には流氷がやってくる（青田, 1985）。オホーツク海沿岸域は，季節によって暖流と寒流が流れるなど，他の沿岸域とは著しく異なる場所である。また，ここは豊かな海であるオホーツク海の一端を担い，漁業生産力は著しく高く，全国漁業者数のわずか1%程度の漁業者が日本の漁業生産量の9%，生産額の7%を担っている（北海道, 2015）。しかしながら，高い漁業生産力すなわち海の豊かさを生み出す仕組みについてはほとんどわかってい

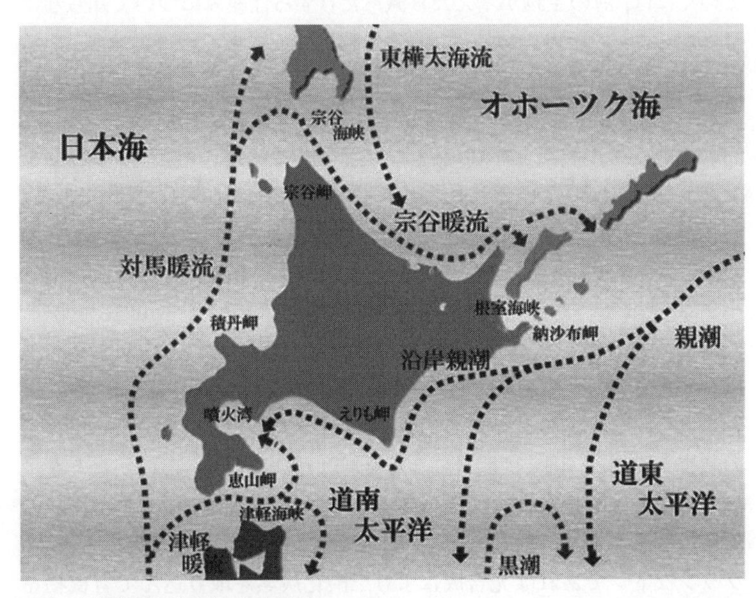

図1　北海道周辺海域の海と流れ
宗谷暖流，対馬暖流，津軽暖流，黒潮は暖流，東樺太海流，沿岸親潮，親潮は寒流。マリンネット北海道から転載。

ないのが現状である。海洋生態系の出発点（生産者）は主に植物プランクトンであり，植物プランクトンを魚類などの水産生物につなげているのが動物プランクトンであることから（例えば第4章），豊かな海とは植物・動物プランクトンの生産力が高い海であるにちがいない。これまでの研究から，このような海におけるプランクトンの特徴を調べると，珪藻類のような大型の植物プランクトンが優占し，それを大型の動物プランクトンが食べる，という低次の生態系（生産構造）がわかっている（Lalli & Parsons, 2005）。海の生態系の出発点にいる植物プランクトンを大きさでみていくことは，海の豊かさを支える仕組みを知るうえで有効な手段と言える。残念ながら北海道オホーツク海沿岸域では，このような知見は皆無であった。ここ数年，塩本ら（2013, 2014）により，植物プランクトンを大きさで調べる研究が始まった。これまでに得られた知見をもとに，北海道オホーツク海沿岸域の豊かさを支える仕組みを，植物プランクトンから考えてみたい。

2　植物プランクトンの現存量と基礎生産力

地球の表面積の70％程度を占める広大な海の中には多種多様な生物が数多くいる。われわれは，漁業活動などを通して，貴重な食料源として海の生物の恩恵を受けている。これからもずっと海の生物を利用していくには，海の生物が増えたり減ったりする仕組みについて知らなければならない。そのためには，海の生物について多くのことを調べ，学ばなければならない。海の生物にも陸上と同じように，生態系という構造ができており，お互いが“食う－食われる”の関係でつながっている。海の生態系の出発点となり，すべての生物を支えているのは，植物プランクトンとよばれているわれわれの目には見えない小さな植物である。植物プランクトンが海の生産者（有機物を作り出すもの）である。海藻のような大型の植物もあるが，海全体でみると生産者としての役割は小さく，わずか7％程度の寄与しかないと言われている（Millero, 2006）。

海の生物を調べる場合，どこにどれだけの生物がいるのかを調べる場合が多く，調べたときにいた生物の量や数を現存量と言う。当然，現存量は今ある生物の量なので，過去や未来を語ってはくれない。現存量の調査からでは，例えば明日になるとどれだけ増えているのかなどを予測することはできない。一方，植物プランクトンに限らず生物は周りの環境の影響を受けて増えていく。増えていく速度が生産力であり，植物プランクトンであれば光合成により二酸化炭素を取り込んで有機物を作り出す速度である。例えば，1日たつと生物が何倍になっているかが生産力である。生産力がわかれば，明日の現存量や昨日の現存量を求め

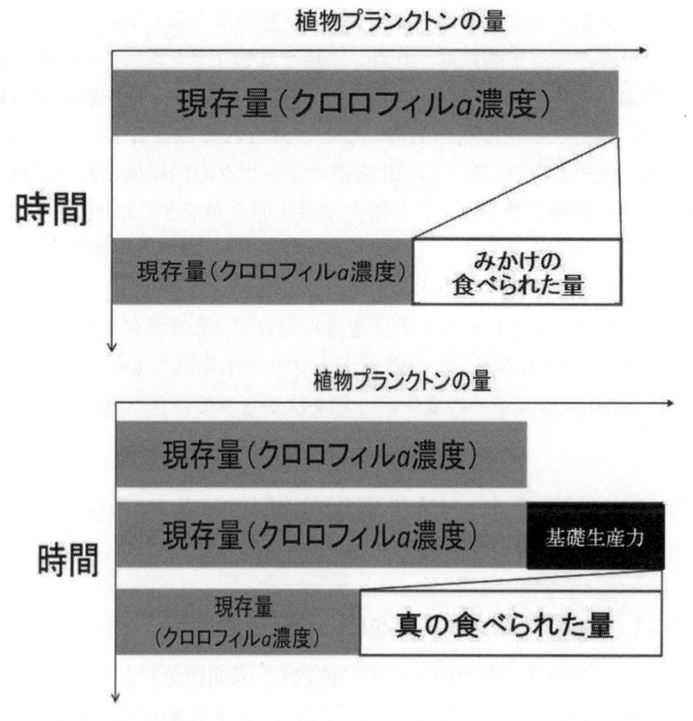

図２ 基礎生産力を考慮しなかった場合（上）とした場合（下）の動物プランクトンに食べられる植物プランクトン量の比較

ることが可能である。現在から未来の現存量を求めることができ，また過去にさかのぼって生物量を求めることもできる。生産力を求める最大のメリットがここにある。

植物プランクトンの生産力は，生態系の生産者であることから基礎生産力（一次生産力）とよばれている。植物プランクトンは動物プランクトンに食べられて，その現存量は減少する。この減少が動物プランクトンの増加につながり，最終的には魚類など生態系の高次消費者の増加につながる。ところが，植物プランクトンの現存量の変化（減少）から，動物プランクトンが食べた量（動物プランクトンの増加）を見積もると，それは見かけのものでしかない。なぜならば，植物プランクトンは食べられている間でも増えているからである。どのくらい増えるのかが基礎生産力であり，現存量に基礎生産力を加えたものを比較する現存量としなければ真の減少量，すなわち動物プランクトンが食べた量を求めることができない（図２）。基礎生産力を求めることによって，１つ上の栄養段階にいる動物プランクトンの生産力にせまることができ，一歩，魚類の生産力の解明に近づけることになる。

植物プランクトンを出発点として海にはさまざまな生態系が形成されている（例えば，Lalli & Parsons, 2005）。珪藻類のような大型の植物プランクトンが主たる生産者となり，カイアシ類のような大型の動物プランクトンが優占する生態系は，小型の植物や動物プランクトンが優占する生態系よりも多くの浮魚類を養うことができ，このような生態系では底生生物の餌となる沈降粒子も多いことが知られている（例えば，Lalli & Parsons, 2005）。このことから，北海道オホーツク海沿岸域においては大型の植物・動物プランクトンが優占する生態系ができており，多くの浮魚類や底生生物を養ううえで大きな役割をはたしている可能性が高い。豊かさを支える仕組みの根本の1つがここにあると考えられる。そこで，植物プランクトンをいくつかの大きさに分けて，その現存量や基礎生産力を調べる取り組みが，北海道オホーツク海沿岸域でも始まってきた（塩本ら, 2013, 2014）。その成果の一部を次からみていきたいと思う。

3　北海道オホーツク海沿岸域にみられる植物プランクトンの特徴

3-1　植物プランクトンを取りまく海の環境

オホーツク海は北海道の北東部に位置し，表面積がおよそ150万 km^{2}あり，日本の国土の4倍程度広い海である。南北に細長く，周囲を大陸や諸島に囲まれた海，縁辺海である。北部は大陸棚が広がり，中央部には水深1,000 m 以上の海盆（平坦な海底），さらに南下すると水深が3,000 m 以上の海盆がみられる。平均水深は838 m 程度であるが，北部は浅く南部はかなり深い海である。オホーツク海は樺太や北海道を境に日本海と隔たり，千島列島を境に北太平洋と隔たっている。日本海との間には，間宮海峡や宗谷海峡があり，これらの海峡は比較的浅く100 m に満たない。一方，千島列島の海峡は深く，最も深い北ウルップ海峡は2,000 m 以上もある。オホーツク海は寒流が流れている冷たい海と言えるが，北海道の沿岸域だけは，晩春から晩秋にかけて宗谷暖流とよばれる暖流が流れている（Takizawa, 1982；青田, 1985）。北海道オホーツク海沿岸域は暖流と寒流の水塊交代がみられ，冬季には流氷に覆われるなど，季節による環境変動の著しい場所である（青田, 1985）。

植物プランクトンが光合成をして増える場合，体の基本的な構造を作るために不可欠な元素である炭素（主に無機態の重炭酸として存在；例えば，Pinet, 2010）を海水中から取り込む。植物プランクトンはほかに窒素やリンさらにはケイ素といった元素が必要であり，これらも海水中から取り込む。窒素は硝酸塩，亜硝酸塩，アンモニウム塩，リンはリン酸塩，ケイ素はケイ酸塩という形で海水中に存在するものを利用する（例えば，Pinet, 2010）。これらは栄養塩とよばれ，畑の肥料のようなものである。栄養塩がたくさんあれば，植物プランクトンもたくさん増えることになる。海洋において，植物プランクトンの現存量は栄養塩の濃度と密接な関係がみられている（Pinet, 2010）。一般に栄養塩の濃度は暖流で低く，寒流で高いことから，宗谷暖流水の栄養塩は著しく低く，とくに窒素態栄養塩（硝酸塩）は枯渇した状態にある（米田, 1985；西浜, 1994；塩本ら, 2013, 2014）。一方，東樺太海流水は栄養塩の濃度が高く，硝酸塩の濃度は最大で 12 μmol/L 程度の値がみられる（西浜, 1994；塩本ら, 2013, 2014）。このため，北海道のオホーツク海沿岸域においては，晩秋から翌年の春季までは栄養塩濃度が高い状態にあり，晩春から晩秋にかけて栄養塩濃度は低い状態にある。冬季の流氷によって海表面が覆われた場合，氷の下の栄養塩についての知見はほとんどみられない。一方，オホーツク海沿岸には冬季に結氷する湖沼が存在している。結氷する代表的な湖沼であるサロマ湖での調査結果をみると，氷の下では晩秋や春季と同じ程度か，それ以上の値がみられている（塩本, 未発表）。

3-2　植物プランクトンの現存量

亜寒帯域において春季では，植物プランクトン（主に珪藻類）が，現存量でみると 1 桁増えることがよく知られている（Lalli & Parsons, 2005）。このような増加は春季ブルームとよばれ，北海道沿岸域である噴火湾（中田, 1982；西浜, 1982），厚岸沖（荻島, 1991），標津沖（塩本ら, 2015）においても報告例がみられている。北海道オホーツク海沿岸域での春季ブルームの報告は1980年代からみられる。西浜ら（1989），西浜（1994）によると春季ブルームによって植物プランクトンは，現存量が 1 桁は増えるようである。このとき，海水中の栄養塩は著しく減少し，硝酸塩は枯渇状態となる。

北海道オホーツク海沿岸域において，春季ブルームにおける植物プランクトンの現存量の変動をクロロフィル *a* 濃度でみると，1 μg/L 程度だった濃度が最大で 10 μg/L 程度となる（西浜ら, 1989；西浜, 1994）。ただし，これは海の表面での結果であった。最近の塩本ら（2013, 2014）による調査をみると，表面ではなく深さ 10 ～ 20 m あたりに最大値がみられ，その値は 20 ～ 30 μg/L と表面の数倍はあることがわかってきた（図3）。春季ブルームの時季（3 ～ 5 月）は，サケ稚魚の放流が始まる時季である（浦和, 2015）。春季ブルームで増えた植物プランクトンが稚魚の餌となる動物プランクトンにどの程度食べられるのか，またどの程度が海底に沈降して，ホタテガイなどの餌となるかを見積もる必要がある。春季ブルームにおける植物プランクトンの増殖量は，有用な水産生物の資源量を正しく把握するうえで明らかにしなければならない重要な研究課題である。現在，そのための基盤的な研究が始められている（塩本ら, 2013, 2014）。

北海道オホーツク海沿岸域の春季ブルームでみられた亜表層の

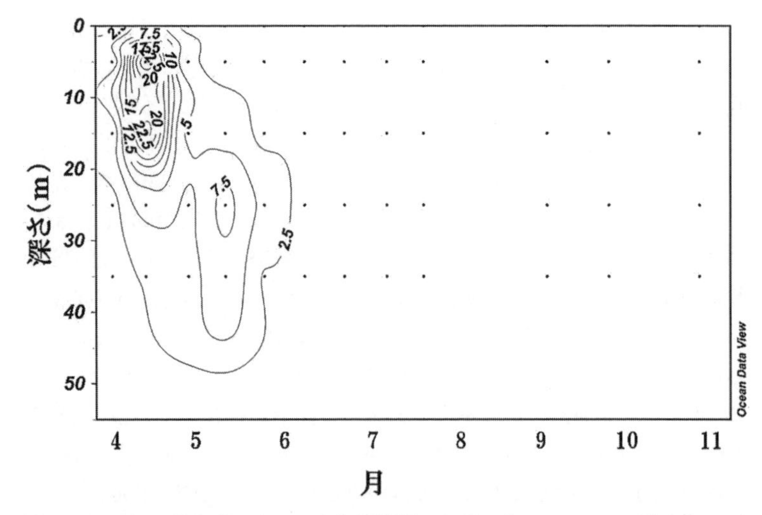

図3 2014年の北海道オホーツク海沿岸域におけるクロロフィル*a*濃度（μg/L）の季節変動
Ocean Data Viewを用いて作図（Schlitzer, 2002；https://odv.awi.de/）。塩本ら（2014）から転載。

30μg/Lというクロロフィル*a*濃度は，北海道東部の標津沖の春季ブルームでも報告されている（塩本ら, 2015）。その報告によれば，この濃度を支えるために必要な現場の硝酸塩濃度は10μmol/L程度である。この濃度は，北海道オホーツク海沿岸域の春季ブルーム前にみられている値である。春季ブルームにおいて，どの程度まで植物プランクトンが増えるのかを決めている要因として，現場の栄養塩濃度は最も重要な役割をはたしている可能性が高い。亜寒帯域の春季ブルームの発現には日射が重要と言われているが（Pinet, 2010），増加量は硝酸塩の濃度が重要と考えられる。このような硝酸塩の重要性は北海道沿岸域において指摘されている（西浜, 1994）。

北海道オホーツク海沿岸域においても，植物プランクトン群集全体の現存量の季節変動については，クロロフィル*a*濃度のモニタリングから調べられてきた。しかしながら，植物プランクトンの種やサイズの組成がどのような季節変動をするかについての知見は皆無に近かった。植物プランクトンをいくつかの大きさに分けてクロロフィル*a*濃度をモニタリングすることが，北海道オホーツク海沿岸域においても，近年，塩本ら（2013, 2014）によって積極的に行われてきた。植物プランクトンをいくつかの大きさに分けることはSieburth *et al.*（1978）によってなされた。その結果をもとに，塩本ら（2013, 2014）は10μmよりも大きな植物プランクトンを大型，2～10μmを中型，2μmよりも小さなものを小型と称した。北海道オホーツク海沿岸域では，春季ブルームを起こすのは大型で，その後は晩秋まで大型が優占している場合が多いようである

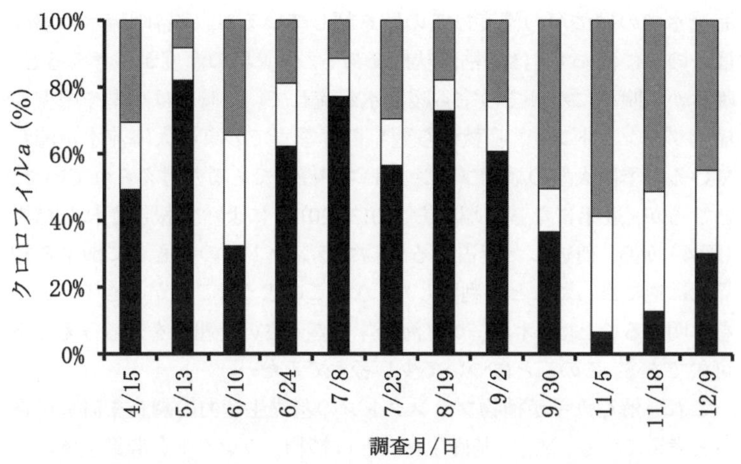

図4　2013年の北海道オホーツク海沿岸域におけるクロロフィルa濃度のサイズ組成（%）の季節変動
塩本ら（2013）から転載。

（図4）。一方，晩秋から春季ブルームが始まるまでは，小型や中型が優占していることがわかってきた（図4）。季節により流れている海流や栄養塩の状態を考えると，宗谷暖流水が流れ栄養塩の濃度が著しく低い時季に大型の植物プランクトンが多く，東樺太海流水が流れて栄養塩濃度が高い時季に中・小型のものが優占していることになる。これらの事実は，従来の知見とは異なるものである。一般に，栄養塩の濃度が高ければ大型の植物プランクトンが，濃度が低ければ小型や中型のものが優占するとされている（Chisholm, 1992；Marañón *et al*., 2007）。このような栄養塩濃度と優占する植物プランクトンの大きさとの関係が従来の知見と異なる事実は，北海道東部の標津沖においてもみられている（塩本ら, 2015）。北海道オホーツク海沿岸域の豊かさを支える仕組みは，従来の知見とは異なる植物プランクトンの繁茂様式が基礎となっている。この仕組みの解明が豊かさの解明に近づくにちがいない。

3-3　植物プランクトンの基礎生産力

植物プランクトンが繁茂できる栄養塩の濃度は，植物プランクトンの大きさと密接な関係のあることが知られている。例えば，Sarthou *et al*.（2005）によると，大型（＞10μm）の珪藻類が繁茂するために必要な硝酸塩の濃度（半飽和定数*）は最低でも0.8μmol/Lとなる。東樺太

＊ 半飽和定数（K_s；繁茂するために必要な濃度；μmol/L）は0.61（S/V）−0.58で表される。この式においてSは植物プランクトンの表面積（μm^2），Vは植物プランクトンの体積（μm^3）。植物プランクトンを球形として，大きさ（直径）を10μmとすれば，半飽和定数は0.81μmol/Lとなる。

海流水での硝酸塩の濃度はこの値を超しているが，宗谷暖流水の濃度はこの値に満たず，ほぼ枯渇状態である。栄養塩の濃度から考えると，晩春から晩秋にかけての宗谷暖流水が流れている時季は小型や中型の植物プランクトンが，晩秋から翌年の春季までの東樺太海流水が流れている時季は大型の植物プランクトンが優占できると考えられていた。ところが，近年になって塩本ら（2013, 2014）によって報告された結果（図4）から，前述した優占する植物プランクトンの大きさに関する知見とは逆であったことが判明した。なぜこのようなことが起きているかを解明することは，オホーツク海沿岸の豊かさの仕組みを知るうえで不可欠である。このことについて少し考えてみたい。

これを解くカギが植物プランクトンの基礎生産力の調査や研究にあると考えている。通常，基礎生産力とは植物プランクトン群集全体の値であるため，現存量が多いと基礎生産力も高くなる。一方，基礎生産力を現存量（クロロフィル *a* 濃度）で割った値は同化指数とよばれ，個々の植物プランクトンのもつ基礎生産力であり，成長速度の指標となる（Lalli & Parsons, 2005）。植物プランクトンの成長速度は一般に小型のものほど高いと言われているが（Chisholm, 1992；Finkel *et al*., 2010），Shiomoto *et al*.（1997）は亜寒帯域のような低温（10℃以下）の海域では必ずしもそうはならないと報告している。塩本ら（2013, 2014）が植物プランクトンの同化指数を周年にわたり測定した結果では，大きな季節変動は認められるが，多くの場合，大きさ間で同化指数に大きな差はみられなかった（図5）。すなわち，どの大きさの植物プランクトンもほぼ同じ成長速度をもっていることが示唆された。同じ成長速度をもつということは，同じ時間の経過で同じ数の植物プランクトンが増えることになる。また，植物プランクトンは大きなものほどたくさんのクロロフィル *a* を含んでいる。このため，クロロフィル *a* 濃度で植物プランクトンの現存量をみると，栄養塩が十分にあれば，大型の植物プランクトンが現存量において優占することになる。

このことをもう少し詳しくみる。植物プランクトンの形状を球とし，大型，中型，小型の植物プランクトンの大きさ（直径）を 10 μm, 5 μm, 2 μm として，植物プランクトンの体積を求める。Strathman（1967）の式**を用いると，体積から細胞あたりの炭素量を求めることができる。大型，中型，小型の細胞あたりの炭素量を求めると，それぞれ 43.6 pg, 13.0 pg, 1.2 pg となる。いずれの大きさも同じ成長速度であれば，この炭素含有量で現存量が存在することになる。すなわち，これら 3 つの

＊＊ 珪藻類については，$\log C = -0.422 + 0.758 \log V$，その他の植物プランクトンについては，$\log C = -0.460 + 0.866 \log V$。これらの式において，C は 1 細胞あたりの炭素量（pg 炭素 / 細胞），V は植物プランクトンの体積（μm^3）。大型は珪藻類，中型と小型はその他として炭素量を求めた。

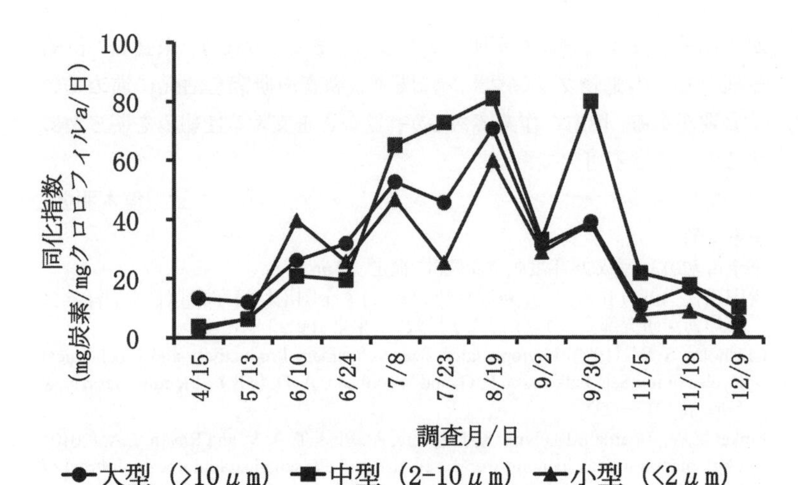

図５　2013年の北海道オホーツク海沿岸域における植物プランクトンの大きさ別同化指数（mg炭素/mgクロロフィル*a*/日）の季節変動
塩本ら（2013）から転載。

大きさの現存量の比は，43.6：13.0：1.2となり，全体を100とすれば，76：22：2となる。もし，植物プランクトンが動物プランクトンによって食べられるといった損失がなければ，植物プランクトン群集の76％は大型のものによって占められることとなる。北海道オホーツク海沿岸域では，春季ブルーム後に栄養塩が枯渇しているにも関わらず，大型の植物プランクトンの占める割合が50～80％の場合が調査の半分程度でみられた（図５）。これは，晩春から晩秋にかけては大型の植物プランクトンが動物プランクトンにあまり食べられていないことを表しているのかもしれない。この時季，大型の植物プランクトンは生態系における重要な餌ではないのかもしれない。また，栄養塩が枯渇状態では大型のものは繁茂できないという従来の知見との矛盾であるが，見かけ上は栄養塩が枯渇しているようでも，実際は大型の植物プランクトンにとって必要最小限の栄養塩量であるのかもしれない（西浜，1994；工藤ら，2011）。この時季の大型の植物プランクトンが，どの程度の栄養塩濃度に適応しているかを明らかにすることが必要である。一方，晩秋から春季ブルーム前までは栄養塩濃度が高く，大型，中型，小型の植物プランクトンの成長速度に差はみられない（図５）ので，大型のものが繁茂するはずであるが，実際は中型や小型のものが繁茂している（図４）。これは，動物プランクトンが活発に大型の植物プランクトンを食べているのかもしれないという可能性が塩本ら（2014）によって示されている。この時季は大型の植物プランクトンが重要な餌となっているのではないだろうか。

基礎生産力の調査や研究によって，どの大きさの植物プランクトンが生態系を支えているかが明らかとなってきた。今後は，栄養塩の供給や餌としての動物プランクトンに関する調査や研究を活発に進めていく必要がある。地道な作業であるが，豊かさを支える仕組みを明らかにするためには不可欠である。

(塩本明弘)

参考文献

網走市 (2013) 平成25年度版水産統計. 網走, 32 pp.

青田昌秋 (1985) II物理. 3. 海況変動. *In*:「日本全国沿岸海洋誌」(日本海洋学会沿岸海洋研究部会 編), 東海大学出版会, 東京, pp. 13－16.

Chisholm, S. W. (1992) Phytoplankton size. *In*: Primary Productivity and Biochemical Cycles in the Sea, Falkowski, P. G. and Woodhead, A. D. (eds.) . Plenum Press, New York. pp. 213－237.

Finkel, Z. V., Beardall, J., Flynn, K. J., Quigg, A., Ress, T. A. V. and Raven, J. A. (2010) Phytoplankton in a changing world: cell size and elemental stoichiometry. Journal of Plankton Research, 32: 119－137.

北海道 (2015) 北海道水産業・漁村のすがた2015 ～北海道水産白書～. 北海道水産林務部総務課, 札幌, 105 pp.

工藤勲・フローラン　アヤ・高田兵衛・小林直人 (2011) オホーツク海沿岸域の海洋構造と生物生産. 沿岸海洋研究, 49: 13－21.

Lalli, C. M. and Parsons, T. R. (2005) 生物海洋学入門第2版 (關文威 監訳・長沼毅 訳). 講談社, 東京, 242 pp.

米田義昭 (1985) III化学. *In*:「日本全国沿岸海洋誌」(日本海洋学会沿岸海洋研究部会 編), 東海大学出版会, 東京, pp. 23－33.

Marañón, E., Cermeño, P., Rodríguez, J., Zubkov, M. V. and Harris, R. P. (2007) Scaling of phytoplankton photosynthesis and cell size in the ocean. Limnology and Oceanography, 52: 2190－2198.

Millero, F. J. (2006) Chemical Oceanography. CRC Press, Boca Raton, 496 pp.

中田薫 (1982) 北海道噴火湾の1981年春季増殖期における植物プランクトンの組成. 水産海洋研究会報, 41: 27－32.

西浜雄二 (1982) 噴火湾口鹿部沖におけるクロロフィル量の季節変化に関する10年間の観測, 1973－1982年. 水産海洋研究会報, 41: 62－64.

西浜雄二 (1994) オホーツクのホタテ漁業. 北海道大学図書刊行会, 札幌, 218 pp.

西浜雄二・蔵田護・多田匡秀 (1989) サロマ湖・能取湖・網走沖におけるクロロフィル量の季節変化. 水産海洋研究, 53: 52－54.

荻島隆 (1991) 北海道南東海域におけるマイワシ餌料としてのクロロフィル*a*分布. 北海道区水産研究所報告, 55: 173－184.

Pinet, P. R. (2010) 海洋学　原著第4版 (東京大学海洋研究所 監訳). 東海大学出版会, 秦野, 599 pp.

Sarthou, G., Timmermans, K. R., Blain, S. and Tréguer, P. (2005) Growth physiology and fate of diatoms in the ocean: a review. Journal of Sea Research, 53: 25－42.

塩本明弘・朝隈康司・園田武・中川至純 (2013) 北海道オホーツク海沿岸域の豊かさを支えるメカニズムの解明:低次生産からのアプローチ. 東京農業大学総合研究所紀要, 25: 73－82.

塩本明弘・朝隈康司・園田武・中川至純 (2014) 北海道オホーツク海沿岸域の豊かさを支えるメカニズムの解明：低次生産からのアプローチ. 東京農業大学総合研究所紀要, 26: 108－124.

塩本明弘・市野亜佐美・小野寺拓海・石田恵多・原田弘一朗・井上岳実・三浦智史・藤田知則 (2015) 根室海峡標津沿岸域におけるクロロフィル*a*並びに環境要因の季節変動. 沿岸海洋研究, 53: 73－85.

Shiomoto, A., Tadokoro, K., Monaka, K. and Nanba, M. (1997) Productivity of picoplankton compared with that of larger phytoplankton in the subarctic region. Journal of Plankton Research, 19: 907－916.

Sieburth, J. McN., Smetacek, V. and Lentz, J. (1978) Pelagic ecosystem structure: Heterotrophic compartments of plankton and their relationship to plankton size fractions. Limnology and Oceanography, 23: 1256－1263.

Strathman, R. R. (1967) Estimating the organic carbon content of phytoplankton from cell volume or plasma volume. Limnology and Oceanography, 12: 411－418.

Takizawa, T. (1982) Characteristics of the Soya Warm Current in the Okhotsk Sea. Journal of Oceanographycal Society of Japan, 38: 281－292.

浦和茂彦 (2015) 日本系サケの海洋における分布と回遊. 水産総合研究センター研究報告, 39: 9－19.

◉ コラム－2 ◉

オホーツク海は中層水の沈降域か，深層水の湧昇域か？

1．オホーツク海は温暖化しているか？

オホーツク海でも水温上昇，海氷減少，中層水の温暖化が報告されている。気象庁が公開しているデータは，オホーツク海の海氷域の面積が減少し，海氷域が2190年にはゼロになる回帰直線を示す（図1）。温暖化は表層だけではない。表層混合層の下，水深50 m くらいから水深500 m の間にある中層水の温暖化が報告されている。北太平洋の中層水は，1955 ～ 2004年の間に0.5℃の水温上昇と低酸素化の長期傾向を示す。その経年変化が最も強いのはオホーツク海であり，暫定的に気温上昇と冬季の海氷域減少と関連づけられている（IPCC 第5次評価報告書；http://www.ipcc.ch/report/ar5/wg1）。

大気の温暖化が海洋の中層に及んでいるとしたら，その意味を知ることは重要だ。気候の変化は，どのようにして，安定の象徴のような海を，氷河期のように破滅的な変化を起こす不安定の源に変えるのだろう。

2．なぜオホーツク海の中層水が温暖化するのか？

海や池の水を水面から加熱しても，表面の水は暖かくなるが下層の水はなかなか昇温しない。上が暖かく下が冷たい温度分布ができると，密度の成層ができて，熱が伝わりにくくなる。大気が温暖化すれば，それに接している海も深くまで温暖化するというわけではない。

今のところ，中層の温暖化のメカニズムは次のように説明されている。オホーツク海は，北太平洋中層水

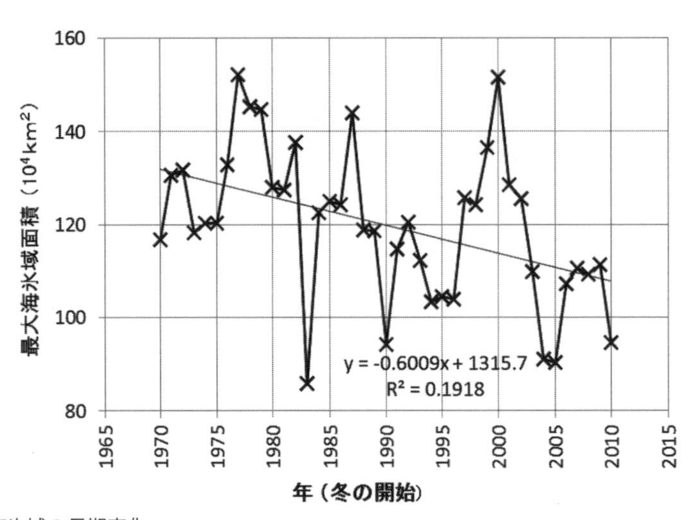

図1 オホーツク海の海氷域の長期変化
気象庁（http://www.data.jma.go.jp/kaiyou/shindan/a_1/series_okhotsk/series_okhotsk.html）より作成。図中の1次式は回帰直線，R^2は決定係数。

表1 オホーツク海，親潮水域，亜寒帯循環海域の密度面（26.8～27.4 kg/m^3）上で見出された水温と溶存酸素の経年変化の勾配（水温：℃/50 yr，溶存酸素：mL/L/45 yr）
Nakanowatari *et al.* (2007) より作成。太字の数字は経年変化が信頼水準99％で統計的に有意であることを示す。

密度面の密度	オホーツク海		親潮域		亜寒帯循環域	
	水温	溶存酸素	水温	溶存酸素	水温	溶存酸素
26.8	**0.28**	**−0.63**	0.12	−0.34	**0.31**	−0.22
26.9	**0.66**	**−0.61**	**0.26**	**−0.53**	**0.30**	−0.13
27.0	**0.62**	**−0.58**	**0.26**	**−0.54**	**0.28**	−0.30
27.1	**0.51**	**−0.48**	**0.21**	**−0.35**	**0.18**	**−0.27**
27.2	**0.34**	**−0.41**	**0.17**	**−0.32**	**0.12**	−0.21
27.3	**0.18**	**−0.33**	**0.12**	**−0.19**	**0.06**	−0.16
27.4	**0.10**	**−0.23**	**0.07**	−0.10	0.04	−0.12

が形成される水域である。オホーツク海に流れ込む東カムチャツカ海流の中層水は，冬のオホーツク海で冷やされるとともに，冬の結氷（海水中の水だけが結晶になる）時に排出される高塩分水が混合して，重い中層水となって沈み込む。この沈み込む中層水を作る冬の冷却が弱くなれば，中層水はこれまでよりも暖かくなることになる。

Nakanowatari *et al.* (2007) が中層水の水温の経年変化を調べたのは，表1に示した等密度面（海水の密度が等しい深さの面）についてである。海水の密度は水温と塩分で決まる。密度が同じ海水の水温が高くなることは，同時に塩分が高くなることを意味する。中層水の高水温化を，中層水は冬の冷却によって形成されるという中層水形成メカニズムにもとづいて説明すると，高塩分化が説明できない。温暖化が進むと，冷却が弱まり中層水の温度が高くなるが，同時に，結氷とともに排出される高塩分水の量も少なくなり中層水の塩分は低くなってしまうからである。これは，中層水の形成機構の理解が間違っている可能性を示している。

オホーツク海中層水が形成されるメカニズムを調べることにしよう。中層水の形成機構の理解が不十分になりがちな理由は，その形成域であるオホーツク海の大半はロシア水域でアクセスが自由でないこと，冬は海氷で覆われ海況が厳しいこと，日周潮が卓越する半閉鎖海域のため，入口を通じた輸送において潮流による海水交換が大きな役割を占めること，などがある。

3．どのようにしてオホーツク海で中層水が作られるのか？

水塊（水温・塩分などが似た組成をもつ水の集まり）が形成されるメカニズムを明らかにすることは，「互いに作用しあう水塊とその作用」を明らかにすることだ。この観点からは，「水塊」は水塊特性の違い，空間的な境界，その体積が計測できる実体（物理的な個体）でなければならない。しかし，これまでに実体としての水塊を識別し，3次元的にとらえる方法は編み出されていない。新しい方法を編み出してオホーツク海の水塊を識別しよう。

水塊の混合の解析には，表層以外では保存性成分として扱える水温（T：Temperature）と塩分（S：Salinity）を，縦軸・横軸に取ったTSダイアグラムが使われてきた。これに体積（V：Volume）を加えたTSVダイアグラムも過去に提案されたが十分活用されていない。ここでは，水塊の境界に密度を用いる利点から，塩分を密度（σ）に代えたTσVダイアグラムを出発点にする。

世界の海洋の緯度・経度1°格子のデータベースであるWOA13（World Ocean Atlas 2013；http://www.nodc.noaa.gov/OC5/woa13/）の季節データを用いて，オホーツク海のTσVダイアグラムを作成する。それぞれの測点における深さごとのデータを，水温・密度の単位区画に，測点が代表する海水体積を積算して，

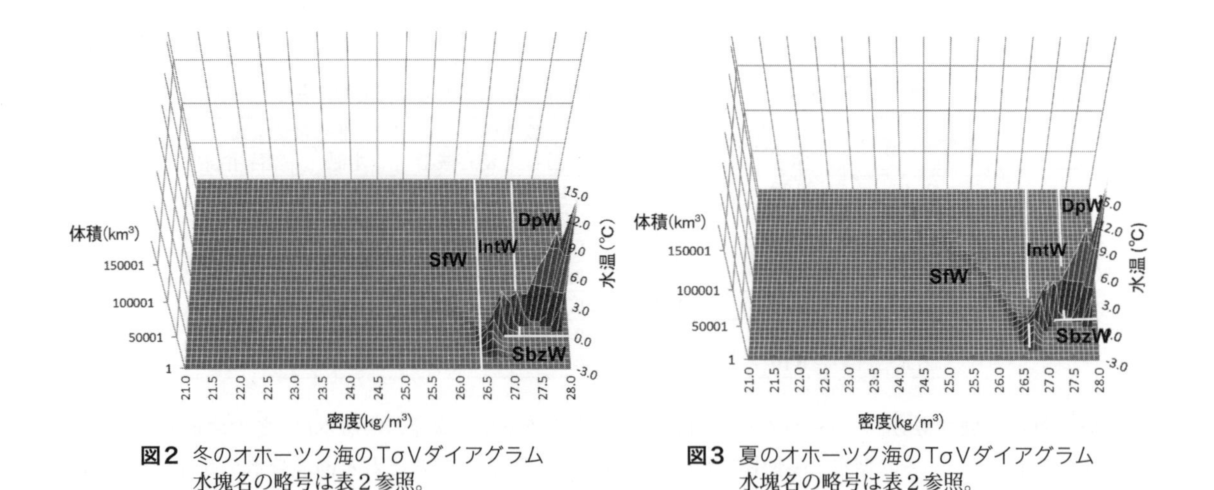

図2 冬のオホーツク海のTσVダイアグラム
水塊名の略号は表2参照。

図3 夏のオホーツク海のTσVダイアグラム
水塊名の略号は表2参照。

表2 TσVダイアグラムによって識別した要素水

要素水	記号	密度範囲 (kg/m³)	水温範囲 (℃)
表層水	SfW	＜26.4	0＜
氷点下水	SbzW	26.4≦	≦0
中層水	IntW	26.4～27.0	0＜
深層水	DpW	27.1＜	0＜

水温－密度平面上の体積分布を作成する。作成した冬・夏のTσVダイアグラムを図2, 図3に示す。密度あるいは水温の躍層に相当する, 体積分布の「谷」あるいは「壁」に着目して区分した水塊とその境界を示してある。

4. 実体としての水塊

新しい手法TσVダイアグラムによって, 体積・平均水温・平均塩分などの変化を追うことができる, 実体としての水塊を識別した。

ここで,『水塊』という語は「オホーツク海の水塊」という表現の中で使う。識別した個々の水塊部分を「オホーツク海水塊」の要素という意味で『要素水』という語で表現し, 要素水の固有名詞としては「オホーツク海表層水」のように『水』という語で表現することにする。識別した要素水は, 表層水, 氷点下水, 中層水, 深層水である。その記号, 識別した境界の密度と水温の範囲を表2に示す。

図2, 図3にみられるように, 表層水の分布は冬と夏とで大きく違い, 大きな季節変動をみせる。氷点下水・中層水・深層水も, 細部をみると季節による差がある。これら4つの要素水について, 各季節の体積, 体積加重平均として平均水温, 平均塩分, 平均溶存酸素を算出した。これらを用いて, 4つの要素水が相互作用を通じて季節サイクルを作るメカニズムを調べよう。

5. オホーツク海中層水の季節サイクル

気候の分野では, ある地域の季節サイクルの特性を視覚化するのに, 気温と湿度を軸にとった「クライモグラフ」を使う。中層水の季節サイクルを視覚化するために, 水温と塩分に溶存酸素 (DO：Dissolved Oxygen) を加えた3次元の「TSDOクライモグラフ」を作成した (図4)。原点を年平均値にとり, 経年変化

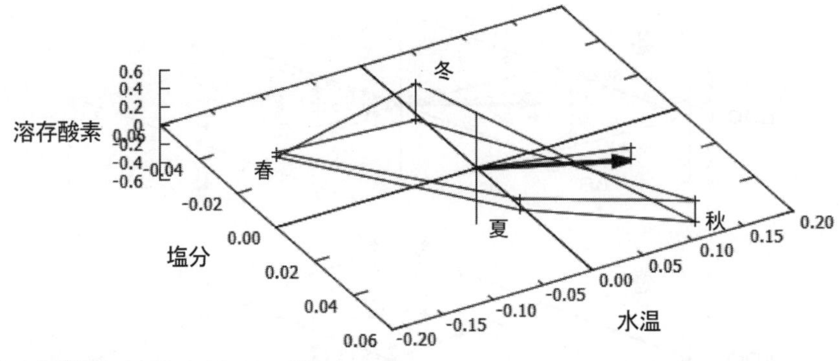

図4　オホーツク海中層水のTSDOクライモグラフ
矢印は，年平均TS値から経年変化（表1）を10倍した変位ベクトル。立体視を助けるために原点を通る床面への投影図も描いてある。

表3　オホーツク海の氷点下水・中層水が海面に露出する月別測点数
オホーツク海内の測点総数は182。

月	10	11	12	1	2	3	4	5
氷点下水	0	0	0	5	0	0	91	0
中層水	0	0	0	44	45	31	9	8

の10年分の変位も図中に書き込んだ。

中層水の季節サイクルは，平均値の周りを反時計回りに回り，そのスケールは，経年変化の10年分の変位に相当する。水温は秋に最も高く春に最も低くなり，塩分は春に最も低く秋に最も高くなる。溶存酸素は冬に最も高く秋に最も低くなる。中層水の経年変化の10年分の変位ベクトル（図4矢印）は，季節サイクルの夏から秋への変化ベクトルと同じ方向を向いている。これは夏から秋への季節イベントが経年変化をもたらす主要因である可能性を示している。

中層水の水塊特性を変化させる主な作用は，流入するあるいは隣接する要素水との混合である。ほかの要素水との混合による水塊特性の変化の大きさは，混合する要素水と中層水の水塊特性の差で決まる。水塊特性の変化は，水塊間の混合だけでなく，海面に露出することによって，大気による変化を受けることによっても生じる。中層水も形成海域のオホーツク海では，時期によって海面に露出する（表3）。この時期には，大気との間で熱の交換と降水・蒸発による水の交換が生じて，水塊の特性が変化する。

6．季節変化を駆動する要因の識別

各季節における平均変化率で求めた中層水の水塊特性の時間変化ベクトルと，中層水と隣接する要素水との混合による駆動ベクトル（差ベクトル）をそれぞれの季節について求めて3次元の差ベクトル図を描いた（図5）。中層水と隣接する要素水との差ベクトルのうち，中層水の時間変化ベクトルと方向が最も近いものを主たる駆動要因とし，それには差ベクトル名を付記した。この要素水との混合が，中層水の変化をもたらす「主要」因と考える。その弱まりが主要因に相補的に働いて変化ベクトルに寄与する「逆要因」も考える必要がある。

中層水の時間変化ベクトル（図5の太矢印：大きさは10倍にして表示）を見ると，春と夏は塩分の増加，水温の減少，溶存酸素の減少がみられる。このことは，高塩分，低水温，低溶存酸素である深層水との混合を示している。中層水の水温上昇は起きていないことも注目にあたいする。

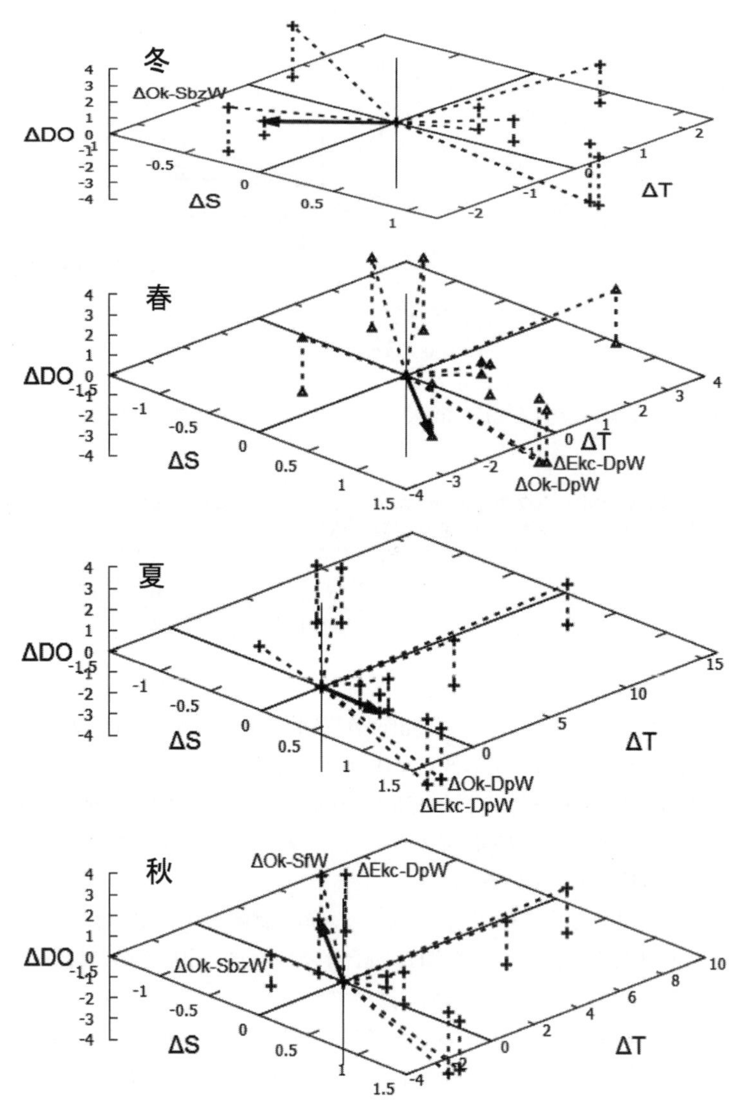

図5 中層水の水温・塩分・溶存酸素の差ベクトルのダイアグラム
太い矢印は中層水の時間変化のベクトル（10年分の変位をプロット）。ΔS：塩分差の軸，ΔT：水温差の軸（℃），ΔDO：溶存酸素差の軸（mL/L）。垂直線付きの細い点線は，中層水と隣接要素水との差ベクトル。時間変化ベクトルと方向が近い差ベクトルを主要因としてその識別記号を付した。Ok：オホーツク海；Ekc：東カムチャツカ海流；SbzW：氷点下水；DpW：深層水。

ところが Nakanowatari *et al.* (2007) の解析では，中層水に昇温トレンドがみられた。これら2つの異なる結論はどこからくるのか。Nakanowatari *et al.* (2007) は，中層水の等密度面に着目して水温の変化を調べた。中層水が深層水と混合すると。塩分が増加して密度が増加する。密度の等しい状態を保つためには水温の上昇が必要となる。オホーツク海中層水のように低い水温の領域では，水温よりも塩分のほうが大きな密度変化をもたらす。したがって，Nakanowatari *et al.* (2007) の報告している中層水の昇温は，塩分増加による密度増加を補うために，等密度面がより水温の高い水に移って起きた可能性がある。そのため等密度面

表4 中層水の時間変化をもたらす主要因と逆要因の象限解析
Ok：オホーツク海；Ekc：東カムチャツカ海流；SbzW：氷点下水；IntW: 中層水；DpW：深層水。
＋：同方向の顕著な変化，－：逆方向の顕著な変化，・：顕著な変化がない，Q：熱，F：淡水。

季節	中層水の変化			主要因	逆要因
	水温	塩分	溶存酸素		
冬	－	－	＋	Ok-SbzW，Q/F	Ekc-IntW，Ekc-DpW，Ok-DpW
春と夏	・	＋	－	Ekc-DpW，Ok-DpW	Ok-SbzW
秋	・	－	＋	Ok-SbzW	Ekc-DpW，Ok-DpW

上の水温上昇は，本来の中層水の温暖化を示す事実ではなく，等密度面上で見るため起きた疑似現象の可能性が高い。この差ベクトルによる解析の結果では，中層水で実際起きている現象は，深層水との混合による塩分の増加である。

7．駆動ベクトルと変化ベクトルの象限解析

ある結果をもたらした要因は，結果として生じた変化ベクトルと同じ方向の駆動ベクトルをもつ要因として識別できる。「同じ方向」という判断を「同じ象限」に緩めて，主要因と逆要因を表にまとめる。

駆動要因の作用とそれが起こした対象の変化は，同じ方向であることが，大きさよりも重要である。ある方向の変化があった場合，その方向の主要因が逆要因よりも量的に大きかったことを意味する。主要因・逆要因を識別するには，着目する対象の変化の方向と同じ方向の要因と逆方向の要因を識別すればよい。同方向・逆方向は，水塊特性の要素（水温，塩分，溶存酸素）の正・負の違いだから，対象の水塊特性の時間変化ベクトルと同じ象限に属すか，原点に対称の象限に属すかで識別できる。

オホーツク海中層水の水温・塩分・溶存酸素について，時間変化ベクトルと駆動ベクトルが属する象限を調べた結果を，表４に示す。駆動ベクトルとしては，水塊の混合がもたらす変化，すなわち，中層水と隣接あるいは流入する水塊と中層水との水塊特性の差のベクトルと，冬あるいは春に中層水が海面に露出して大気との間で熱（Q）と淡水（F）を交換することがもたらす変化がある。

表４から読み取れることは，次のことである。まず，春夏と秋冬で主要因と逆要因が入れ替わること，そして冬と秋の間で水温変化の有無に違いがあることである。これらの理由としては，1）冬には，中層水が海面に露出する時期があり，この時に大気の冷却が働くとともに大量の低温高塩分の氷点下水が作られ，その後に中層水と混合すること，2）氷点下水は春以降は混合で失われ，その影響は小さくなることが考えられる。

深層水が，中層水に混合してその季節サイクルに寄与していることが明らかになった。この深層水の中層水への混合は，どこで何が起こすのだろうか。

8．中層水と深層水とはどこで何によって混合されているのか？

中層水と深層水との最も顕著な混合が生じている場所を手掛かりに，オホーツク海への入口である千島列島の海峡における鉛直混合と敷居効果が大きな効果を果たしていることを示す。

オホーツク海のTσダイアグラム（図６左）の右下（低温・高密度域）に大きな空白部が見られる。Freeland *et al.*（1998）が『ギャップ（裂け目）』とよんだこの空白部は，深層水上部の密度範囲（密度 26.9 ～ 27.4 kg/m^3）にあたり，上側のデータは海峡の外側，下側のデータはオホーツク海内部の測点のものである。千島列島をはさんだ断面の水温分布（図６右）をみると，外海の深さ 250 ～ 1,000 m にみられる 2.5℃を超える水温極大が千島列島部で途切れている。これが“ギャップ”の空白に対応する。これは，この深さまで

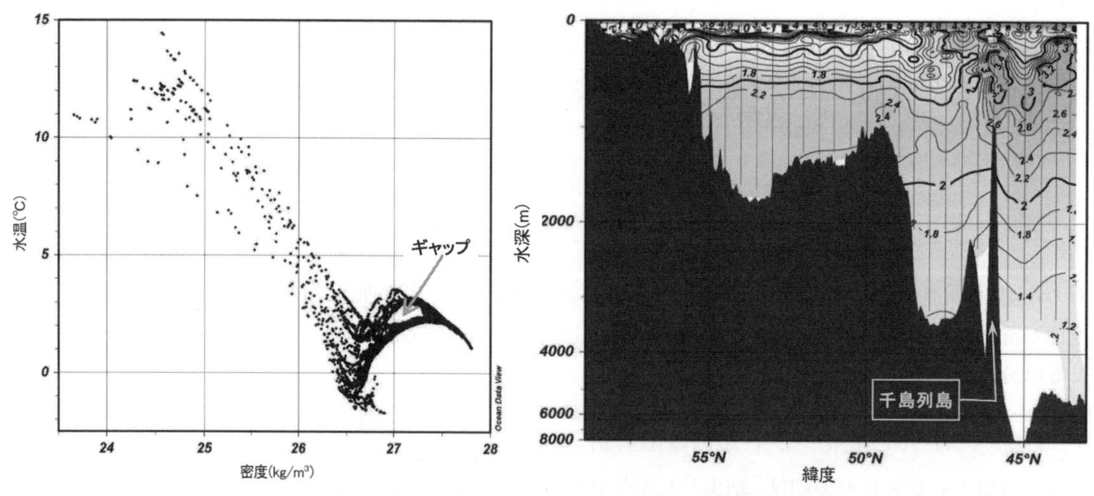

図6 オホーツク海千島列島付近のTσダイアグラム（左）と千島列島付近の水温分布（右）
浅い部分の水深を拡大している。WOCE-P1W測線データを作図。

海水が強く鉛直に混合されていることを示す。この強い混合を起こしているのは千島列島の海峡を出入りする強い潮流である（Nakamura *et al*., 2000；柏井, 1991）。

図６右の水温断面図が示している重要なことは，海峡の「敷居」による遮断効果である。オホーツク海入口の海峡群の最大水深は，ブッソル海峡の2,300 m である。図６右の水温分布をみると，外海の水温極大層下方の1.6℃の等温線は海峡内部にはない。外海の深い海水の流入を海峡の敷居が遮断し，敷居水深よりも浅い海水ほどより多量に流入し，より強い混合を受けることになる。したがって，オホーツク海に流入する東カムチャツカ海流が，入口の海峡部で強い鉛直混合を受けるとともにオホーツク海の表層水・中層水と混合して，オホーツク海中層水を作っていることになる。また，この海峡における混合と敷居効果の結果，オホーツク海の中層水が深層水の上部の水を取り込むことになり，その境界に現れる密度躍層（27.1 kg / m^3）がオホーツク海中層水の下面となっているのだ。

9．中層水と深層水の混合ならびに太平洋の中・深層循環

北太平洋亜寒帯海域は，深層循環が湧昇する終端であるため，全球海洋のなかで最も栄養塩が豊富な海域になっている（ブロッカー, 1981）。一方，オホーツク海で形成される重いオホーツク海中層水は，沈み込んで北太平洋の中層循環をつくっている（Talley *et al*., 1995）。海洋の鉛直循環のなかで北太平洋が果たしているこれらの役割は，互いに両立しないかのように見える。しかし，オホーツク海入口の海峡で鉛直混合が深層水を中層水に捕捉することは，深層水の湧昇と中層水の沈降とを連結して，深層水の湧昇を維持させる役割を果たしている。このコラムの解析は，この北太平洋の中層循環と深層循環の連結を水塊の解析から示したことになる。

物質輸送の解析からは，北太平洋の中深層循環についてどんな答えが出ているだろうか。太平洋の３次元的な循環の姿が，世界海洋循環実験計画（WOCE：World Ocean Circulation Experiment；http://www.nodc.noaa.gov/woce）のデータの解析で明らかにされている（Macdonald *et al*., 2009）。オホーツク海・東カムチャツカ海流域・親潮域を含む小海域 #123 についての解析結果を原図から読み取り，表５にまとめた。表には太平洋の水塊とオホーツク海の要素水の密度範囲，その密度範囲の上面と下面での沈降・湧昇とその大き

表5 北太平洋亜寒帯北西部の小海域#123における等密度面上の沈降・湧昇
Macdonald *et al.* (2009) より作成。

<table>
<tr><th>密度 (kg/m^3)</th><th>境界面における
沈降/湧昇</th><th>太平洋の水塊</th><th colspan="2">オホーツク海の要素水</th></tr>
<tr><td>24.781</td><td></td><td rowspan="2">北太平洋中央水</td><td colspan="2" rowspan="3">表層水</td></tr>
<tr><td>25.561</td><td>沈降</td></tr>
<tr><td>26.131</td><td>沈降</td><td rowspan="4">北太平洋中層水</td></tr>
<tr><td>26.495</td><td></td><td rowspan="3">中層水</td><td rowspan="8">氷点下水</td></tr>
<tr><td>26.755</td><td>沈降</td></tr>
<tr><td>26.935</td><td>沈降</td></tr>
<tr><td>27.219</td><td>沈降</td><td rowspan="2">南極中層水</td><td rowspan="5">深層水</td></tr>
<tr><td>27.407</td><td>沈降</td></tr>
<tr><td>27.583</td><td>湧昇</td><td>北太平洋深層水</td></tr>
<tr><td>27.739</td><td>湧昇</td><td>上部周極深層水</td></tr>
<tr><td>27.802</td><td>湧昇</td><td>下部周極深層水</td></tr>
</table>

さを示した。表5は，オホーツク海の深層水が湧昇して沈降する中層水に取り込まれていることを示している。南極海での北大西洋深層水の湧昇と同じく，北太平洋の深層水も，湧昇して表・中層の水塊に取り込まれて循環が維持されているのだ。

10. 中層水の“高塩分化”をもたらしている気候変化

中層水の“温暖化”トレンドの実態である“高塩分化”が，深層水の寄与の増加によることを示した。これに関与している気候の変化は何だろう。

表5によれば，オホーツク海を含む小海域では，海面から密度27.4 kg/m^3の深さで沈降し，密度27.6 kg/m^3以深で湧昇している。水温の経年変化（表1）が最も大きい密度26.9 kg/m^3の深さは，水温極大層・溶存酸素極小層の上部に相当する。したがって，中層水への深層水の取り込みが年々増加すると，中層水は高水温化・高塩分化・低酸素化することになる。深層水の寄与を経年的に増加させる可能性があるのは，西部亜寒帯循環の経年的な衰弱である。オホーツク海入口の敷居を越える深層水の量を増加させるからである。

これを支持する事実として以下の2つをあげることができる。

1) オホーツク海地域の冬の季節風の期間が短くなりその活動が弱まっていること，その一方，夏の季節風の活動も弱まっているが，その期間は長くなっている（Glebova *et al.*, 2009）。
2) ベーリング海内部の西部亜寒帯循環の北部が強化し，アリューシャン列島南部の西部亜寒帯循環の南部が弱くなる20年にわたる変化が検出されている（Carton *et al.*, 2005）。

中層水の高水温化・高塩分化・低酸素化の経年変化は，温暖化とともに夏の気候が強化され，亜寒帯循環が夏に衰弱することによって，中層水の形成への深層水の寄与を大きくしている可能性が考えられる。

大気の気候変動のシナリオに，オホーツク海あるいは北太平洋亜寒帯海域がどのように応答するのか，いろいろな研究の進展を注視しよう。

11. 今後の課題

近年の“暴れる気候”が海に及ぼす影響を調べる第一歩は，季節サイクルの実態を捉えるデータを得ることだ。オホーツク海をはじめ北太平洋亜寒帯海域で，海洋の季節サイクルを国際共同観測を計画し実行する必要がある。亜寒帯循環は陸岸に接して流れる。北太平洋亜寒帯海域，とくにオホーツク海を知るためには，中規模渦の有無と潮流を考慮に入れた観測・解析・考察が不可欠である。近代的な海洋観測は60年前から行われてきた。このコラムをまとめることができたのは，過去のデータが公開され管理されているからだ。海を思う先人たちの努力に感謝と敬意を深くする。今の海についての最良のデータを次の世紀に残すのは世代責任だ。この努力を，後に続く人たちにも願いたい。

（柏井 誠）

参考文献

ブロッカー , W. S.（1981）海洋化学入門（下妻信明 訳）. 東京大学出版会 , 東京 , 217 pp.

Carton, J. A., Giese, B. S. and Grodsky, S. A.（2005）Sea level rise and the warming of the oceans in the Simple Ocean Data Assimilation（SODA）ocean reanalysis, Journal of Geophysical Research Oceans, v110, nC9, C09006.

Freeland, H. J., Bychkov, A. S., Whitney, F., Taylor, C. K., Wong, C. S. and Yurasov, G. I.（1998）WOCE section P1W in the Sea of Okhotsk: 1. Oceanographic data description. Journal of Geophysical Research Oceans, v 103, n C8, p15, 613－15, 623.

Glebova, S., Ustinova, E. and Sorokin, Y.（2009）Long-term changes of atmospheric centers and climate regime of the Okhotsk Sea in the last three decades. PICES Scientific Report No. 36, 3－9.

柏井誠（1991）水道－内湾系における潮流の構造と海水交換 . *In*:「流れと生物と－水産海洋学特論－」（川合英夫 編著）. 京都大学出版会 , 京都 , pp. 172－190.

Macdonald, A. M., Mecking, S., Robbins, P. E., Toole, J. M., Johnson, G. C., Talley, L., Cook, M. and Wijffels, S. E.（2009）The WOCE-era 3-D Pacific Ocean circulation and heat budget. Progress in Oceanography, 82, 281－325.

Nakamura, T., Awaji, T., Hatayama, T., Akimoto, K. and Takizawa, T.（2000）Tidal exchange through the Kuril Straits. Journal of Physical Oceanography, 30, 1622－1644.

Nakanowatari, T., Ohshima, K. I. and Wakatsuchi, M.（2007）Warming and oxygen-decrease of intermediate water in the northwestern North Pacific, originating from the Sea of Okhotsk, 1955-2004. Geophysical Research Letters, 34: L04602, doi:10.1029/ 2006 GL028243.

Talley, L.D., Nagata, Y., Fujimura, M., Kono, T., Inagake, D., Hirai, M. and Okuda, K.（1995）North Pacific Intermediate Water in the Kuroshio/Oyashio mixed water region, Journal of Physical Oceanography, 25（4）, 475－501.

❖ 第3章 ❖

氷海における基礎生産者
― 植物プランクトン・アイスアルジー ―

氷海は海氷を生成する海域である。海の表面が海氷に覆われることにより，光環境など，さまざまな環境条件に変化をもたらす。本章では，海洋の環境と生態系の特徴を記述し，氷海における基礎生産者そして氷海生態系の特徴について述べる。

1　海洋の環境と生態系

今日の海洋生態系は，太古の海に誕生した原始生命が長い時間をかけて適応進化してできたものである。魚類は海洋環境に適応した高等動物であるが，鳥類や哺乳類に比べると，進化の程度は低い。海にも海鳥，鰭脚類，鯨類など高度に進化したものもいるが，大部分の海洋生物の進化の程度は低い。とくに生態系の基盤をなす基礎生産者の大部分は，最も原始的な藻類である。蘚苔類やシダ類を経て進化した高等植物が繁栄している陸上生態系とは対照的である。海洋生態系の生物は進化をやめてしまったのだろうか。

海中と陸上の生物は共通の祖先から進化したので，細胞内で営む生命活動は同じである。しかし，海陸両様に生活できる生物はいない。このことは，海と陸の環境が異なっていることを意味している。どのように異なっているのだろうか。

海と陸の差は，水と空気という環境媒体の差にある。当然すぎて一般には無視されているが，これは海洋生態系の理解には欠かすことのできない認識である。

1-1　海洋環境の特徴

世界の海の平均深度は3,800 m である。それが水で満たされているのだから，海洋環境の特徴は水の物性によって決まる。基礎生産者にとって重要な水の物性は，密度，粘度および吸光度である。それらが海水中の栄養塩濃度や光環境を決定し，基礎生産者の分布深度，ひいてはその生産力を支配している。

1-1-1　密度と粘度の影響

1気圧4℃における純水の密度は1.0 g/cm^3，標準的な空気の密度は1.274 kg/m^{3}で，水の密度は空気のおよそ800倍である。淡水は4℃で密度が最大になるが，海水の密度は凍結するまで水温の降下につれて増大するため，低温の海水は深層へ沈降して表層水と分離する。また，水の粘度（粘性係数）は空気の粘度よりほぼ100倍大きいので，海水はさらに混合しにくい。そのため，沈降した有機物から再生される栄養塩は深層水中にたまり，表層は貧栄養となる。水の密度と粘度の大きさは生物が3次元的に生息することを可能にするとともに，海洋の主たる基礎生産者の生息環境を貧栄養とするのである。

1-1-2　吸光度の影響

植物が光合成を行うのに必要な光は，大気中の窒素や酸素には吸収されないが，水には吸収される。そのため水中は深度とともに急激に暗くなる。植物が光合成できる深さは，沿岸域では数m程度，外洋域では一般に100 m程度，最も透明度が高い海域でも200 mにすぎない。平均の水深が3,800 mである海の表面だけが光合成による生産層であり，それ以深では植物は生存できない。

明るいけれども貧栄養な表層で生きていかなければならないということが，海洋の主たる基礎生産者への進化圧力となってきた。海の植物はこれにどう適応したのだろうか。

1-2　海洋環境へ適応した植物プランクトン

海洋植物は，体を支持する幹や枝を必要とせず，体表面全体から栄養塩を吸収する藻類であり，体全体で光合成をする生産効率の高い植物である。ワカメ，コンブやノリは見慣れた例であるが，海底の基質に付着しているために，太陽光が海底まで透過する浅海域でしか生きられない。外洋の表層100 mで生活できるものは単細胞の微細藻類である。海底まで光が到達する海域は全海洋の1%にも満たない。そのため，海洋の主たる基礎生産者は，浮游して生活できる微細藻類である植物プランクトンということになる。その適応原理をみてみよう。

生物の細胞密度はおよそ1.2 g/cm^{3}である。したがって，密度が1.03 g/cm^{3}前後の海水中では必ず沈む。沈降力は［細胞体積×（細胞の密度−海水の密度）］に比例する。このとき，海水の粘度は大きいので細胞表面に摩擦抵抗が生じ，沈降速度は遅くなる。この摩擦抵抗は細胞表面積に比例する。このように，細胞体積（V：volume）と細胞表面積（S：surface）はそれぞれ沈降の加速と減速に関係するため，体積（V）に対する表面積（S）の比（S/V比）は，沈降を遅らせるブレーキの指標になる。

S/V比は細胞が小型であればあるほど大きくなるので，小型の細胞ほど沈降速度が遅く，長い間明るい表層に浮游することができる。そのため，海洋の主たる基礎生産者となる植物は小型化した。

植物プランクトンが必要とする栄養塩量は，細胞質の量（V）に比例する。それを表面（S）から吸収するため，S/V比は栄養塩の吸収効率をも支配することとなり，やはり小型であるほど高くなる。したがって，小型化は貧栄養な表層環境への適応でもある。この適応は，大型の藻類や，根，茎，葉に分化した高等植物には不可能で，適応に成功したのは単細胞微細藻類，すなわち植物プランクトンである。以上のように，植物プランクトンは海洋環境に適応した植物であり，海ではそれ以上に進化する必要はないのである。

1-3　動物プランクトンの機能

植物プランクトンは小さすぎて，普通の魚類は食べることができない。植物プランクトンを摂食できる生物による連鎖が必要である。その仲介者が動物プランクトンである。動物プランクトンならば小型魚類にも捕食可能であり，小型魚類は中型魚類の餌になりうるので，食物連鎖が成立する。これが，海洋の食物連鎖の基本的な姿である。仲介者としての役割が動物プランクトンの第1の機能である。

植物プランクトンの生産層は表層だが，その下層にもたくさんの生物がいる。これらの生物は表層からの有機物に依存している。すなわち，表層から下層へと有機物輸送が行われていることを意味する。この下層への有機物輸送は，動物プランクトンに負うところが大きい。動物プランクトンは，表層で植物プランクトンを摂食して糞粒を排出する。糞粒はすみやかに沈降して中深層へ有機物を供給する。動物プランクトンの脱皮殻や遺骸も沈降し，下層への有機物源になる。さらに，動物プランクトンは1日，あるいは生活環を周期にした鉛直移動を繰り返す。その下降移動中に中深層に生息する動物に捕食される。これも有機物の下方輸送過程である。表層で生産された有機物を下層へ運搬することが，動物プランクトンの第2の機能である。

季節による環境変動が大きい氷海などでは，植物プランクトンの生産力も大きく変動する。一般に，春には顕著なピークを形成し（スプリングブルーム：spring bloom），夏には中程度の値におちつき，冬にはほとんど生産がなくなる。陸上の動物は休眠や渡りを行って越冬する。しかし，外洋の動物プランクトンは，海が深すぎて休眠をすることができない。また，遊泳力が弱いため回遊して移動することもできない。したがって，春から夏にかけて飽食して体内に脂質を貯め，静穏な中層で秋冬をすごす。それが魚類の冬の餌となる。そのため，基礎生産量が極端に変動しても，魚類は周年餌をとることができる。春夏の大きな基礎生産を脂質として蓄積し越冬する動物プランクトンは，基礎生産の季節変動を平滑化していることになる。基礎生産物の季節変動の平準化が動物プランクトンの第3の機能である。

動物プランクトンは植物プランクトンを摂食し，消化吸収した有機物を代謝して無機排泄物を出す。それはただちに植物プランクトンの栄養塩となる。これは，貧栄養な表層では重要な栄養塩供給機構である。バクテリアや魚類も栄養塩再生に貢献しているが，植物プランクトンと直接連鎖している動物プランクトンによる栄養塩再生の加速は重要である。さらに，彼らの寿命は短いため，その体自体が短期間で無機化される。動物プランクトンによるすみやかな栄養塩再生は，貧栄養な表層における生態系の持続性の基盤である。基礎生産者への栄養塩供給が動物プランクトンの第4の機能である。

1-4　プランクトンが重要視されるわけ

海洋環境に適応した光合成生物である植物プランクトンは，海洋生態系の基礎生産者として重要視される。その微小な植物プランクトンを摂食する動物プランクトンによって，海洋の食物連鎖が構築される。そのため，動物プランクトンも重要視される。さらにたいせつな観点がある。動物プランクトンは一方的に植物プランクトンを摂食しているのではない。消化吸収した植物プランクトンが生産した有機物を代謝して，栄養塩を還元しているのである。動物プランクトンの摂食は，植物プランクトンへの栄養塩還元とリンクしている。共生とも言えるこの関係によって海洋生態系が維持されていることから，プランクトンが重要視されるのである。

2　氷海生態系の特徴

2-1　高緯度海域のプランクトン生産

氷海は，北極と南極に近い高緯度の海域である。オホーツク海は北半球で最も低緯度（南）にある氷海だが，それでも北緯45度より北にある。

高緯度地域では季節による環境の変化が大きい。表層水は，夏に高温で低密度になり，冬に低温で高密度になるため，夏は下層水から分離されるが，冬は下層水と混合する。このとき，下層から栄養塩が補給されるので，表層は栄養に富んだ環境になる。春になって日射量が増大すると植物プランクトンの光合成が急速に進み，その生産量はきわめて高くなる（スプリングブルーム）。一方，冬は日射量が極端に減少し，植物プランクトンによる生産量はゼロに近くなる。すなわち，スプリングブルームのおかげで1年間の生産量は大きいが，季節変化もまた激しい。

これが氷海のある高緯度海域の特徴である。

このような環境では，動物プランクトンは体内に脂質を蓄え，飢餓に耐えながら越冬する。静穏な下層で越冬し，次世代が豊富な餌にめぐりあうように冬の終わりに産卵するために，彼らは個体発生に伴って鉛直移動をする。この行動は，プランクトンに依存している魚類の生態にも影響し，漁業活動をも支配する。日本の漁業の多くが高緯度海域で行われていることを考えれば，高緯度海域におけるプランクトンの生産性の重要さがわかるだろう。

2-2　氷海生態系の特徴

北極圏や南極圏では海が凍る。オホーツク海でも海が凍り，広く流氷で覆われるため，漁業や海運は停止する。陸上でも，大地が雪に覆われると農業は休止し，自然の生物の多くが冬眠する。しかし，氷の下の海中では，生物が活動を続けている。

氷海で興味深いことは，海氷の下部，海水に浸かっている部分で微細藻類が増えることである。その増殖は冬の終わりごろに顕著になり，氷の色が変色するほどになる。氷の下の水中は暗いけれど，氷中はそれより明るい。水中よりも氷中のほうに多くの微細藻類が増える。この群集をアイスアルジー（Ice algae）という。アイスアルジーは，もともと水柱にいた植物プランクトンが海氷生成に伴い氷中に入り込んだものである。氷に付着し生息することで，プランクトン生活を行わなくなるため，植物プランクトンからアイスアルジーとよび名が変わる。

アイスアルジーは，春に向かって氷が融ける過程でさらに増殖し，海水中に放出される。ばらばらに放出されると，水中で植物プランクトンとしてふるまい，スプリングブルームを起こしたり，動物プランクトンの餌になる。大きな塊として放出されると，海底まで沈降し，ベントスの餌になる。南極海のように周年氷があるところでは，氷からはみ出て群体となっているアイスアルジーを食べる動物プランクトンや小魚がいる。このように，氷海では水中の植物プランクトンが少ないのに対して，氷中にはアイスアルジーが繁茂し，氷海生態系の主要な基礎生産者となっている。

冬のオホーツク海は，海氷に覆われて休んでいるのではない。南極海の生態系と同じように，アイスアルジーのおかげで，水中では生物の活動が続いているのである。

3　海氷と流氷

3-1　海氷

海氷とは，文字どおり海水が凍った氷のことである。海氷は氷海を形成し，氷海生態系の基盤となる。それでは，海氷はどのように生成されるのであろうか。

海水はおよそ−1.8℃まで冷えると凍る。ただし，淡水が凍ってできた氷と海水が凍ってできた氷，同じ氷とはいえ，その実態は大きく異なる。生物に与える影響もまったく異なる。凍るという現象は，水分が固体化することである。すなわち，海水が凍るとは海水中の水のみが固体となる現象である。海水には塩類などさまざまな物質が溶け込んでいる。海水中の水だけが凍ることで，塩類などが溶けた海水が濃縮され，高塩分水として海氷の中に生成される。このようにして海氷中に生成された高塩分水をブライン（brine）という。海氷中に閉じ込められたブラインはやがてブラインチャネルとよばれる通路を通して，中央部分に集まりながら海氷の下層に運ばれていく。そして下層に集まったブラインは，海氷の底面から徐々に水中に抜け落ちていく。

海氷をなめたことがある方はいるだろうか。海水が凍ってできた海氷，なめたらしょっぱいというイメージをもっている人も多いと思う。しかし，実際は，塩味はほとんどしない。それは前述のようにブラインとして塩分が氷から抜け落ちているからである。

海氷中でブラインが存在した場所には，ブラインが海中に沈降していった後にすき間ができる。このすき間をブラインポケットという。ブラインポケットは海水が凍ったからこそ形成されるもので，淡水の氷には存在しない。このブラインポケットの有無が，淡水氷と海氷それぞれが生物生産に及ぼす影響に，決定的な違いをもたらすことになる。ブラインポケットは氷の中で生物が生息できる場を提供する。そしてブラインチャネルを通して，しみ込んだり放出されたりと海水の出入りが起こり，海氷中に栄養塩が供給される。この海氷のすき間に生息する生物が，前項に登場したアイスアルジーとよばれる微細藻類である。アイスアルジーは増殖すると海氷下部を褐色にするにとどまらず，群体が氷から飛び出し，南極海などでは数十 cm もの長さで海氷からぶら下がることもある。

一方，海氷より海中に放出されたブラインは，海洋においてどのようなはたらきをするのであろうか。ブラインは高塩分水，高密度水であり，通常の海水より重い。しかも低水温であるので，その重さはさらに重くなる。そのためブラインは海中に放出されると海底に向かって沈んでいく。このブラインの沈み込みにより，海は表層から深層まで，ゆっくりかき混ぜられることになる。このように海が上から下まで鉛直的にかき混ぜられることを鉛直混合という。鉛直混合が起こることで，光の届かない深層にたまっていた栄養塩が表層に上がってくる。表層には光が届き，植物プランクトンも生息している。そこに栄養塩が供給されることで，基礎生産が活発に行われることになるのである。

海洋の深層には約2,000年かけて循環する海流が存在する。深層大循環（海洋大循環）とよばれるものである。この循環は北大西洋のグリーンランド沖で，海氷が生成されるときに生み出されたブラインの海底への沈み込みを起点とし，大西洋の海底を南進し，南極大陸に到達する。南極海でもブラインの沈み込みが加わり，この流れは南極大陸を周回する。一部は途中，インド洋に向かい，表層に浮上する。残りは太平洋に流入し，こちらもやがて表層流となり，大西洋のグリーンランド沖にもどっていく。この海洋を循環する深層大循環は，エネルギーを運び，深層の生物に酸素を供給する。海氷生成時に放出されるブラインは地球規模で気候や生物に影響を与えているのである。

3-2　流氷と定着氷

冬季，オホーツク海をうめつくす流氷，そのため“流氷＝海の氷”と思っている人も少なからずいる。しかし，流氷は必ずしも海氷とは限らない。氷はその運動状態によって流氷と定着氷とに分けられる。流氷とは動いているか，動きうる状態にある氷のことをいう。一方，水平方向には動かない状態の氷を定着氷という。流氷は風向きなどによって，岸に寄ってきたり離れたりするが，定着氷はその場にとどまり，生成し融解する。

冬季，北海道東部のオホーツク海沿岸域には流氷がくる。この流氷はオホーツク海北西部のシベリア沿岸で生成された海氷が流れてきたものである。オホーツク海の流氷はアムール川の淡水が凍って，流れてきた氷と誤った情報が多く見受けられるが，オホーツク海の流氷は，海水が凍ってできた海氷である。海氷だからこそ，オホーツク海の生物生産に流氷がプラスの影響を及ぼしているのである。オホーツク海の海氷が生成され，ブラインが深層に沈んでいくことで，深層にたまっていた栄養塩が表層にもち上げられる。この機構がオホーツク海の生産性の高さの一因となっている。オホーツク海の流氷が，アムール川の水が凍った淡水氷であったら，オホーツク海は生産性の低い海となっていたことであろう。海氷は海にフタをするのではなく，海を活性化させているのである。

そして，流氷は栄養塩やアイスアルジーなど，さまざまな物を遠くシベリア沿岸から運んでくるという話を耳にした人もいると思う。前述の海氷の生成の仕組みからもわかるように，日本のオホーツク海沿岸域にたどりついた流氷は，生成されたときに取り込まれた栄養塩などを，途中，ブラインとして海中に放出している。流氷の中にある栄養塩の大半は移動中，あるいは沿岸にきてからブラインチャネルにしみ込んだ海水中に存在していたものである。また，アイスアルジーが氷の中で増殖するのは，流氷が接岸して定着氷となってからである。それはなぜか。流氷は移動している間に，ぶつかりあったり，ひっくり返ったり，重なったりしている。当然，光環境も安定していない。光合成を行うアイスアルジーは，安定した光環境があって初めて増殖できるのである。北海道沿岸にやってくる流氷は，実は何も運んできてはいないのである。

オホーツク海の流氷は生成されてから，さまざまな変遷を経て移動し，北海道沿岸までたどりつく。移動中の履歴は不明である。また，接岸し，定着氷となったときは採集が可能であるが，離岸した状況では採集が困難である。このように流氷の研究にはさまざまな制約がある。そのため，オホーツク海の海氷が生物生産に大きな影響を及ぼしていることは理解されているが，そのメカニズムの実態は不明な点が多い。

そこで注目されるのが，海水が凍った定着氷である。定着氷はその場にとどまった氷である。いつどこで生成され，どのような状況を経ているかという履歴を知ることができる。さらに，生成されてから融解するまでの全過程を調査・研究することが可能である。すなわち，海氷が生物生産にどのように影響を及ぼしているか，生物にとってどのような機能をはたしているか，生成期から融解期にわたって調べることができる。定着氷である海氷を調べることで，流氷と生物生産の関係を把握する糸口が得られるのである。

北海道は太平洋，日本海そしてオホーツク海に囲まれている。そのなかで，オホーツク海沿岸域には複数の海跡湖が存在する。網走近郊には，サロマ湖，能取湖，網走湖といった日本を代表する海跡湖がある。ただし，これら 3 つの湖は同じ海跡湖とはいえ，それぞれ異なる特徴をもっている。すなわち，網走湖はオホーツク海とは直接つながらず，網走川を間に介しているので，淡水湖としての特徴が強くみられる。これに対してサロマ湖と能取湖は湖口がオホーツク海に開口しており，潮汐によりオホーツク海の海水が出入りしている。そのため，海水湖としての特徴を有している。ただし，サロマ湖は複数の大きな河川が流入しており，陸水の影響が大きい。一方，能取湖は流入河川が少なく，湖水にはオホーツク海の沿岸水が潮汐により出入りする海水湖としての特徴が強くみられる。

能取湖は北海道東北部オホーツク海沿岸部に位置し，周囲長 35 km，水面積 58.4 km^2 であり，東京の山手線の内側と同程度の面積がある。最大水深 23.1 m，平均水深 8.6 m，推定貯水量 5.03×10^8 m^3 の湖である。オホーツク海とは湖口（幅 324 m）でつながり，湖水の塩分は 33 前後とオホーツク海と同程度である。例年，1 月中旬から 4 月上旬にかけてほぼ全面で結氷する。湖内の水は海水であり，海水が結氷する海氷生成域である。定着氷という観点から海氷研究ができる世界的にも貴重な湖である。

4　おわりに

氷海では，植物プランクトンに加えて，アイスアルジーも重要な基礎生産者となる。結氷期間中，水柱における植物プランクトンの基礎生産はわずかである。対して，アイスアルジーは海氷下部を中心に増殖するため，この期間の基礎生産はアイスアルジーに依存する。ただし，このことはアイスアルジーの現存量が植物プランクトンのそれを上まわることを意味しない。

能取湖における結氷期の植物プランクトンとアイスアルジーの現存量の積算値を比較した結果では，植物プランクトンが圧倒的に多いことが示されている。ただし，媒体（水と氷）の体積あたりに換算すると逆の結果となる。アイスアルジーは海氷の厚さ数十 cm の層に分布するのに対して，植物プランクトンは数十 m の間に分布することに起因する。アイスアルジーは海氷の下部に集中することを考えると，氷海において海氷は，少ない基礎生産者を効率的に一次消費者に伝える機能をはたしていると言える。その機能により結氷期の基礎生産はアイスアルジーに依存すると言える。

植物プランクトンはその小ささゆえに，摂食できるのは動物プランクトンに限られる。一方，同じく微細藻類であるアイスアルジーは群体を形成し集塊となるものも多い。これらは海に放出されると，ただちに海底まで沈降する。アイスアルジーの集塊はベントスをはじめとして大型の動物群も摂食できることになる。アイスアルジーは食物連鎖の長さを短縮し，効率的に基礎生産物を高次栄養段階に伝える機能をもっているのである。

近年，北極海など氷海で海氷が減少しているという知見が広く知られるようになってきた。海氷の減少は，地球規模でさまざまな影響をもたらす。生物生産の観点からも重大な影響が起こることが懸念される。その一方で，海氷が生物生産にどのような影響を及ぼしているか，明らかになっていないことが多い。地球環境ならびに水産生物資源の持続的利用のためにも，氷海における生物生産の仕組みの理解は重要かつ緊急である。

網走のあるオホーツク海沿岸部では，冬季に沿岸域で海が凍る。そしてオホーツク海とつながった能取湖も結氷する。海氷の研究を行うには絶好の地域なのである。ここでの定着氷の研究は，海氷生成と生物生産の関わりの解明に貢献するであろう。

（西野康人）

❖ 第4章 ❖

オホーツク海沿岸域における動物プランクトン

1　動物プランクトンとは

われわれが海や川に行けば，泳いでいる魚や底にいる貝などを目にすることがある。このような動物だけではなく，海や川では海藻や水草といった植物も簡単に見つけることができる。海や川でコップ 1 杯の水を汲んでみよう。海藻や魚は入っていないそのコップの中には，肉眼でははっきりとは見えないが，微小な生物が存在している。このような微小な生物は，水中に浮いて（浮游して）生活しており，プランクトン（plankton）とよばれ，遊泳力がないか，あるいは小さいためにその移動は水流に支配されている。プランクトンの日本語訳は浮游生物である。

このプランクトンは，その体の形態やどのように栄養をとるか（独立栄養性や従属栄養性）によって，植物プランクトンと動物プランクトンに大別するのが一般的である。植物は葉緑体を体内に備え，光エネルギーを利用して無機物から有機物を合成する光合成を行う独立栄養性の生物である。水中に浮游している微小な生物にも葉緑体をもち，光合成を行う植物プランクトンが存在する。動物プランクトンは，餌として摂食した植物プランクトンやほかの動物プランクトンの栄養とエネルギーを利用して生命活動を行う従属栄養性の生物である。動物プランクトンは，植物プランクトンと比べて鉛直方向や水平方向への遊泳力をもつ生物が多い。そのため，より遊泳力をもつ魚類などのネクトン（遊泳生物）との厳密な区別が難しい生物も，動物プランクトンとして扱われることがある。

2　海洋生態系とは

本章で取り扱う水圏は海洋である。海洋の動物プランクトンについて何かを知ろうとするならば，まず海洋生態系を理解しなければならない。海洋生態系は，プランクトンや魚類などの生物要因，および水や二酸化炭素などの非生物要因が存在している空間における物質の循環システムであると説明できる。例えば，炭素に注目した場合，大気中の二酸化炭素が海洋との濃度差に応じて海水に溶ける。植物プランクトンなど光合成を行う生物は太陽エネルギーを利用して，海水中の二酸化炭素（炭酸イオンとして）と水から有機物を作り出す（一次生産）。植物プランクトンは動物プランクトンに摂食され，植物プランクトンの有機物が動物プランクトンの栄養となる。またさまざまな生物が活動を行えば，代謝産物として海水中に二酸化炭素が排出され，光合成を行う生物がそれを利用する。このように炭素という物質が，姿かたちを変化させながら同じシステムの中で循環している。まさにこの物質の循環システムが生態系である。海洋生態系において，プランクトンを含む生物がその生命活動をまっとうすることが，物質を循環させるうえで重要な駆動力となるのである。

3　海洋生態系における動物プランクトンの機能

動物プランクトンは海洋生態系においてどのような役割を担っているのだろうか。一般に，動物プランクトンの多くは植食性であり，一次生産者の植物プランクトンを摂食する二次生産者（または一次消費者）である。また，動物プランクトンは肉食性の動物プランクトンや仔稚魚などの三次生産者（または二次消費者）に摂食される。つまり，動物プランクトンは，植物プランクトンと魚類をつなぐ食物連鎖（この場合は採食食物連鎖という）を構築する役割を担っていると考えることができる。この食物連鎖は海洋生態系の物質循環を駆動させるうえで重要な機能をもっており，動物プランクトンはその中核をなしている。

動物プランクトンには，1日の間に表層と深層を移動する日周鉛直移動を行う種が多く存在する。動物プランクトン群集で最も生物量が多いカイアシ類や，次いで生物量が多いとされるオキアミ類は顕著な日周鉛直移動を行う。海洋における有機物の生産場所は，植物プランクトンが光合成が可能な量の光が届く表層に限られる。動物プランクトンは，夜間に表層で植物プランクトンを摂食し，日中は中深層に分布するものが多い。この動物プランクトンの日周鉛直移動の生態学的な意味として，日中の表層における魚類などの捕食者からの逃避であるとの理解が一般的である。動物プランクトンは摂食した植物プランクトンを完全には消化せず，未消化の状態の糞粒として排泄する。糞粒の形状が大きくなれば，沈降速度が増す。動物プランクトンが沈降して排泄することで，表層で生産された有機物をすみやかに中深層へ届けることができる。

植物プランクトンは，中・高緯度海域で春季に大増殖（spring bloom）

を起こす。冬季に表層の水温が低下すると，深層との密度差が小さく，あるいはなくなり，容易に鉛直的に海水が混合することになる。この鉛直混合によって，深層の豊富な栄養塩（植物プランクトンが生きていくために必要な栄養）が表層に供給される。春季になり日射量が増加すると，この豊富な栄養塩を利用して，植物プランクトンの大増殖が発生する。夏季には表層の栄養塩が使い尽くされ，植物プランクトンの生産力は低下する。秋季はわずかな一次生産がみられるが，冬季には再び生産力は低下する。このような植物プランクトンによる一次生産の季節的な変動がみられる外洋域に生息する動物プランクトンは，一次生産量の季節変動に合わせた生活史を有している。例えば，北太平洋亜寒帯域で優占する大型の *Neocalanus* 属や *Eucalanus* 属のカイアシ類は，春季に表層で大増殖した植物プランクトンを活発に摂食し成長して有機物を脂質として体内に蓄積し，その後中深層へ移動する。そして夏季から冬季にかけて中深層で休眠状態となる。春季が近づくとこれらのカイアシ類は，中深層で最終成熟し，交尾・産卵した後，孵化した幼生が成長しながら表層に移動する。春季に表層に移動したカイアシ類は，再び大増殖した植物プランクトンを摂食して成長し，その後中深層へ移動する。このような成長に伴った季節的な鉛直移動を行うカイアシ類は，中深層でハダカイワシなどの魚類に摂食される。成長に伴う動物プランクトンの季節的な鉛直移動は，春季に限られた大増殖による一次生産で作られた有機物を，ほかの季節にまで供給することになる。

海洋における一次生産は，光合成が可能な量の光が届く表層に限られる。そのため，表層における栄養塩は，中・高緯度海域の冬季を除いて，植物プランクトンによって利用されるため常に少ない。動物プランクトンが植物プランクトンを摂食すると，代謝によって無機排泄物を海水中に出す。植物プランクトンはこの無機排泄物を栄養塩として再び利用することができる。動物プランクトンが無機排泄物として海水中に栄養塩を供給することを再生生産とよぶ。動物プランクトンは栄養塩の少ない表層で植物プランクトンを摂食することから，表層における栄養塩の利用と再生生産の循環を速めることに貢献する。

動物プランクトンは，食物連鎖の構築，中深層への有機物の輸送，一次生産の季節的均一化，栄養塩の再生生産に貢献している。動物プランクトンの活発な生命活動なしに，海洋生態系の安定性や持続性を語ることはできない。そのため，動物プランクトンの生態を明らかにする必要がある。

4　オホーツク海沿岸域の海洋学的および水産学的特徴

まず，オホーツク海および北海道東部のオホーツク海沿岸域の海洋環境について説明する。オホーツク海は，北はユーラシア大陸，東はカムチャツカ半島，西はサハリン島，南は千島列島に囲まれた海域（縁辺海）である。ただし，北西太平洋や日本海と海流を通して海水の交換が行われている。北海道東部のオホーツク沿岸域には，黒潮を起源とする高水温で高塩分の宗谷暖流が，春季から秋季にかけてオホーツク沿岸に沿って流れる（例えば第2章）。また，秋季から冬季には，サハリン島の東側を南下する低温で低塩分の東樺太海流がオホーツク沿岸域にまで到達する。そして冬季にはオホーツク海の北部沿岸域で作られた海氷が流氷として南下し，北海道東部のオホーツク沿岸域に到達し，海表面を覆う。オホーツク海沿岸域は，暖流と寒流が季節的に交替し，冬季に海氷が表面を覆うという特徴がある。

オホーツク海は世界有数の漁場の1つであり漁獲量が多い。北海道東部のオホーツク海沿岸域も，サケやホタテガイを対象とする漁業が盛んに行われている漁業資源豊かな海である（例えば第12章）。これらの漁業は，サケやホタテガイの初期生活史において一定期間を人為的に管理し，その後放流し自然の海に育てられ大きく育ったものを漁獲する。オホーツク海沿岸域でサケやホタテガイが大きく育つことができるのは，その餌となる植物プランクトンや動物プランクトンの生産に支えられているからである。オホーツク海沿岸域の豊かさの秘密を知るためには，海洋環境の季節変動と動物プランクトンの生態との関係を理解し，その変動メカニズムを明らかにする必要がある。すなわち，どの季節にどのような動物プランクトンがいるのか，海流が交替すると出現する動物プランクトンの種や量はどのように変化するのか，この変化は毎年同じように起こるのか，地球温暖化との関係はあるのかといったことを明らかにしなければ，持続的な漁業の発展はかなわず，サケやホタテガイといった食卓を彩る海からの恵みを享受し続けることができなくなるかもしれない。

5　オホーツク海沿岸域の動物プランクトン

オホーツク海沿岸域の動物プランクトンの現存量は，季節変動を示すことが知られている（図1）。2013年にオホーツク海沿岸域の定点で4月から12月にかけて行われた，プランクトンネット（目合330 μm）採集による動物プランクトンの現存量は，顕著な季節変動を示した（図1）。全動物プランクトンの現存量は，4月に最も高く，5月に急激に減少し，6月上旬には再び増加した。この期間，動物プランクトン群集のなかでカイアシ類が全体の98～99％で優占した。カイアシ類は甲殻類で，世界の海洋において最も優占する動物プランクトンである。6月下旬から7月下旬には，動物プランクトンの現存量は中程度であり，カイアシ類が46～56％に減少する一方で，尾虫類や枝角類の割合が増加した。尾虫類は脊索動物門に属するゼラチン質の生物で，ハウスとよばれる濾過装置の中で生活し，ハウス内のフィルターを使って小型の餌を集めて摂食する。枝角類は小型の甲殻類で，単為生殖と両性生殖を行い，環境条件が良い場合に単為生殖を行い，爆発的に現存量を増大させる。枝角類は小型の餌を主に摂食する。8月および9月上旬の動物プランクトンの現存量は，調査を行った期間で最も少なかった。このとき，カイアシ類は51～62％とその割合はわずかに増加した。9月下旬以降，動物プランクトンの現存量は中程度まで増加し，その後，再び減少した。この間，カイアシ類は動物プランクトン群集中で優占した（64～98％）。オホーツク海沿岸域の動物プランクトンの現存量は，春季に多く，宗谷暖流の影響が最も強い夏季に最も少なくなり，東樺太海流が訪れる初冬季に現存量が再び増加するという変動パターンを示すことがわかった。また，動物プランクトン群集では，カイアシ類が常に優占するが，

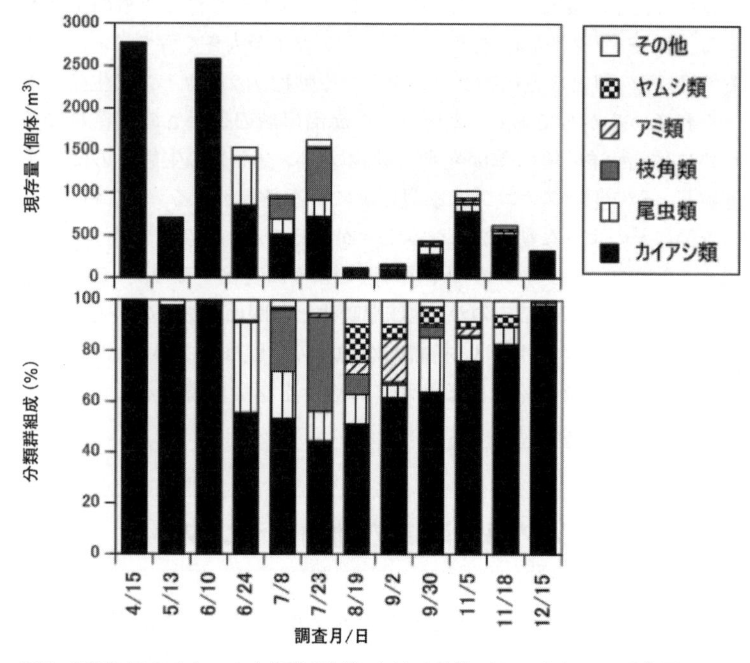

図1 2013年のオホーツク海沿岸域における動物プランクトンの現存量および分類群組成

夏季から秋季には，カイアシ類以外の動物プランクトンの割合も増加する傾向がみられた。オホーツク海沿岸域では，動物プランクトンの現存量と組成が，海流の季節的交替に伴って変動することがわかった。

6　オホーツク海沿岸域のカイアシ類

オホーツク海沿岸域では，カイアシ類が最も重要な動物プランクトンである。ここで，オホーツク海沿岸域のカイアシ類の現存量と種組成の季節変動について詳しくみてみることにする（図2）。2013年のオホーツク海沿岸域における調査では，カイアシ類は動物プランクトン群集中で最も優占する分類群であり，その現存量の季節変動は全動物プランクトンの季節変動と類似していた（図1，図2）。オホーツク海沿岸域の動物プランクトン群集は，カイアシ類が支えていると考えることができる。14属25種のカイアシ類が出現したが，種によって現存量の変動様式には違いがみられた。カイアシ類の現存量が最も高い4月では，外洋性の大型のカイアシ類*Neocalanus*属2種（*N. plumchrus*と*N. cristatus*）および沿岸性の小型のカイアシ類*Pseudocalanus newmani*が全体の80%を占めた。これらの種は冷水性であり，4月の低水温環境によく適応できていたと思われる。高水温で高塩分の特徴をもつ宗谷暖流は6月ごろから沿岸域に分布し，8月および9月には沿岸域の水温が最も高くなった。水温の上昇に伴って，*P. newmani*の現存量は低下し，8月および9月に最も低くなり，冷水性の*P. newmani*が高水温環境で

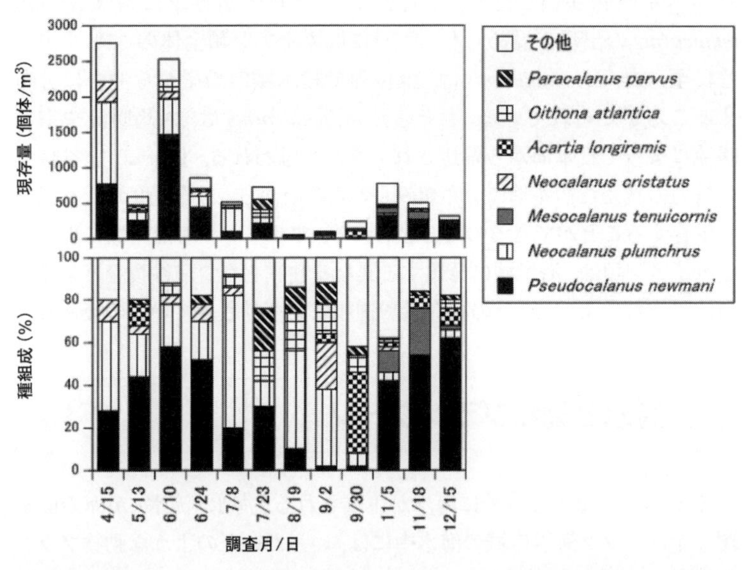

図2　2013年のオホーツク海沿岸域におけるカイアシ類の現存量および種組成

は生存が困難であることを示している。一方，*Neocalanus* 属の2種も夏季に現存量が減少する変動を示した。*Neocalanus* 属は，成長に伴った季節的鉛直移動を行うことが知られている。中深層で孵化した幼生が成長しながら上昇し，春季の植物プランクトン大増殖期に表層に達し，餌を摂食してさらに成長する。そして夏季には再び中深層へ移動して休眠状態（夏眠）となる。夏季に *Neocalanus* 属の現存量が少なかった理由は，夏眠のために沿岸から沖合の中深層へ移動したためと思われる。もちろん，夏季の水温は高いため，冷水性である *Neocalanus* 属2種にとっても生息環境は好適ではないと思われる。

一方，夏季に現存量を増加させるカイアシ類も存在する。*Paracalanus parvus* は，低温から高温までの広い温度帯で分布することができる小型のカイアシ類である。オホーツク海沿岸域では，*P. parvus* は7月下旬に現存量が最も多くなり，わずかではあるが，春季や冬季にも分布した。7月下旬から9月上旬までの宗谷暖流が分布する水温の高い時季に，*P. parvus* はカイアシ類群集のなかで10〜20%を占めた。

11月になると，高温高塩分の宗谷暖流から低温低塩分の東樺太海流がオホーツク海沿岸域を覆い，再び低水温環境が訪れた。この時季には，前述した冷水性の *P. newmani* の現存量が増加し，カイアシ類群集中での割合も増加し，優占種となった。これは東樺太海流とともにオホーツク海沿岸域に *P. newmani* の新たな個体群が輸送されてきたためだと考えられる。一方，大型で冷水性の *Neocalanus* 属は2種ともほとんど出現しなかった。この初冬季には中深層にて休眠状態にあるため，11月および12月には沿岸域の表層には分布しないと思われる。たいへん興味深いことに，11月および12月の初冬季に *Mesocalanus tenuicornis* の出現が認められ，11月にはカイアシ類全体の22%を占めるに至った。*M. tenuicornis* は，全世界で暖水域の沿岸から沖合に分布することが知られている。おそらく *M. tenuicornis* は，対馬暖流や宗谷暖流によって日本海から輸送されてきたと思われる。しかし，宗谷暖流の勢力の衰えた初冬季に分布がみられたことから，ある程度の低水温でも生存することができるのだと思われる。オホーツク海沿岸域に出現するカイアシ類は，沿岸域に分布する異なる性質をもつ宗谷暖流と東樺太海流の交替によって，その現存量や種組成を変動させているのである。

7　海氷と動物プランクトン

オホーツク海では冬季に海氷が生成される。海氷（流氷）が海表面を覆うオホーツク海沿岸域の海水中には，いったいどのような動物プランクトンが出現しているのであろうか。残念ながら，海氷が漂う海では調査船の使用が制限され，プランクトンの調査は困難である。そのため，オホーツク海沿岸域において流氷が訪れている時季の動物プランクトンに関する情報は著しく乏しい。一方，オホーツク海沿岸域にはサロマ湖や能取湖のような海跡湖が存在する。これらの海跡湖は，閉鎖的な環境ではあるが，湖外から海水が流入し，湖内でも季節的な海流の交替現象もみられ，湖外の沿岸域における海洋と類似した環境を示すことが知られている。最近，能取湖内の動物プランクトン，とくにカイアシ類群集が海流の交替によって変動することが明らかとなってきている。海跡湖であれば，冬季に湖水が結氷（定着氷）しても，調査船を使うことなく氷に穴を開けることにより，湖上で容易にプランクトンを採集することが可能である。海氷の下にはどんな動物プランクトンが生息しているのかを明らかにするには，海跡湖における動物プランクトンの情報が利用できるかもしれない。

地球の平均気温は過去100年にわたって上昇傾向にある。地球温暖化現象である。今後，気温の上昇に伴って，海の表面水温が上昇することが予測されている。水温の上昇によって海洋生態系が変化し，われわれの生活に負の影響を及ぼすことが懸念されている。地球温暖化が動物プランクトンにどのような影響を及ぼすのか。オホーツク海は北半球で海氷生成が起こる南限で，海水が凍るか凍らないかの瀬戸際の位置にあり，最も地球温暖化の影響が現れやすい海域と言える。オホーツク海沿岸域における動物プランクトンに対する地球温暖化の影響を知るためには，現在行われている動物プランクトンのモニタリングを継続しなければならない。日本の北東の端に位置するオホーツクの地は，地球規模の問題を解明するための非常に重要な場所であると言えよう。

（中川至純）

❖ 第5章 ❖

海藻について

1　海藻とは

海に生える植物を「かいそう」とひとまとめに称している。この「かいそう」の漢字に当てられるものには,「海草」と「海藻」がある。植物学的には「草」と「藻」には大きな違いがあり, 厳密には「海草(seagrass)」と「海藻(seaweed)」とは区別される。前者の「海草」は, アマモ, スガモのように海水中に生育する海産顕花植物であり, 陸上植物と同様に根・茎・葉の区別が明確で, かつ花を形成する種子植物である(花といっても陸上植物のようにきれいな花をもつ種は少ない)。一方, 海藻は根・茎・葉の区別が明確ではなく, どの体も似たように見えるものも多く存在する。また, 花を形成することなく, 胞子によって世代交代を行う植物である。本章では海藻について紹介する。

海藻は大きく3群, 緑藻, 紅藻, 褐藻に大別することができ, とくに体色の違い, もっている光合成色素の違いに起因する。各海藻がもつ光合成色素を表1に示す。緑藻類は主に緑色色素であるクロロフィル a, b を, 紅藻類ではクロロフィル a のほかに赤色色素フィコエリスリン, 青色色素フィコシアニンを, 褐藻類はクロロフィル a, c やフコキサンチンなどのキサントフィル類, およびカロテン類をもっている。

1-1　緑藻類

緑藻類は主に緑色植物門のアオサ藻綱に属し, そのほとんどが海産種である。それらは潮間帯(tidal zone)やタイドプール(tide pool)などの比較的浅いところに生育しているものが多い。日本では食用として収穫されているものもある。例えば, アオノリ・アオサ類(スジアオノリ, ヒラアオノリ, ウスバアオノリ, アナアオサ, ヒトエグサなど), ミル類(ミル, クロミルなど), イワズタ類(クビレズタ(食品名:海ブドウ))があげられる。

1-2　褐藻類

褐藻類は不等毛植物門褐藻綱に属し, これらの多くが海産種であり,

表1　海藻の主な光合成色素

		緑藻類	褐藻類	紅藻類
光合成色素	クロロフィル	クロロフィルa	クロロフィルa	クロロフィルa
		クロロフィルb	クロロフィルc	
	フィコビリンタンパク質	なし	なし	フィコエリスリン フィコシアニン アロフィコシアニン
	カロテノイド (カロテン類, キサントフィル類)	α-カロテン β-カロテン ルテインなど	β-カロテン フコキサンチン など	α-カロテン β-カロテン など

潮間帯から水深十数mの浅海域に生息する。食用として利用されているものが多くあり，コンブ類（マコンブ，リシリコンブ，オニコンブ，カジメ，アラメなど），モズク類（モズク，オキナワモズク，フトモズク，イシモズクなど），マツモ，ハバノリ類（ハバノリ，セイヨウハバノリなど），ワカメ類（ワカメ，アオワカメ，ヒロメなど），ホンダワラ類（ヒジキ，アカモク，ホンダワラなど）などがあげられる。

またとくにコンブ類やホンダワラ類のような大型褐藻類は，魚のすみかや産卵場となる藻場の主要構成種として知られる。

1-3　紅藻類

紅藻類は紅色植物門紅藻綱に属する。主に海産種で，潮間帯上部から漸深帯にかけて広く生育がみられる。食用として，アマノリ類（スサビノリ，オニアマノリ，ウップルイノリなど），ツノマタ類（ツノマタ，スギノリ，アカバギンナンソウなど），テングサ類（マクサ，オニクサなど），フノリ類（マフノリ，フクロフノリ）など，多くの種が利用されている。

2　コンブ類とアマノリ類

われわれの生活にとくに身近で，日本の海藻産業においても重要な分類群にコンブ類，ワカメ類およびアマノリ類がある。本章ではコンブ類とアマノリ類について以下に紹介する。

2-1　コンブ類

日本でのコンブ類の利用の歴史は古く，書物としては715年以前から当時の奈良朝廷に“昆布”の献納があったことが「続日本紀（797）」に記録されている。江戸時代になると海上貿易が盛んとなり，北前船（きたまえぶね）により北海道松前から日本海側を通り，山口県下関から瀬戸内海を通る航路で直接，大阪に荷揚げされるようになった。このようなコンブ類を運んだ航路の総称を「こんぶロード」といい，それらは北海道から九州（鹿児島），沖縄を経由して中国へ延びるものもあった。

コンブ類は寒海性で，太平洋，大西洋の両岸に広く分布する。日本において利用されている主要なものはマコンブ，リシリコンブ，オニコンブ，ミツイシコンブ，ナガコンブ，ホソメコンブなどの数種である。ホソメコンブとマコンブは東北地方の三陸沿岸から北海道南部に分布し，とくにマコンブは「真昆布」の商品名で知られる。リシリコンブは日本海とオホーツク海の沿岸，とくに利尻（りしり）島周辺が主産地であり商品名「利尻昆布」として，オニコンブは知床半島に位置する羅臼地方が主産地で商品名「羅臼昆布」として知られる。ミツイシコンブは太平洋岸，襟裳岬の西側に位置する三石町（現，新ひだか町）が名の由来となっており，地方名から「日高昆布」の名で流通している。ナガコンブは釧路以東の道東が主産地であり，とくに成熟する前（6 月ごろ）に収穫されるものは柔らかく，商品名「棹前（さおまえ）昆布」として知られる。

コンブ生産においては，コンブ類の生長とその生育場を阻害する雑藻を除くために，かつては磯掃除や岩礁の爆破などが行われ，さらに新しい繁茂生育場を造るために投石なども行われてきた。これはいわゆる増殖（第 12 章参照）とよばれるものであるが，コンブの生育をより効

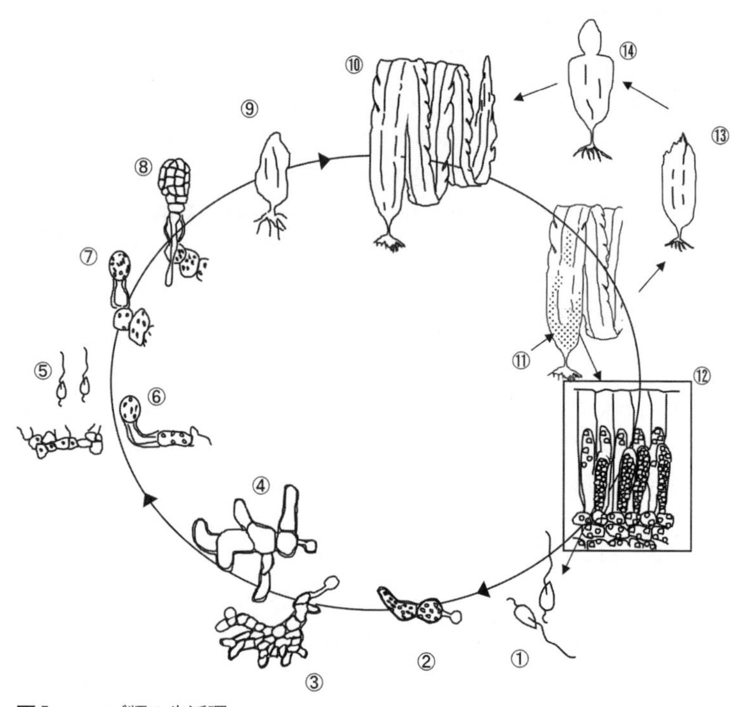

図 1 コンブ類の生活環
①遊走子②遊走子発芽体（配偶体）③雄性配偶体④雌性配偶体⑤精子⑥卵⑦受精卵⑧受精卵発芽体⑨幼胞子体⑩胞子体⑪子嚢斑の形成⑫遊走子嚢（子嚢斑切片模式図）⑬コンブの末枯れ⑭コンブ再生体。

果的，積極的に進めるものとして養殖（第14章参照）がある。養殖されている主な種はマコンブ，リシリコンブおよびオニコンブである。

コンブ養殖の歴史は，コンブ類の分布があまりみられなかった中国東北部の海岸で，1930年代に大槻洋四郎氏によって行われたことに始まった（今日でも中国沿岸で広く養殖が行われている）。日本でのコンブ養殖は，1950年代になって本格的に研究および実施がなされてきた。

コンブ類は，大型で葉状の胞子体と微小で糸状の配偶体からなる異型世代交代を行う（図1）。われわれが食用とするのは胞子体である。配偶体は雌雄異体であり，成熟するとそれぞれに造卵器と造精器が形成される。卵と精子が受精することで受精卵（接合子）となり，これが分裂を繰り返して多列形成的な大型の胞子体へと生長する。生長した胞子体は秋から冬にかけて成熟し，遊走子嚢（のう）を形成する。遊走子嚢の形成は，胞子体の体表面が隆起した子嚢斑として観察できる。遊走子嚢内では減数分裂を経て遊走子が形成され，放出された遊走子は発芽して単列で糸状の雌雄配偶体へと生長する。コンブ類には多年生のものも存在する。それらは晩秋にかけて胞子体が成熟（子嚢斑形成）するとともに先端部から枯れていくが，冬を過ぎたころに残った根元から再生し生長していく。

2-2　アマノリ類

日本におけるアマノリ類を用いたノリ養殖は九州有明海をはじめ各地で行われており，その代表種はスサビノリである。スサビノリ *Pyropia yezoensis* が属する，紅色植物門 Rhodophyta，紅藻綱 Rhodophyceae，ウシケノリ目 Bangiales，ウシケノリ科 Bangiaceae，アマノリ属（*Pyropia*）は海産大型藻類であり，世界中で100種以上が記載され，そのうち日本では28種の生育が確認されている（吉田，1998）。商品名などでよく見る“海苔”として知られるアマノリ類と日本人の関係は古く，西暦702年の大宝律令に“紫菜”の名目で献上品として扱われた記録があり，それから約1,000年間天然のものが食されてきた。しかし，17世紀後半に“ひび*”を使用した養殖が始められ，その後，カキ殻に着生させた胞子体から放出された殻胞子を網に付着させ，それらを沖に浮かせて栽培する“浮き流し養殖”が開発され，アマノリ類の養殖法の基本形式が確立した。この養殖技術の発達に伴って，ノリの養殖業は大きく発展した。現在ノリ生産の9割以上がスサビノリの養殖によるものであり，日本における水産物のなかでも重要な地位を占めている。

＊ひび：海苔を育てるために篠竹や木の枝を束ね，竹ほうきを逆さにしたような格好で海中に建てたもの。

このような養殖技術の発達に大きく影響を与えたのは，アマノリ属植物の生活環の解明にほかならない。アマノリ類の生活環が解明されていなかった19世紀には，胞子体は *Conchocelis rosea* としてまったくの別種の植物に分類されていた（Batters, 1892）。その後，イギリス研究者ドリュー女史により，*Porphyra umbilicalis*（現：*Pyropia umbilicalis*）の配偶体から放出された果胞子が発芽して糸状の胞子体になることが確認され（Drew, 1949），アマノリ類は巨視的な葉状の配偶体と微視的な糸状の胞子体による異型世代交代を示すことが証明された。その後，多くの研究者により，数種のアマノリ属植物の生活環における形態学的な変化や，それらの培養条件などに関して網羅的に報告がなされ，現在知られている生活環が完成した。

前述のようにアマノリ類は，大型で，葉状の配偶体と微小で糸状の胞子体からなる異型世代交代を行うが，これを詳細にみていくと次のようになる（図2）。われわれが食用としているのは配偶体である。葉状の配偶体は造精器と造果器を形成し，造精器から放出された不毛精子は，造果器がもつ受精毛突起に付着して受精する。受精後，造果器は，体細胞分裂を経て果胞子嚢を形成する。果胞子嚢から放出された果胞子は発芽して糸状の胞子体へと生長する。糸状体は生長すると殻胞子嚢を形成し，殻胞子を放出する。その後，殻胞子は発芽して葉状体へと生長し，有性生活環は完結する。また，スサビノリには，葉状体から放出される

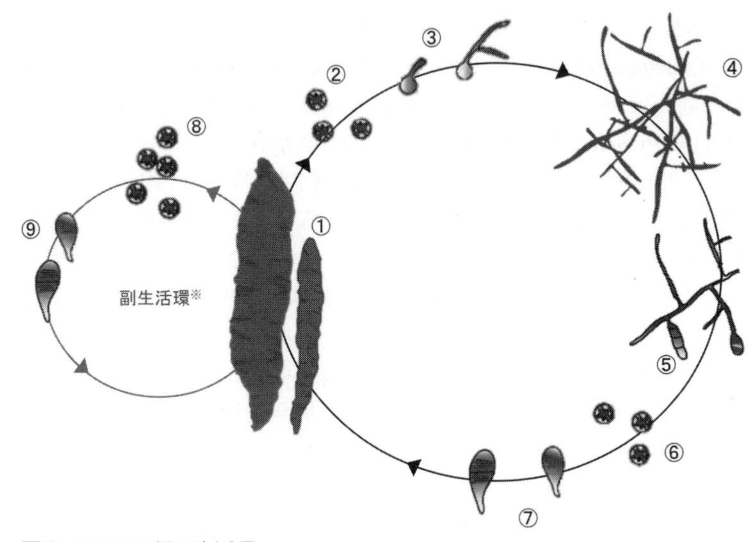

図2 アマノリ類の生活環
①葉状体（配偶体）②果胞子③果胞子発芽体（糸状体）④糸状体（胞子体）⑤殻胞子嚢⑥殻胞子⑦殻胞子発芽体⑧単胞子⑨単胞子発芽体。
※アマノリ類にはスサビノリのように葉状体と糸状体を交互に繰り返す生活環のほかに，葉状体から放出される胞子（単胞子）が再び葉状体へと生長する副生活環を有する種もある。

無性胞子である単胞子が分裂を繰り返して，再び葉状体へと生長する無性生活環（副生活環）も存在する。

同じアマノリ類でも若干異なる生活環をもつものもある。スサビノリ同様，日本でよく利用されているウップルイノリは，単胞子を放出しないため副生活環を有さない，つまり葉状体と糸状体を交代する生活環のみである。また，スサビノリの配偶体（葉状体）は，雌雄同株で造精器と造卵器が同じ葉状体に散在して形成されるが，ウップルイノリは雌雄異株で造精器のみを形成する葉状体と造卵器のみを形成する葉状体に分かれる。さらに，フイリタサやソメワケアマノリなどの種は雌雄同株ではあるが，葉状体に形成される性細胞が藻体の左右に分かれる（例えば，葉状体の左半分に造精器，右半分に造卵器を形成）という特徴をもっている。このように，同じアマノリ属でも生活環や雌雄性に違いがみられることも興味深い。

3　おわりに

海藻はわれわれの生活に身近なものであるが，その生物学をはじめとした分野においては陸上植物と比較しても未知なことが多い。前述した生活環においても，1年の季節を通して進行することから，季節的な環境変化に応答して成り立っていることが考えられる。しかし，それらの制御がどのように行われているかについては，まだ解明されていない。今後，より持続的な生産，供給を維持するには育種をはじめとしたさらなる研究が必要になると考えられ，それらを支えるためにも海藻の諸現象を理解することが必要である。

（高橋　潤）

参考文献

Batters, E. A. L. (1892) On Conchocelis, a new genus of perforating algae. *In*: Phycological Memoirs Part I, Murray G. (eds.) . Dulau, London, pp. 25－28.

Drew, K. M. (1949) Conchocelis-phase in the life-history of *Porphyra umbilicalis* (L.) Kütz. Nature, 164: 748－749.

吉田忠生（1998）新日本海藻誌．日本産海藻類総覧．内田老鶴圃，東京，1222 pp.

◉ コラム－3 ◉

アッケシソウ群生地保全

オホーツク海に面した能取湖の湖畔は，さまざまな海浜・塩沼植生を有する貴重な生態系として位置づけられ，とくにアッケシソウ（写真1）の群生地は，国内最大規模として知られている。なかでも卯原内アッケシソウ群生地は，地域を代表する自然・観光資源の1つとなっているが，2011年，土壌の乾燥化や酸性化による深刻な衰退をまねいた。そこで，東京農業大学・網走市・地元自治会によるアッケシソウ群生地の再生・保全活動が行われた。4年間の再生・保全活動により，2015年，赤く色づくアッケシソウの湖畔が復活した（写真2）。

（中村隆俊）

写真1 アッケシソウ（草丈約15cm）

写真2 2015年，再生したアッケシソウ群生地

❖ 第6章 ❖

頭足類の生活史

1　はじめに

頭足類（イカ・タコ類）は軟体動物門に属している。軟体動物門の生物は水圏環境に適応した種が多く，水産資源として重要な二枚貝，巻貝（腹足類），頭足類などが含まれる。典型的な特徴は，次の4つである。1）体に体節構造がなく，伸縮自在で軟らかく，頭部，筋肉質の足部，内臓塊からなっている。2）内臓塊は外套膜で覆われ，外套膜は貝殻（石灰化した有機基質からなる）を分泌し，肛門や腎臓が開口する外套腔を形作る。3）消化管には筋肉が発達した口球，歯舌，唾液腺，食道，胃，腸がある。4）受精卵は螺旋卵割でトロコフォア幼生を経るが，頭足類は例外的に大きな卵を産み，盤割で直接発生する。

頭足類はすべて海産で，オウムガイ類，コウイカ類，ツツイカ類，タコ類などが含まれる。オウムガイ類を除くと，貝殻が退化または消失したことで身軽になり，中枢神経系が著しく発達し，運動性能が高く，無脊椎動物で最も進んだ動物群の1つである。とくにイカ類（コウイカ類・ツツイカ類）は，ほとんどの軟体動物が海底に依存して生活しているなかで，海中を自由活発に泳ぐ能力を獲得した。広い海洋の空間を自由に遊泳する大型動物（ネクトン）はほとんどが脊椎動物で，無脊椎動物では，ほぼイカ類に限られている。イカ類の体のつくりや機能は，魚類や海産哺乳類によく似て流線型で，色彩も背中が黒で腹側は白く，上から光が届く環境で自分の体が目立たないように適応するなど，これらは形態学的収斂現象の好例とされている（図1）。これに対して，タコ類の多くは底生動物（ベントス）で，海底における活発な肉食の捕食者として食物連鎖の上位に位置する数少ない大型無脊椎動物である。

イカ類は約450種が知られ，最大は外套長約6mになるダイオウイカ *Architeuthis dux*，最小は外套長約16mmのヒメイカ *Idiosepius paradoxus* である。タコ類は約250種とされ，最大の種は北海道に分布するミズダコ *Paroctopus dofleini* で，雄は全長3mになる。

特徴の4）にあげたが，一般に軟体動物の卵は比較的小型で，全割の螺旋卵割をして繊毛環をもつトロコフォア幼生を経るのに対して，頭

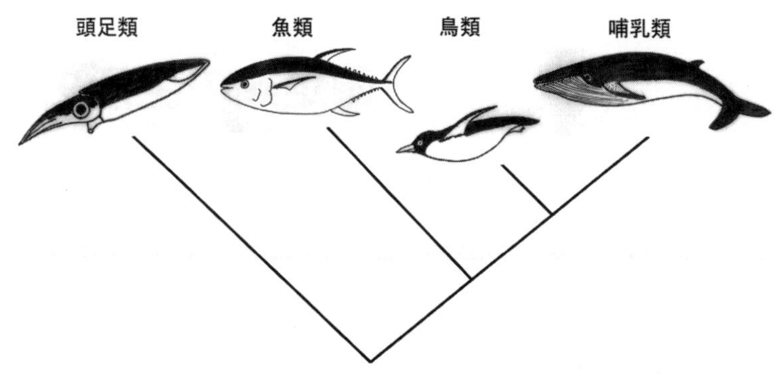

図1　海産遊泳動物の形態の収斂現象

足類は無脊椎動物のなかではとくに多くの卵黄をもつ大型卵を産み，魚類の卵とよく似た部分卵割の盤割を行い，大きな変態をせずに親のミニチュアで孵化（直接発生）する点も軟体動物門のなかでは特異な存在である。

2　イカ・タコ類の形態

頭足類の体は，腕・頭・外套膜とそれに包まれた内臓塊からなり，頭にはよく発達した1対の眼がある（図2）。頭足類の眼は無脊椎動物のなかで最も発達しており，優れた視覚により餌の捕獲や，捕食者からの逃避に役だち，さらに周囲の環境に合わせて自分の体色を変えるなど，お互いのコミュニケーションを図っている。

口は頭の最前部にあり，口の周りを4対の腕とイカ類ではこれに加え1対の触腕が囲み（図3），これらの腕にはタコ類ではキスゴム状の吸盤，イカ類では柄の先にキチン質のリングまたは鉤をもったワインカップ状の吸盤が1列以上で並んでおり，餌の捕獲などに使われている（図4）。口には筋肉が発達した口球（珍味の“いか口”）があり，口球の中の上下1対の顎板（カラス・トンビ）で食物を噛み砕き，顎板の内部にあるリボン状の軟骨の上におろし金のように小さな歯が並んだ歯舌で，噛み砕いた食物を細かくすりおろして飲み込む。口球内には唾液腺が開口しており，唾液腺からはセファロトキシンとよばれる毒が分泌され，タコ類などが甲殻類を捕食するときに使われる。黒潮の流域沿岸にも分布するヒョウモンダコ *Hapalochlaena fasciata* が唾液腺から分泌する毒は，フグ毒と同じテトロドトキシンで，人が咬まれると死亡することもある。

消化器系は，口から食道，胃，腸を経て肛門までU字型をし，胃から盲嚢，肝臓（中腸腺）へと消化吸収が行われ，排泄物は肛門を経て漏斗

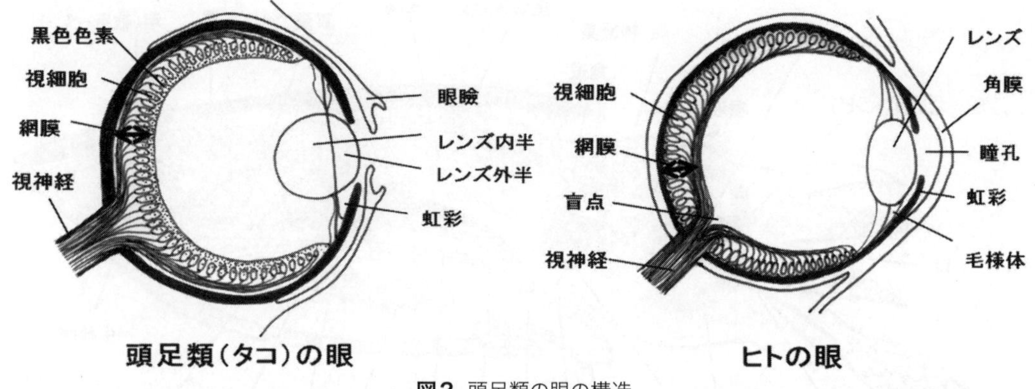

図2　頭足類の眼の構造

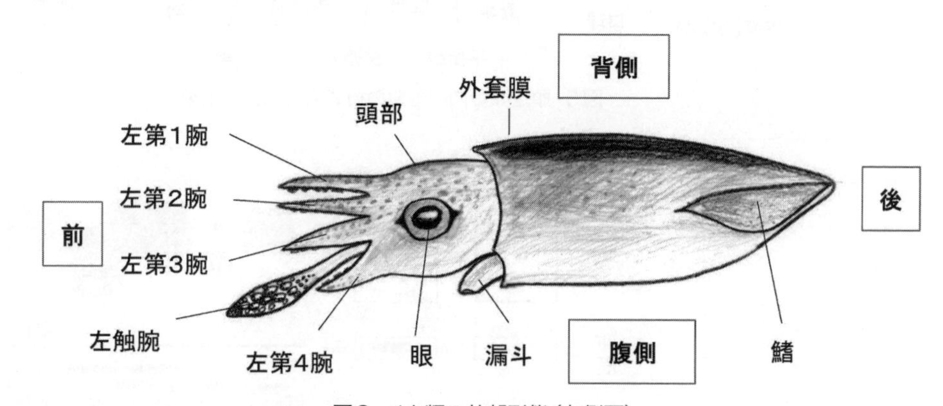

図3　イカ類の外部形態（左側面）

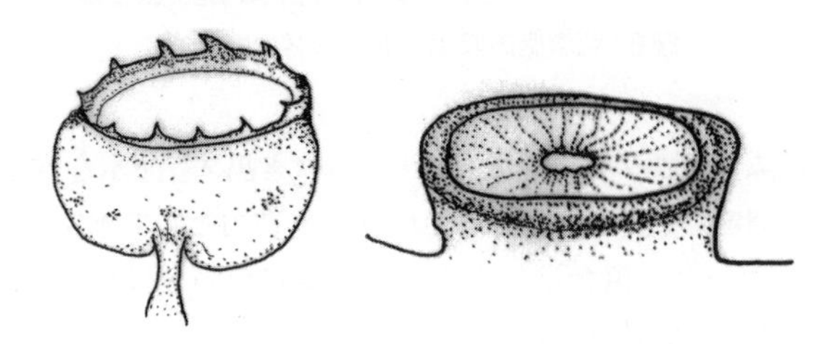

図4　イカ・タコ類の吸盤の形態

から排出される（図5）。直腸の背側に墨汁嚢があり，肛門近くに開口し，墨も漏斗から排出される。墨はタコでは煙幕状に排出されるが，イカ類では粘液が混じった塊で放出され，相手の目をあざむく分身の術のように使われている。

頭足類の頭と内臓を包んだ外套膜の境の部分には隙間があり，腹側には漏斗がある。スポイトのように外套膜の筋肉を使って海水を外套

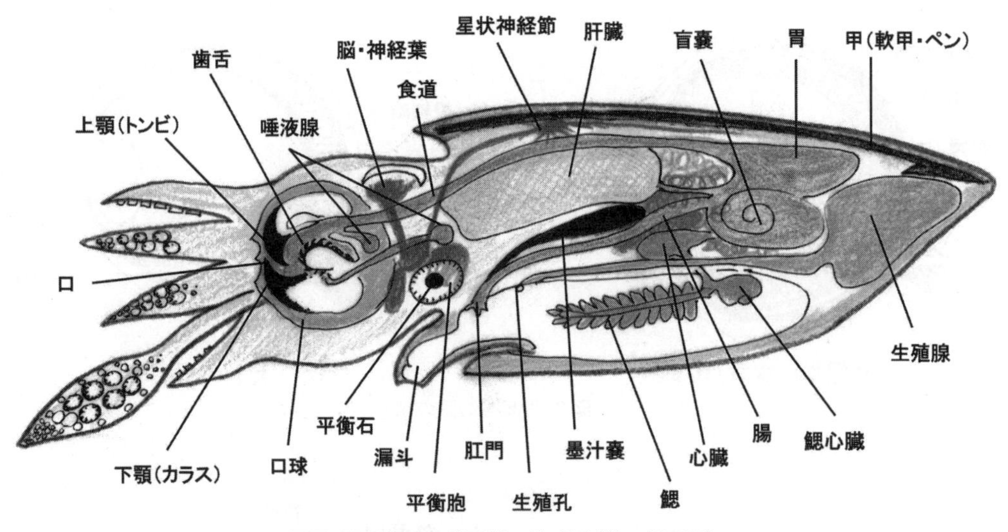

図5 頭足類の内部形態の模式図（雌の側面図）

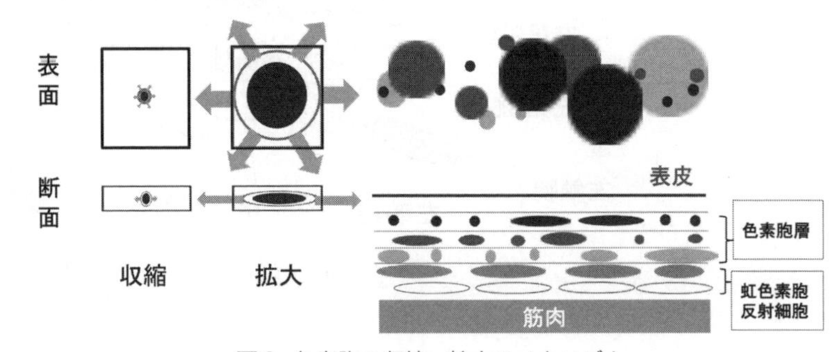

図6 色素胞の収縮・拡大のメカニズム

腔に取り込み，鰓でガス交換し，漏斗から吹き出す。海水を吹き出す方向を自由に調節し，吹き出した水の反動を推進力として水中を泳ぐ。イカ類や遊泳性のタコ類などでは外套膜の後方や側縁にひれをもち，遊泳するときの体の定位などに使われる。

頭足類の血液は，脊椎動物がヘモグロビンによりガス交換をするのに対して，ヘモシアニンを用いるため，酸素を取り込んだ血液は青色をしている。頭足類は行動が活発なことから酸素消費量が多く，血液の循環効率をよくするために，心臓に加えて左右の鰓の基部に鰓心臓をもつので，合計3個の心臓がある。また，コウイカ類は浮力調節のために，気体を蓄えた小室がある石灰質の甲を活用している。外洋性のユウレイイカ *Chiroteuthis picteti* やダイオウイカなどでは排泄されたアンモニウムイオンを筋肉中に蓄えて比重を軽くしているため，これらのイカの肉質は苦くなり食用に適さない。

頭足類は表皮の下に，通常3色の色素胞と光を反射する反射細胞や虹細胞をもち，これらを駆使して体色を変化させる。色素胞とは色素がきわめて薄い袋に入っているもので，神経の刺激で周りの筋肉が収縮すると色素胞が広がって色素が現れ，刺激がなくなると筋肉が弛緩し色素胞は収縮して小さくなり透明に見える（図6）。反射細胞は色素胞の下や眼や墨汁嚢，肝臓など不透明な器官の周りにあり，真珠光沢を示し，反射でこれらの器官を見えなくしたり，色素胞を目立たせたりする。この体色変化を利用して捕食者に対するカモフラージュや仲間同士の情報交換をしていると考えられている。

3　イカ・タコ類の生活史

頭足類はすべて雌雄異体で，雄は交接のときに交接腕を使って精子の入ったカプセル（精莢（せいきょう））を雌にわたす。精莢は種によって雌の決まった部位に植えつけられ，精子は産卵のときに活性化され受精に使われる。

イカ類の卵は産みっぱなしで，親が面倒をみる種はまれである。コウイカ類では1つの袋に1粒ずつ卵が入った卵嚢を産みつけるが，ヤリイカ類では大きな卵が細長い寒天質の円筒状をした卵嚢の中に，らせん状に1列に並んで産みつけられる。外洋性のイカ類は直径1mm程度の小型の卵を多数産むが，スルメイカ *Todarodes pacificus* の卵嚢は直径80cm以上の大きな寒天質の球で，その中に数千個の卵が一定間隔で詰まっており，きわめて未熟なプランクトン幼生（図7）で孵化する。スルメイカは北海道で最も重要なイカ資源であるが，産卵場は黒潮の影響が強い鹿児島沖や日本海南部海域で，成長しながら北上し，餌の豊富な北海道沿岸で成長・成熟し産卵場にもどる。これに対して，ヤリイカ *Heterololigo bleekeri* は南方起源の種であるが，北海道沿岸域ま

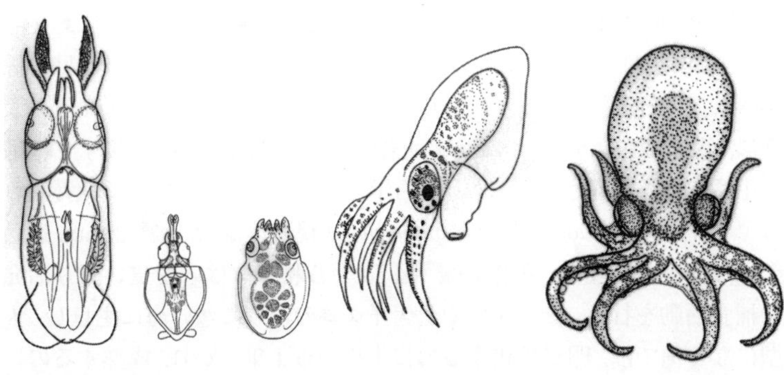

図7 イカ・タコ類の孵化後の形態

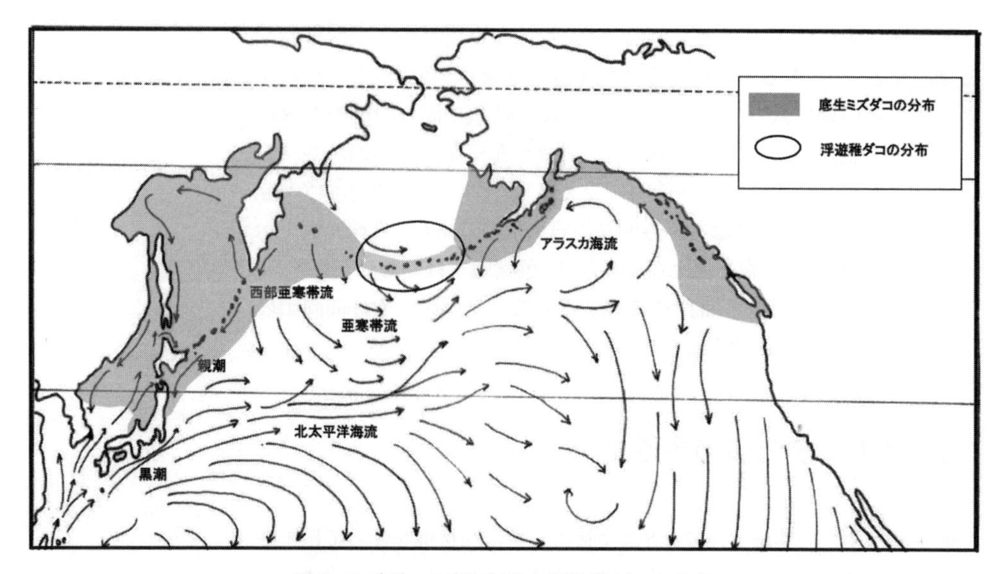

図8 ミズダコの底生個体と浮遊稚ダコの分布

で分布し，北海道南岸でも産卵する。スルメイカやヤリイカの寿命は，日本沿岸の四季の影響を受けてほぼ1年である。暖水性のアオリイカ *Sepioteuthis lessoniana* などは，日本沿岸での寿命は1年であるが，熱帯域では6ヵ月以下と短く，周年産卵する。

イカ類と異なり，成長したタコ類は底生である。成熟したマダコ *Octopus vulgaris* やミズダコは，楕円形の卵を糸でより合わせて房状にした卵塊を多数まとめて岩の間などに産みつけ，卵が孵化するまで母親が面倒をみる。マダコは日本では太平洋側は常磐，日本海側は能登半島以南に分布し，長径3mmに満たない小型の卵を多数産卵し，小型で未熟な浮遊幼生が孵化する（図7）。ミズダコは日本では三陸沖以北，北海道周辺に分布し，長径8mm以上と大型の卵を産み，親とほぼ同じ形まで発生してから孵化するが（図7），飼育実験では浮遊生活を35～80日続けた後，底生生活に入る。この期間，どこで生活しているかはわかっていないが，稚ダコは北太平洋のアリューシャン列島付近の外洋域で採集されている（図8）。これに対してイイダコ *Amphioctopus fangsiao* のように，親は小さいが7～8mmの大型の卵を少数産み，孵化後すぐに底生生活をおくる種も多い。北海道沿岸でミズダコに次いで多く漁獲されるヤナギダコ *Paraoctopus conispadiceus* は親の体は大きく，20mm近い大きな卵を多数産み，孵化直後（図7）から稚ダコは底を這い回り活発な捕食活動を行う。ミズダコやヤナギダコのように寒い海に生息し，大型になる種では，卵が孵化するのに半年から1年かかり，成熟するのに2年から3年かかると考えられている。

浮遊幼生で孵化するイカ・タコ類は卵の数が多く，生残率は低いが，浮遊期に海流などを利用して分布域を広げ，適した環境の沿岸域で成長・成熟し，次の世代を作る分布拡大型である。これに対して，大型の卵を産み，孵化直後から底生生活をおくる種は，子どもの生残率が高く，親が生活する環境で成長するために分散能力は比較的小さい。例えば，北海道のミズダコとヤナギダコでは，どちらも大型の親で比較的似た環境に分布しているけれども，初期生活史は大きく異なり，結果としてミズダコは北部太平洋沿岸域に広く分布するのに対して，ヤナギダコの分布域は三陸や北海道の沿岸域から大きく離れていない。これらの水産資源を将来にわたって持続的に利用するためには，それぞれの種の生活史や繁殖戦略をよく理解することがたいせつになる。

（瀬川　進）

❖ 第7章 ❖

水圏動物の種分類を考える

アクアバイオ学における分類学とは何だろう。本章では，今どきの分類学を理解するうえでの基本的な考え方，知っておいてほしい常識のいくつか，そして実例を通して，種や分類の世界を理解するヒントを提供しようと思う。

1　なぜ種分類を研究するのか

1-1　分類学は終わったガクモンか？

分類学には，何やら古めかしい学問分野というイメージがある。分類とは，われわれの根源的な精神活動であるとも言われるが，元来は祖先たちが生き抜くための力，すなわち食に適するか否かで生物を区別していた能力の賜物であろう。時代が進んで，かのリンネ（Carl von Linné：1707 - 1778）が現代分類学の基礎を築くのだが，それ以前にも学術的な意味での生物分類は存在していた。19 世紀以降，単に自然界を理解しようとする当初の意図を超えて，生物学は多様に分化し，その範囲を拡大し続けている。今や，生物の機能や形を作る機構が理解され，われわれにとって有用な生物を作り出す技術が開発されるようになり，生物学はその壁を越えて医学，工学，環境学等々との融合をはたしている。そんな時代に「生物分類に関する卒業研究をしている」などと言うと，「それはもう終わった学問なのでは？」と冷ややかな答えが返ってくるかもしれない。

しかし，現在の分類学は，そんな「やり尽くされた」あるいは「カビの生えた」仕事だとは，私は思わない。皆さんも，例えば，熱帯雨林には膨大な昆虫類の未記載種が手つかずの状態で残されている，という話を聞いたことがあるだろう（興味がある人は「生物多様性」に関する図書などにあたってみるとよい）。日本では，魚類の分類に重点をおく「魚類学」に取り組む研究者が多い。日本とその周辺の水域には 4,000 を超す魚種が確認されており，そのすべてについての種同定（種を決めること）を可能にした図書が一般向けに提供されている（中坊編「日本産魚類検索」第三版：2013 年 2 月発行）。この検索図鑑では，まず 359 の科に導くための検索表があり，その後，種への同定が行われる仕組みになっていて，しかもいずれも図解を基本とした使いやすい組み立てになっている。海外には例のない，使い勝手に優れた良書である。しかし，ここで強調したいのは，興味深いことに，そこまでの研究の積み上げがあっても，発行から数年の間にさらに150種前後の魚種が日本産として追加されているという事実である（日本魚類学会ウェブサイト；http://www.fish-isj.jp：2016年4月28日現在）。

それでは，多くの無脊椎動物ではどうだろう。われわれが行う調査などで採集されるさまざまな動物門の生物について，正確な種同定を行うことは，専門家でもないかぎりかなりの難題である。多くの場合，図鑑に掲載された簡単な記述や写真によって（時に「絵合わせ」によって），とりあえず名前を決めるのが精一杯ではないだろうか。種の同定は，目の前の個体と，比較すべき数種のしっかりした情報（論文や比較標本）がなければ，そうたやすく行えるものではない。

一方では高度に発達した生物学分野があり，他方ではその基盤となる種の実態を探ろうとする分野がある。お互いを批判する必要もないし，それぞれの成果や技術を取り入れた発展が望まれている。

1-2　日本周辺において今でも新種がみつかる

先に，この数年間で150種ほどの日本産魚類が追加されたと書いたが，そのなかには周辺地域に分布する既知種だけでなく，新種も多く存在する。精力的な研究が重ねられてきたにも関わらず，誰も知らなかった種がいるということは驚くべきことかもしれない。

新種というと，既知の種と姿かたちや生態がまるで異なるもの（奇怪なもの？）を想像するかもしれないが，それはごくまれな例である。例えば，われわれが「ササノハベラ」の名前で長く親しんできた沿岸性のベラ科魚類には，調査の結果，2つ異なる種が含まれていて，その一方がこれまでに記載された種のいずれにもあてはまらないことから新種と認められた（Mabuchi & Nakabo, 1997）。同じような例は，われわれになじみ深い「メダカ」でも報告されている（Asai *et al.*, 2011）。このように，異なる種を（誤って）一括りに扱ってしまうケースはホモニム（異物同名），反対に1つの種に複数の名前がつけられて混乱するケースはシノニム（同物異名）という用語で，それぞれ説明される。分類学上の問題は，われわれがふだん意識しない身近な種のなかにみられることが多いのである。

1-3　動物相研究は今どきの重要な仕事

ある地域にさまざまな植物が生息する状態を「フローラ（flora：植物相）」というが，同じように動物には「ファウナ（fauna：動物相）」という言葉がある。例えば,「網走近傍の海跡湖におけるファウナを調べる」とは，ある時点でどのような動物が分布するかを書き留めておこうという仕事である。そんな少々地味な研究活動に，わざわざ「重要な」と書き添えたのは，近年の温暖化により動物相がどう変化したかを知りたいと思う場合，この手の仕事こそが唯一の手がかりとなるからである。例えば，30年前の出現種リストが残っているとすれば，われわれは現在の調査結果との比較から動物相がどのくらい変化して，種としては南方系のものが増えたといったことが理解できる…はずである。

しかし，前述したように，種分類は決まったものではなく，少しずつではあるが変更・改訂されている。30年前の出現種リストが比較対象ならば，これがどのようなベースをもって作成されたのかも考慮しなければならない（今となっては古めかしい図鑑だけに準拠していたのかもしれない)。つまり，単純に「この30年で出現種の数%が変わり…」などと軽々しく結論を出すわけにはいかないのである。それでは，どうすればより確かな比較ができるだろう。例えば，今から30年後のために比較資料を残すことを考えよう。前述したように，種分類自体が変わるものであるのなら，その根拠となる標本なり写真なりを証拠として残す必要がある。現在では，DNAという強力な「証拠」があることも忘れてはならない。われわれには，そういった地に足のついた分類研究が求められているのである。

1-4　自然のありようについてわれわれが認識できた結果が「分類」である

生物分類のゴールは，突き詰めれば，自然界に生息する生物に名前を与えて整理することである。そこに「単なる識別（われわれの便利）のため」という目的を掲げるなら，正確な分類という考えは存在しない。しかし，分類の結果に「自然のありようを写しとる（認識する)」という目的があるなら，適切かそうでないか，という評価は得られるであろう。今どきの分類学がめざすゴールは，もちろん後者にある。

生物は，それぞれの祖先から少しずつ，長い年月をかけて（目には見えないが）変わっていく。ある種に地理的に離れた2つの集団があり，その間で長期間にわたって交配が起きなければ，遺伝的な構成は次第に変わっていき，これらはいずれ異なる種となるだろう。図1は，形態と遺伝的な分化の様子を模式的に示した種分化の一例である。形態の分化は下から上に向かって開く大きなYの字で，遺伝的な分化は内側の矢印で表されていて，形態よりも遺伝的な分化が先行するという考え方が反映されている。変化を続けていく種の実態をどの時点で観察をしているか（図右に示した異なる観察結果を参照）で，われわれの認識は大きく変わる。そう考えれば，（繰り返しになるが）種とは自然界の

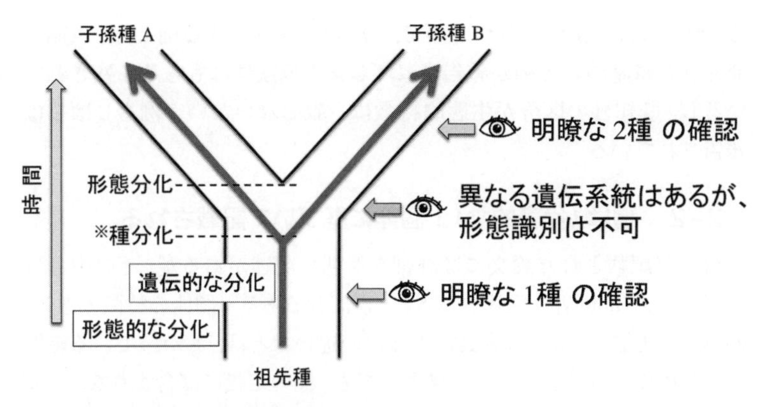

図１　種分化の際に起きる形態と遺伝的な分化の違い
Avise (2000) などをもとに作成。
※この時点以降，遺伝的な交流がなくなったことを示す。

ありようをわれわれがどう認識できたか，その結果によって決められていることが理解できるだろう。種とは，こうした歴史的背景（これには系統的関係とともに，それらの地理的分布の変遷が含まれる）が理解されて初めて認識できるものと考えられる。いくら形態が似ていてもはっきりした理由があれば別種と判断されることもあるだろうし，その逆（例えば，形態によって区別できる地域集団を作るような種）も，また正しいのである（もっとも，図１のような典型的で単純な種分化は，現実にはほとんど存在しないのかもしれない）。

2　分類学の常識をのぞいてみよう

生物分類の世界も一筋縄ではいかない。初学者を冷たくあしらうような，ちょっと入りにくい雰囲気をもっている。分類学に日ごろ縁のない皆さんが，おそらく意外に思われる分類学の常識を拾ってみた。

2-1　ほとんどの種は形態によって決まっている

種の定義としてまずあげなければならないのは，Ernst Mayr の「生物学的種の定義」である。「生物集団どうしが自然条件下で交配して子孫を残せば同種」と考えようというものである。高校までの生物の授業では，この考え方に重きが置かれていて，水圏動物においてもこの定義を満足することが正式な種の要件であると考える人が多いのではないだろうか。これは，明らかに誤解である。実際には，魚類においても，無脊椎動物においても，（ほぼすべてのケースにおいて）種は形態によって定義されている。新種に限らず，「種」は１つ以上の近縁種と思われる既知種と，何らかの形態上の隔たりをもつことで認識されるものである。形態による定義に基づくので，奇形や（変態をする前の）仔魚期のサンプルに基づいて種が報告されてしまう危険性はもちろん残されているし，既知種の区分が生態的特徴に一致しないという例もしばしば報告されている。

2-2　種は（代表的な）1個体に基づいて記載される

新種が記載された論文には詳細な形態の記述があるが，その中身はホロタイプ（holotype：完模式標本）とよばれるある1個体の特徴である。個体差，性差，あるいは成長による形の違いなどは，わかっている範囲で記載中に盛り込まれることはあっても，種の定義には含まれない。変異を含むことが当然と思われる分類の単位（＝種）であるのに，その名前を担うのはある標本の（ほとんどの場合，すでに死亡している）1個体，というのは大いなる矛盾に思えるかもしれない。このルールは，1つの種に異なる種が含まれるホモニムを防ぐために設けられたものである。

2-3　形態やDNAがどのくらい違えば別種になる，というルールはない

最も近縁な種どうしは，姿かたちで区別しづらいこともあれば，明瞭に識別できることもある。種を改めて認識する際には，対象とする種がどの既知種とも違うことを説明しなければならないが，その際，例えば魚類では，うろこなら何枚，ひれのトゲ（鰭条（きじょう））なら何本違えば「別種になる」という基準があるわけではない。これも誤解されているようだが，DNAの塩基配列の違いがどれだけあれば種が違うか（亜種をおくべきか），といった基準もまた存在しない。対象となる種が，近縁種とどの程度（形態的に，DNAで，生態的に，あるいは生理的に）異なっているかが，総合的に判断されるのである。

2-4　仮名の学名はない

少し以前のことだが，新聞などの記事でこんな表現がしばしばみられた（会話では，今でも耳にすることが多い）。
『この魚の正式な学名はマダイという』
「マダイ」は，（もちろん！）「学名」ではない。学名について語るためには，「国際動物命名規約」（動物命名法国際審議会，2005）というルールを参照しなければならない。学名とは，それぞれの種にあてられる種小名，1つ以上の種を包括する属の名前（属名），さらに科，目などの（分類体系における）上位の分類群につけられた名称であって，ラテン語アルファベット（26文字）のみで表示される。われわれが使う「マダイ」などのカナの名称は，分類学では「通俗名」（和名，地方名，商品名など）

とよばれる。「規約」で厳格にしばられているのは学名だけで，しかも，目や綱といった上位の分類群についてはその範疇にはない。種を表す名前は，属名と種小名をセットにした種名だけである。「学名」と「種名」の意味は，ぜひ理解したいところである。また，自明のことではあっても，種小名は属名（あるいはその略記）に続けて使うことになっている。マダイで言えば，種小名の“*major*”だけでなく，“*Pagrus major*”あるいは“*P. major*”とするのが正しい表記である。

2-5　「種名はイタリック体（アンダーライン）表記にしなければならない」のではない

種名（亜種名）はイタリック体（斜体；手書きの際にはアンダーライン付き）で表記するものと，高校あるいは中学のころからたたき込まれてこなかっただろうか。それでは命名規約ではどのように決められているのかをみると，（命名規約は法律の条文のようなものなので，なかなか読み込むのが大変なのだが）本文中には，このことに関する決めごとは，実は書かれていない。付録として掲載されている「一般勧告」の６という項に，「…学名は，地の文に使われているのとは異なる字体（フォント）で印刷するべきである。そういう学名は，通常，斜体で印刷される…」とあるだけなのだ。

このことは，よくよく考えてみると，英文等々の横文字文章の中で，種名を目立たせるための配慮なのだろう（印刷によっては斜体のみで書かれた文章もあり，その中では種名だけが，例えばローマン体（正字体）で印字される）。つまり，日本語ではイタリック体にする必然性は（実は）ないのである。なお，属よりも上のランクを表す名称（科や目など）については，逆にイタリック体とすべきではない，とされている。

3　種を認識するためには

最後に，われわれにとっての身近な例を引いて，種の問題の実態をみることにする。残念ながら，ここに記述できるのは途中経過であり，今後，われわれの認識がさらに変わることがあるかもしれない。

3-1　クロガシラガレイとマコガレイは同種なのか

Pseudopleuronectes schrenki という沿岸性のカレイ科魚類がある（図２）。和名は「クロガシラガレイ」という。北海道を代表する魚種で，釣りの対象として親しまれている（北海道では日本海側と，オホーツク海から道東域に多いとされる）。周辺の地域では，日本海の北部（朝鮮半島東岸北部からサハリン南部）と千島列島に分布するほか，東北地方の太平

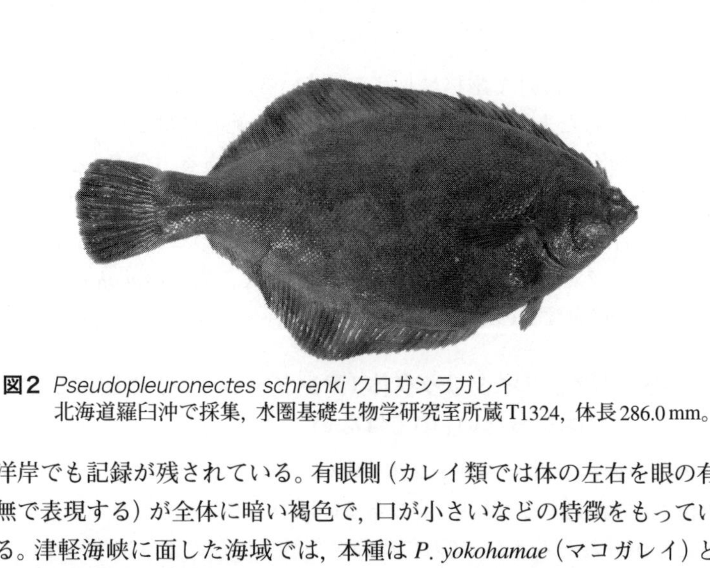

図2 *Pseudopleuronectes schrenki* クロガシラガレイ
北海道羅臼沖で採集，水圏基礎生物学研究室所蔵T1324，体長286.0 mm。

洋岸でも記録が残されている。有眼側（カレイ類では体の左右を眼の有無で表現する）が全体に暗い褐色で，口が小さいなどの特徴をもっている。津軽海峡に面した海域では，本種は *P. yokohamae*（マコガレイ）という近縁種との違いが曖昧である。マコガレイは，有眼側には細かい砂粒状の斑紋がある美しい体色をもっていて，背びれと臀びれにはクロガシラガレイに特徴的な黒色の帯状斑紋を欠くという違いがある。それでも，形態的な調査では，両種は「同種の可能性が高い」とされてきた（尼岡・鈴木, 1998）。

この問題については，北海道大学のグループが精力的に取り組んできたが，先ごろ，その成果が Tsukagoshi *et al.* (2015) によって報告された。彼らは，北海道周辺と北陸から関東地方にかけての数地点から多数の両種サンプル（277 個体）を収集し，そのミトコンドリア DNA（以下，mtDNA）の調節領域前半部を比較・解析した。これら 2 種の調節領域は，その塩基配列にみられる類似性から 2 つの大きなクラスター（遺伝的なまとまり）に区分されることが明らかになった。その一方は本州に，他方は北海道の周囲に多かったが，北海道ではすべての採集地点で本州側に特徴的な塩基配列をもつ個体が認められた。DNA の塩基配列の違いは，遺伝的な交流がなくなった集団間では徐々に大きくなるであろう。したがって，これらのクラスターは 2 種類の異なる遺伝系統がもつ本来の違いを示しており，それぞれクロガシラガレイ（北海道）とマコガレイ（本州）に相当すると判断された。つまり，これら 2 種はすでに種分化の過程にあったとみなされる（図1にある視点の違いを考えれば理解しやすいだろう）。

前述の観察結果にあった「北海道ではすべての地点で本州側に特徴的な塩基配列をもつ個体が認められた」という部分はどう考えればよいだろう。この結果は，北海道のサンプル中にマコガレイの mtDNA がある程度の頻度で存在することを示している。これは「遺伝子浸透」という現象と思われ，種間の交雑によってマコガレイの mtDNA がクロガシラガレイに残ったと推察される。本州側ではこうした異種の配列の拡散はみられず，津軽海峡に向かって開く陸奥湾でのみクロガシラガレイのmtDNAが確認された。クロガシラガレイとマコガレイには，カレイ科では珍しく，産卵された卵がその場に沈む性質（「沈性卵」という）がある。しかし，生活史のなかで，マコガレイはふ化した場所にとどまるのに対し，クロガシラガレイは比較的広い範囲に回遊する傾向があるため，前述したような両種のmtDNAの地理的分布にみられる特徴が生じたとTsukagoshi *et al.* (2015) は考えている。両種の分布域は北海道の道南域でしか重なっていないのに，マコガレイの特徴が遠く離れたオホーツク海域まで濃厚に現れるのは，こうした生態の違いによって説明される。

以上のことから，クロガシラガレイとマコガレイはそう遠くない時期に共通祖先をもち，その後形態の変化を伴う種分化を経過したものの，近年ふたたび出会った（交雑した）ために形態と遺伝的な混乱が生じたのであろう。このような場合，交雑した個体の子孫が生きのびているので単純にこれらは同種とみるか，両種が経験した長い歴史的過程をもつことを尊重して（さらに，交雑が地理的にはかなり限定的であることを考慮して）両種を別種と判断するかは，われわれが自然をどう認識するかにかかっているのである。

3-2　混乱はさらに

クロガシラガレイは，産業的には「くろがれい（黒がれい）」とよばれることが多い。流通上の名称はしばしば分類に混乱をもたらすことがあるが，実は，クロガレイという標準和名をもつ別種 *P. obscurus* も存在する。これら2種は，一見するととてもよく似ている。外見上の両種の違いとしては，前出の中坊（2013）では，胸びれの上方部分の側線が描く弧の強さ，尾びれの末端部分が白く抜けているかどうか，さらに全体的な体型などがあげられているものの，いずれも決め手にはならないようだ。より詳細な比較によれば，のどにある歯（咽頭歯）の形態によって両種を明確に区別することができるという（山本，1980）。また，ふ化後の生態についても知見が得られており，生まれて間もない時期（仔魚期）の体色（色素の分布）に明瞭な違いがあることが報告されている（松田，2015）。

遅ればせながら，私の研究室においてもmtDNAを使って，クロガレイとクロガシラガレイの識別を試みたところ，前述の2種に比べると，この2種はより明瞭な遺伝的な違いがあることがわかった。しかし，体長10 cm台までの若魚では形態による種同定はきわめて困難である。遺伝的な違いは明瞭だが，形態識別が難しい。これは新たな分類の混乱なのか。もう少し，取り組んでみるつもりである。

4 おわりに

分類学は，古くから認識されているように，生物学の諸問題を解決するための大事な基礎である。アクアバイオ学科のこうした側面にも，皆さんが目を向けてくれれば，喜ばしいかぎりである。

本章で紹介したカレイ科魚類は，北海道周辺ではいずれも産業的に重要である。当たり前に目にする種がいつまでも身近な存在であってほしいものだが，温暖化や，藻場・干潟の減少が懸念される現在，われわれはそう安穏ともしてはいられない。例えば，実態は不明だが，北海道の沿岸域にガヤガヤと（騒々しく？）当たり前のように分布していた *Sebastes taczanowskii*（エゾメバル：地方名で「ガヤ」）というフサカサゴ科の魚類は，現在では（地域によっては）その数を大きく減らしているという。大事な漁業資源を次世代に残すためには，種を正しく認識すること，そしてその魚種の成長や成熟をしっかりと理解することが最低条件と言えるだろう。当たり前の存在であるうちに，その生物をよりよく理解することがわれわれの努めではないだろうか。

（白井 滋）

参考文献

尼岡邦夫・鈴木伸明（1998）マコガレイ（*Pleuronectes yokohamae*）の分類学的研究，日本各地の集団比較．水産学術研究・改良補助事業報告（平成9年度），財団法人北水協会，50－57.

Asai, T., Senou, H. and Hosoya, K.（2011）*Oryzias sakaizumii*, a new ricefish from northern Japan（Teleostei: Adrianichthyidae）. Ichthyological Exploration of Freshwaters, 22: 289－299.

Avise, J. C.（2000）Phylogeography. The history and formation of species. Harvard University Press.

動物命名法国際審議会（2005）国際動物命名規約第4版（日本語版）［追補］．日本動物分類学関連学会連合，東京，xviii+135 pp.

Mabuchi, K. and Nakabo, T.（1997）Revision of the genus *Pseudolabrus*（Labridae）from the Eastern Asian waters. Ichthyological Research, 44: 321－324.

松田泰平（2015）クロガシラガレイとクロガレイ－種苗生産研究から見た2種の類似性－．試験研究は今，（791）. http://www.hro.or.jp/list/fisheries/marine/work1/ima791.html.

中坊徹次編（2013）日本産魚類検索 全種の同定 第三版．東海大学出版会，秦野，l+2428 pp.

Tsukagoshi, H., Takeda, K., Kariya, T., Ozaki, T., Takatsu, T. and Abe, S.（2015）Genetic variation and population structure of marbled sole *Pleuronectes yokohamae* and cresthead flounder *P. schrenki* in Japan inferred from mitochondrial DNA analysis. Biochemical Systematics and Ecology, 58: 274－280.

山本喜一郎（1980）ウナギの誕生－人工孵化への道．北大図書刊行会，札幌，210 pp.

❖ 第8章 ❖

環境変動に伴うアザラシの生態変化

1　北海道のアザラシとその特徴

1-1　北海道のアザラシ

アザラシ類（以下，アザラシ）は，陸上で繁殖するタイプと氷上で繁殖するタイプに分けられ，日本近海には，北海道を南限として，陸上繁殖型のゼニガタアザラシ *Phoca vitulina* の1種が生息し，氷上繁殖型のゴマフアザラシ *P. largha*，クラカケアザラシ *P. fasciata*，ワモンアザラシ *P. hispida*，アゴヒゲアザラシ *Erignathus barbatus* の4種が生息・回遊している。そのなかで，頻繁に観察される主要種がゼニガタアザラシとゴマフアザラシである。

ゼニガタアザラシは，人間生活の影響を受けにくい孤島などの特定岩礁を上陸場として利用するだけでなく，5～6月には出産・育児場としても利用するなど，定住性が高く周年にわたり同地域に生息している。ゴマフアザラシは，10～11月に北海道より北にある夏の生息地から北海道への南下が始まり，3月中旬～下旬に流氷上で出産し，2～3週間の授乳期間の後，一連の繁殖期が終わると，流氷の消滅に伴ってサハリンや北方四島などの沿岸にもどっていくという，高い移動性がみられる（Naito & Nishiwaki, 1972）。両者は非常に近縁な種であるが，このように生態には大きく違いがみられる。

1-2　アザラシの生態的特徴

北海道沿岸での主要種であるゼニガタアザラシやゴマフアザラシは，海の高次捕食者でありその生息個体数は多い。なぜなら，これらアザラシの繁殖開始年齢が4～5歳で毎年出産し，寿命は30歳以上と長いため，雌が一生に残せる子は25頭以上と非常に繁殖能力が高いことによる。

彼らの食性は，その海域に多い魚を大量に食べる広食性である。魚類のほかに，頭足類も好んで食べる。逆を言えば，季節・海域・餌の資源量によって簡単に餌の対象を変化させることが可能であり，食性に対する適応能力が高い。基本的に「飲み込み型」採餌であり，回遊魚類より底棲魚類をより多く捕食していることから，捕食しやすく飲み込めるサイズの食べやすい魚を好んで捕食していると推察される。

アザラシの育児期間は短く，すぐに親離れをするため，彼らは体験によって採餌方法や餌場を獲得していく。そのため，離乳後に得た経験はその後，生きていくために非常に重要であると考えられている。

2　近年の環境変動によるアザラシの生態変化

2-1　環境変動によるアザラシへの影響

近年の環境変動におけるアザラシの生態への影響のプラス面とマイナス面を考える。

第一に，近年の地球温暖化により，明らかに流氷の減少と質の低下がみられているが，それらによる影響を考える。アザラシは，冬季，とくに寒い海の中で生活するため，皮下に脂肪を蓄えるようになり，これはコートの役割となる。冬季の海水温が高くなれば，蓄える脂肪が少なくてすむ。つまり，必要な餌の要求量が少なくなる。アザラシを捕獲するハンターへの聞き込み調査によると，厳冬期における皮下脂肪の厚さは，近年，薄くなっているようである。また，アザラシは哺乳類であり，息継ぎが必要であるため，流氷が一面に張った海中では生きていけず，海表面が出ている海域が必要である。そのため流氷が減少し，海表面が出ている海域が増えれば移動できる範囲が広くなり，物理的な生息域の拡大が可能である。一方，ゴマフアザラシなどは流氷上で出産し，そこを育児場としており，それらの面積が減少したり質が低下すると，次のような影響が生じると考えられる。まず，適切な出産場を見つけられず，仕方なく海中で出産してしまう。そうなると，新生児（以下，pup）の死亡率は高くなる。なぜならば，pup がまとっている産毛は水に浸かると本来の保温機能を発揮できないため，体温が保持できず死亡してしまうからである。また，出産可能な流氷が限られるとそこでの出産が集中し，シャチなどの天敵に一網打尽に襲われる可能性が高い。さらに，流氷の質が悪く，育児途中に流氷が融けて母子が離れ離れになってしまい，子育てが放棄されることでも pup の死亡率が高くなる。

次に，これまでオホーツク海域で行われてきた大規模なアザラシ猟の衰退による彼らの生態変化への影響を考える。近年，アザラシ猟が衰退したことによりアザラシが増加し，分布域が拡大している。アザラシの個体数が急増すれば，同種内の餌競争や上陸場競争などが激化するため個体の栄養状態の低下，体サイズの小型化や繁殖年齢の上昇などが起こり，最終的にアザラシの大量死などが引き起こされる可能性につながる。

最後に，漁業形態の変化による彼らの生態変化への影響について考える。かつては大規模かつ遠洋で行われていた漁業が，現在は零細かつ沿岸での定置網や刺網などといった待ち受け漁業へと変遷している。これらの変遷により，アザラシの生息域と漁場が重なり，アザラシが漁網から餌をとることを学習するようになった結果，彼らは沿岸漁業に依存し，本来自力では確保できない餌を食べたり，楽に餌をとることが可能になった。しかし，逆に漁網に混獲され，死亡してしまうアザラシも増加している。

以上のような影響を，次節で種ごとに具体的に紹介する。

2-2　ゴマフアザラシの生態変化

近年，ゴマフアザラシは北海道周辺での分布状況が大きく変化しており，来遊場所の南下，北海道への長期滞在傾向がみられている。とくに変化が顕著なのは北海道のなかでも日本海側で，かつては礼文島の北部に位置するトド島のみ来遊個体が確認されていたが (内藤, 1977)，近年は積丹・小樽地域まで南下しており，分布域を広げている。来遊時期も過去は12～翌3月であり，3月になると夏の生息地にもどっていったが，現在では11月から来遊し始め，5月まで多数の個体が日本海側で観察できるようになり，早期来遊・遅延退去の長期滞在傾向がみられている。さらに，礼文島では近年，400個体ほどのゴマフアザラシが周年生息するようになり，上陸場も増加し，トド島では出産も確認されている。ゴマフアザラシは流氷上で出産するため，かつては流氷のこないトド島に来遊するのは若い個体，つまり繁殖に参加しない個体であると考えられていた (Mizuno *et al*., 2001)。しかし，近年日本海側に来遊する個体には，妊娠個体もみられるようになった。また，かつてのトド島への来遊個体数は，300～400個体ほどだったが，現在では，数千個体になっていると考えられ (Shibuya & Kobayashi, 2014)，年々増加傾向がみられる。これらの変化はゴマフアザラシの広域移動性や流氷への高い依存度によって，流氷分布の後退に伴って，分布域を南下・拡大できたものと考えられた (図１)。

なぜ，ゴマフアザラシの生態変化が日本海側に顕著に起きているのだろうか。1977年までオホーツク海では年間数十万頭という大規模なアザラシ猟が行われていたが，近年それが衰退したため，ゴマフアザラシのオホーツク海全体での個体数が増加しているということが主要因としてあげられる。個体数の増加は餌競争や上陸場競争を引き起こすため，アザラシは新しい生息地を開拓しようとする。そこへ厳冬期にみられるオホーツク海の流氷の減少が重なって，厳冬期に宗谷海峡からオホーツク海への移動が物理的に可能になった。このことが，日本海側への来遊をより促す結果になったと考えられる。オホーツク海側と異

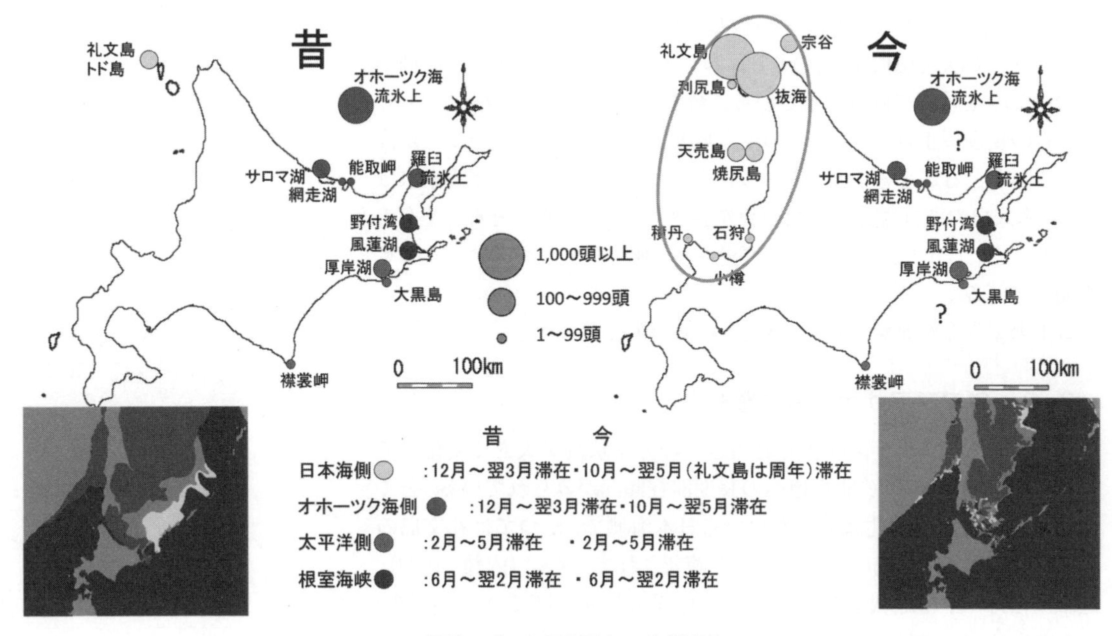

図1 ゴマフアザラシの生態変化

なり日本海側では新たな上陸場を開拓でき，比較的浅い場所で餌生物を捕食でき，冬季も漁業が行われているため漁網の魚へ依存することで簡単に餌を捕食できることから，年々日本海側へ移動する個体が増加していると推測される。しかし，これまでほとんどアザラシの来遊がなかった地域への急激な個体数の増加は，漁業との軋轢を深刻化させている。漁網内の魚が食われるだけでなく，漁業者が次世代に残そうとしている小さな魚をも食べ尽くして資源を枯渇させ，海洋生態系が大きく変化してしまう可能性が否定できない。

2-3　ゼニガタアザラシの生態変化

ゼニガタアザラシ *P. vitulina stejnegeri* は，北半球全体に分布しているハーバーシール *P. vitulina* の太平洋西部産亜種であり，北海道での分布は東部の太平洋沿岸に限られ，南限かつ西限は襟裳岬である。近年では，北海道東部太平洋岸に 9 ヵ所，根室市沖のユルリ島およびモユルリ島，浜中町内 2 ヵ所，厚岸町内に大黒島，尻羽岬など 4 ヵ所，そして襟裳岬で確認されている（中満, 2002；齋藤・渡邊, 2004）。このうち襟裳岬と大黒島が主要な上陸場かつ繁殖場となっており，北海道全体の個体数の 6.5 割を占める（中満, 2002）。1970 年以降，毛皮や食肉の利用を目的とした過度な狩猟や人為的な影響により生息数が激減，1980 年代には約 350 頭までになったことから（和田ら, 1968），環境省のレッドデータブックでは絶滅危惧種に選定された。その後 1990 年以降，アザ

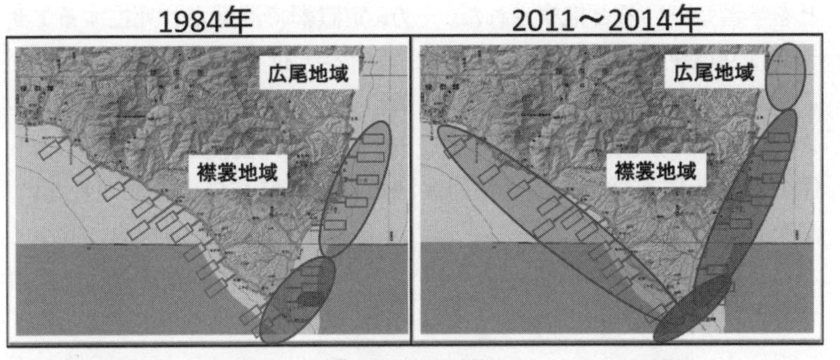

図2 ゼニガタアザラシの生態変化

ラシの毛皮代用品の普及や，アザラシ猟や護岸工事などの人為的影響が減ったことにより，現在では北海道沿岸での最大上陸確認数は1980年代から30年間で約3倍の1,089頭となり，個体数は回復傾向にある。2012年には，環境省のレッドリストにおいて，絶滅危惧種IB類から絶滅危惧種II類にダウンリストされた。北海道本土以外の近隣地域では，北方四島が本種の大規模生息地として知られており，近年の調査では計1,500頭を超える上陸個体数が確認されている（小林, 2004）。さらに，DNA研究により北海道のゼニガタアザラシは，襟裳個体群と厚岸以東（以下，道東個体群）に分けられ，両者の行き来はほとんどないことが示されている（Nakagawa *et al*., 2009）。道東個体群は北方四島（とくに，歯舞群島）と行き来しており，それらはタグやDNA研究によって証明されている。

個体数の増加に伴い，襟裳岬周辺の定置網におけるアザラシによるサケの食害は，2013年は1984年の10倍以上になっていた。被害範囲は，1984年は東側の岬の3定置網に集中していたが，2011～2013年には岬の3定置網で高頻度にみられただけでなく，岬から東側15kmでも集中し，さらにえりも漁協管内全域を越えて広尾漁協でも被害があり，明らかに範囲の拡大がみられた。アザラシの混獲範囲も被害範囲と同様な広がりがみられ，かつ混獲個体数も約4～8倍に増加した（小林ら，未発表）（図2）。同時に，これらのことはアザラシの移動範囲も拡大していることを示している。

どのような個体が定置網で餌をとっているのかを知るために行った，発信機による定置網周辺の行動調査の結果，1歳以上の個体が，夜間に上陸場から近い特定の定置網へほぼ毎日やってきている一方，当歳の個体は時間もバラバラに，立ち寄る定置網も定まっておらず，来る頻度も1歳以上よりも非常に低いことが明かになった。これらのことから，定置網に被害を及ぼすのは，1歳以上の個体で，漁網の位置や出入りなどを学習していると推察された。一方，定置網で混獲され死亡するアザラシは90％近くが当歳個体であり，胃内容分析でサケが検出されないことからも，混獲個体は学習した1歳以上の個体ではないと言える。つまり，漁業被害を起こしている1歳以上の個体は混獲されず，未学習個体の混獲死亡が増えても直接的な漁業被害の軽減にはつながらない。漁業被害軽減のためには，学習した1歳以上の個体を選択的に間引くことが重要である。同時に，網へ近づかせないように制裁を与えて学習させたり，入網を阻止するような網の改良なども必要不可欠であろう。

3　海洋生態系への影響とアザラシの管理

海洋生態系とアザラシとの関わりという観点から，前述のことをまとめ直してみよう。近年，アザラシは個体数が増加しており，それに伴い上陸場競争や餌競争が激化している。環境変化の1つである地球温暖化はそれに拍車をかけており，永久凍土が融ければ海水面が上昇し，それに伴い自然海岸が減少し上陸場競争をより激化させ，流氷が減少すれば流氷が運ぶエネルギーの源であるアイスアルジー（第3章参照）の減少につながり，それはアザラシの餌生物も減少して餌競争もより激化することを示す。そうなると，1個体あたりが食べられる餌生物が減り，アザラシの栄養状態が悪化するため，体サイズが小型化し繁殖年齢が高齢化する（定住性のゼニガタアザラシでは，すでにその傾向がみられている）。栄養状態が悪い集団に寄生虫やウイルスなどの感染症が発症すると，一気に大量死する可能性が高まり，個体群動態が急激に変化する。もし，アザラシが漁網内の魚に依存していなければ，自然界ではこ

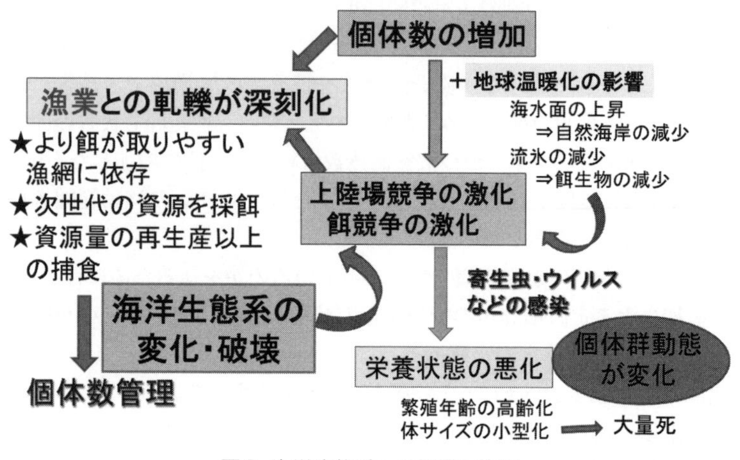

図3　海洋生態系への影響と管理

のサイクルが繰り返されると予測される。しかし実際は，個体数が増加して漁網内の魚への依存度がより高くなっており，漁業との軋轢が深刻化している。近年の環境変化によって，本来の野生界では生き残れない個体までが生存できてしまう。海洋生態系の環境収容力以上の個体が存在可能となれば，海洋生態系に変化や破壊を生じることになる。海洋生態系が変化すれば，さらなる餌生物の減少をもたらし，その結果アザラシの間で餌競争が激しくなり，よけいに漁網へ依存するという負のサイクルを強める。負のサイクルを阻止するには，温暖化のような人為的な環境変化を防ぐとともに，漁網の位置や出入りを学習したアザラシの間引きによる個体数管理が有効な手段の1つであろう（図3）。

（小林万里）

参考文献

小林万里（2004）北方四島のトド・アザラシ・ラッコ. *In*: 北海道の海生哺乳類管理–シンポジウム「人と獣の生きる海」報告書–（小林万里・磯野岳臣・服部薫 編）. 北の海の動物センター, 札幌, pp. 46–53.

Mizuno, A. W., Suzuki, M. and Ohtaishi, N. (2001) Distribution of the spotted seal *Phoca largha* along the coast of Hokkaido, Japan. Mammal Study, 26: 109–118.

内藤靖彦（1977）日本の哺乳類（13）食肉目アザラシ科ゴマフアザラシ属. 哺乳類科学 35: 1–12.

Naito, Y. and Nishiwaki, M. (1972) The growth of two species of the harbor seal in the adjacent waters of Hokkaido. Scientific Reports of Whales Research Institute, 24: 127–144.

Nakagawa, E., Kobayashi, M., Suzuki, M. and Tsubota, T. (2009) Growth variation in skull morphology of Kuril harbor seals (*Phoca vitulina stejnegeri*) and spotted seals (*Phoca largha*) in Hokkaido, Japan. Japanese Journal of Veterinary Research, 57(3): 147–162.

中満智史（2002）北海道沿岸におけるゼニガタアザラシの個体数調査. 第6回自然環境保全基礎調査 海域自然環境保全基礎調査 海棲動物調査（鰭脚類及びラッコ生息調査）報告書. 環境省, pp. 4–17.

齋藤幸子・渡邊有希子（2004）ゼニガタアザラシの概要と問題点. *In*: 北海道の海生哺乳類管理–シンポジウム「人と獣の生きる海」報告書–（小林万里・磯野岳臣・服部薫 編）. 北の海の動物センター, 札幌, 23–28 pp.

Shibuya, M. and Kobayashi, M. (2014) Use of haul-out sites by spotted seals (*Phoca largha*) on Rebun and Todojima Islands in the Japan Sea from 2008 to 2009. Mammal Study, 39: 173–179.

和田一雄・伊藤徹魯・新妻昭夫・羽山伸一・鈴木正嗣（1986）ゼニガタアザラシの生態と保護. 東海大学出版会, 東京, 418 pp.

第9章

汽水域の生態学

1　はじめに：陸と海の出会う場所

皆さんは異なる生態系どうしの“接点”が気になったことはあるだろうか。山と川，川と海，森と野原，おのおの異なる生態系がそのままつながっているのが自然であり，境界線が引いてあるわけではない。自然は一体の景観であって，“どのようにつながっているか”はあまり気にしたことがないかもしれない。

しかし生態学的には，このような“異なる生態系が接続する部分”は，非常に重要な研究対象の1つになってきた。生態学では異なる生態系，生物群集が接する部分のことを，推移帯（transition zone）またはエコトーン（ecotone），エコトーンにおける生物や生態系の状態変化を生態勾配（ecocline）とよんでいる。一般的に推移帯では生物群集が複雑に変化し，環境要因も大きな変化を示すことが多く，それが研究上の大きな魅力になっている。例えば，陸と海が接する海岸で潮が満ち引きする潮間帯は，海藻やベントス（底生動物）の研究上欠かすことのできない場所の1つである。

そのようなエコトーンのうち，われわれにも身近で代表的なものの1つが，陸上の水すなわち陸水と海水が接するところ，汽水域（brackish water area, estuary）である。汽水域は陸水（淡水）と海水が混合して形成される水域で，その自然の成り立ちと生息する生物には独特な特徴があり，また歴史的に人間活動と深い関わりをもち，水産上も重要な水域である。本章ではこの汽水域に焦点を当て，とくに生態学的観点から概説したい。

2　汽水の成り立ち

2-1　汽水の定義と分類

イタリアからフランスの地中海沿岸には海跡湖（または潟湖；coastal lagoon）が数多く分布している。ベネチアはそうした地中海の沿岸潟湖

表1 Venice system（1958）
塩分値の±記号はその数値がおおよその数値であることを示す。
Anon.（1959）をもとに作成。

分類			塩分‰
海水	超鹹水	Hyperhaline	＞±40
	真鹹水	Euhaline	±40 〜 ±30
汽水	混鹹水	Mixohaline	(±40) ±30 〜 ±0.5
	混真鹹性	Mixoeuhaline	＞±30　しかし＜真鹹性海水近傍
	多鹹性	(Mixo-) polyhaline	±30 〜 ±18
	中鹹性	(Mixo-) mesohaline	±18 〜 ±5
	貧鹹性	(Mixo-) oligohaline	±5 〜 ±0.5
淡水		Limnetic (freshwater)	＜±0.5

の1つで，イタリア最大のVeneta湖の中にある島に作られた街である。このベネチアで1958年4月に国際生物学連合，国際陸水学連合の後援で「汽水の区分に関する国際シンポジウム」が開催された。

このシンポジウムに集まった科学者たちが議論を通じて作り上げたのが，Venice systemとよばれる汽水の定義と区分法である（表1）(Anon., 1959)。この話し合いで汽水は塩分0.5〜30の範囲の水と定義され，さらに貧鹹性，中鹹性，多鹹性などに分類され，それぞれ境界の塩分値が示された。この区分法はシンポジウムから50年以上経過した今日でも使われている。

ところで，汽水を塩分で区分する際の値はどのような根拠で決められたのだろうか。塩分が0.5や30を境にして水の物理化学的性質に劇的な変化が起こるためだろうか。表1の塩分の数値には±記号がついているが，これは区分の塩分値があくまで目安であることを意味している。実はVenice systemの区分は，川−海のエコトーンに形成される底生の動植物群集の構造的特徴，とくに塩分傾度に伴って作られる帯状分布 (zonation) を根拠としている（図1）。ベネチアでのシンポジウムではヨーロッパにおける研究結果を中心に，アフリカや他の地域での事例も検討されて，広い地理的範囲の汽水域にあてはまるように塩分の値が決められたようだ。ベントス（底生動物）の帯状分布は，海岸のエコトーンで顕著にみられる特徴の1つである。潮の引いた磯の海岸へ行くと，岩の表面の海藻や生物が，垂直方向に上から下までいくつかの帯を作っているようにみえることがある。これは生物種間の環境ストレス耐性の違いと競争などの生物間相互作用で形作られているもので，同様の生物分布パターンは陸海のさまざまなエコトーンでみられる。

Venice systemの塩分による汽水の区分がベントスの分布パターンに基づくということは，図1のA〜E群集の“境界”で測定された塩分の値がもとになっているということである。しかし，実際の野外汽水域では塩分が時空間的に変化するので，帯状分布境界の塩分値は1つの値で決められるものではない。つまり，汽水の区分は本来，幅のある塩分

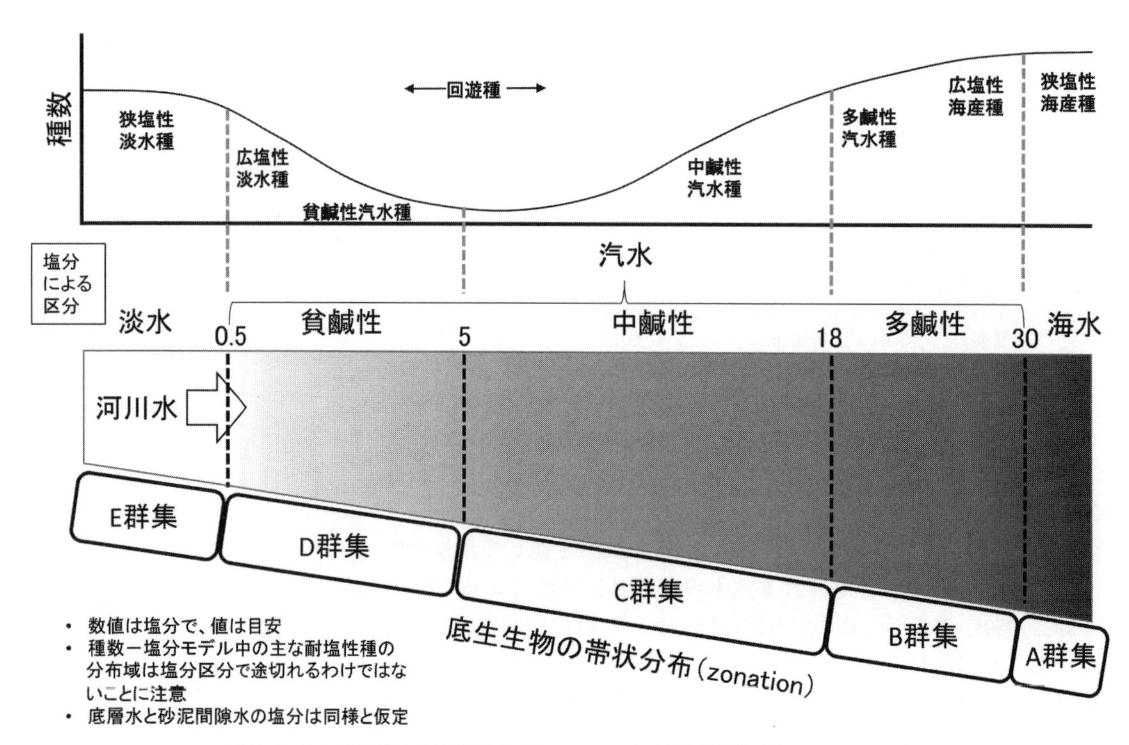

図1 塩分による汽水の区分（Venice system）と種多様性パターンのモデル

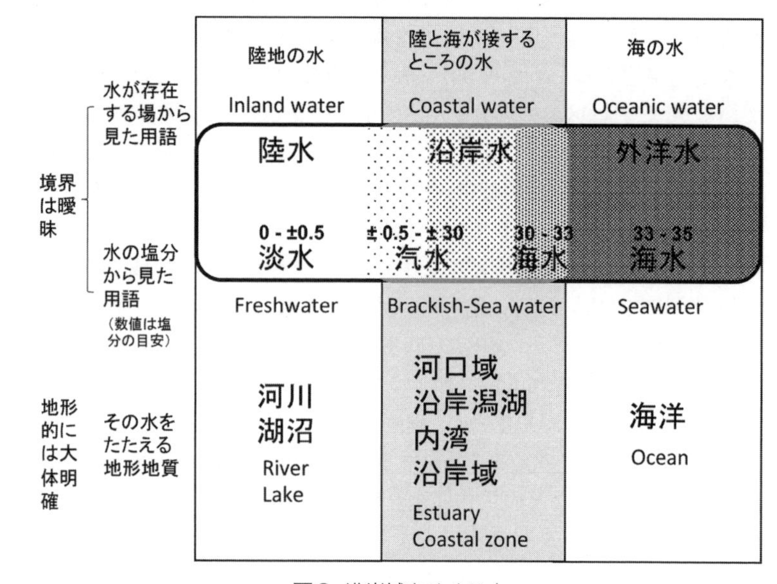

図2 沿岸域をめぐる水

帯（範囲）のような意味をもち（益子, 1981），変動幅を含むものなのである。したがって，塩分は汽水の性質を表す重要な要素だが，水域全体の塩分が時空間的にどのような変化をするのかを把握する必要がある。

汽水は陸と海のエコトーンにできる水であるが，その重要な本性は「陸水（淡水）と海水が混ざり合った水」だということである。つまり，河川から流出する陸水は海水の塩分を低下させるだけでなく，陸起源の豊富な栄養塩やさまざまな有機物，土砂や懸濁物を供給するため，そこに独特な性質の水を形成する。このような水は沿岸水（coastal water）ともよばれる。沿岸水は汽水から低塩分の海水までを含み，河口域から沿岸域に広がる水である（図2）。

以上のように，汽水を塩分の濃淡だけでみるのではなく，陸と海のエコトーンにできる水だと理解することがたいせつである。

2-2　汽水をたたえる器：汽水の地理・地形・地質

汽水は陸水と海水が混合した水であるが，実際に作られるのはどのような場所であろうか。陸と海の境界面をみると，河川の河口域，そして沿岸の海跡湖（潟湖）や閉鎖性の高い内湾などが空間的に浅く，広く，大きな汽水域を形成する地形である（図2）。おのおのの場所では，河川流域から海岸海底までを含む地形地質的特徴と，降水量，河川流量，潮汐条件，蒸発散量などの環境条件が相互作用しあって，その場所独自の汽水域を形成している。

ところで，汽水をたたえる地形がどのように形成されてきたのか，海跡湖の例でみてみよう。日本列島には豊富な降水量と地形的特徴から数多くの湖沼があるが，湖面積 0.01 km^2 以上の湖 478 のうち 101 が海跡湖で，その 58 が北海道にある。とくに宗谷岬から襟裳岬までの北海道東部海岸に数多く存在することから，この海岸線は海跡湖銀座と言われ，網走はいわば銀座の中心に位置している（図3）。網走沿岸の海跡湖で主要なものはサロマ湖，能取湖，網走湖，藻琴湖，濤沸湖で，これらの地史的形成プロセスを模式的に示したのが図4である。

第四紀更新世から勢力を増した氷河期と間氷期の繰り返しは現在も続き，約1万年前から現在は間氷期とされている。氷期−間氷期の繰り返しによる環境変化が現生生物の進化と生物地理に及ぼした影響はさまざまであるが，このイベントは現在の海岸地形を作るうえでも重要なはたらきをした。それは海面水位が寒冷化・温暖化のたびに上下運動していたことである。波浪エネルギーが陸地に衝突するのが海岸線であるが，そのエネルギーは海岸地形の浸食・堆積という地形構成物質の運動を引き起こす。これに海岸沿いに流れる沿岸流と，より短い周期で繰り返される潮汐運動が加わって，各要因の動的バランスがとれたところに現実の海岸地形が形成される。一般に間氷期における海面上昇（温暖）期には，海岸に平行で長大な砂州が発達する傾向があると考えられている（高安, 2001）。1万年前の氷河期終了後に上昇した海面は，河川が削った低平地などに沿って内陸に進入して内湾を広げるととも

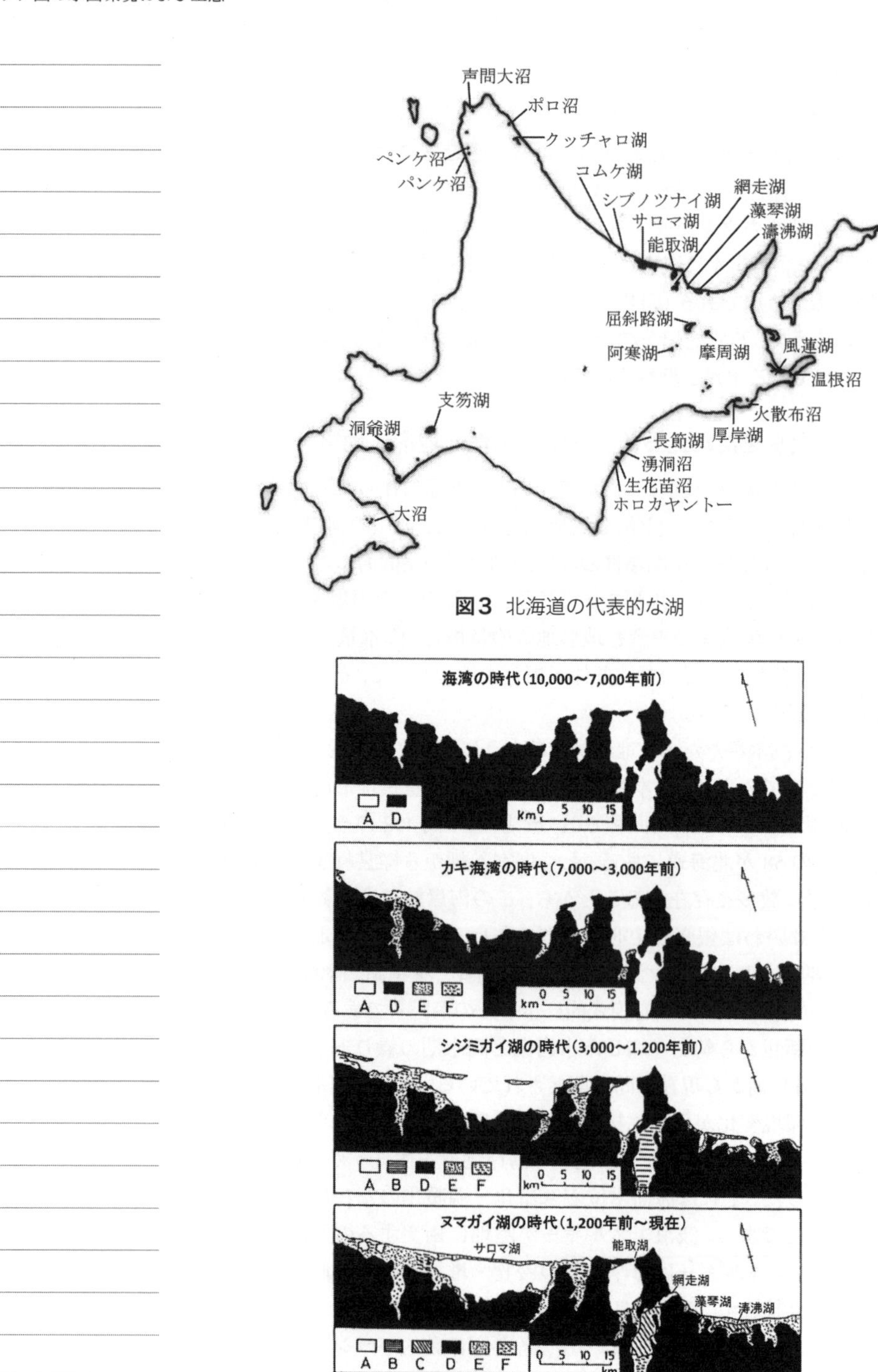

図3 北海道の代表的な湖

図4 北海道オホーツク海沿岸の地史的変化
湊・北川（1954）をもとに作成。

表2 世界の汽水域
河川河口域を除く。

名称	面積 (km^2)	平均水深 (m)	最大水深 (m)	主要流入河川	特徴
黒海	436,402	1,253	2,212	ドナウ，ドニエプル	2層構造・底層無酸素
カスピ海	371,000	187	1,025	ヴォルガ，ウラル	蒸発による塩湖
バルト海	377,000	55	459	ネヴァ	平均塩分26
パトス湖	100,200	2	15	ジャクイ	世界最大の沿岸潟湖
東京湾	1,380	39	700	荒川，多摩，江戸	大都市内湾
有明海	1,700	20	165	筑後	日本最大の干潟
サロマ湖	151	9	20	佐呂間別，芭露	ホタテ養殖場
網走湖	33	6	16	網走	2層構造・底層無酸素

に，温暖化による降水量増大で流域浸食が進み，下流への土砂運搬量が増加したことも重なって海岸沿いに砂州を発達させ，現在の沿岸海跡湖が形作られたのだろう。図4でも示されているように，約1,200年前に現在の姿になるまで，地形条件と海水・河川流入量の変化によって，おのおのの湖の塩分環境は変遷してきた。この間にさまざまな生物の住みつき・定着が起こり，徐々に現在のような各湖沼に特有の生物群集が形成されていったと考えられる。このようにみると，汽水をたたえる器は地史的に不安定でうつろいやすく，短命であると言える。

ところで，世界全体の汽水域を比較してみたときに，日本の汽水域にはどのような特徴があるだろうか。日本の汽水域は全般にサイズが小さく，平坦で広い河川感潮域が少ないため，沿岸海跡湖が中心である。これは，日本の地形が急峻で大きな河川が発達しにくいからである。一方，汽水域が形成される場を広く定義する用語としてエスチュアリー (estuary) がある。エスチュアリーは「潮汐の影響または塩水侵入が及ぶ範囲までの，淡水流入を受け，海とつながっている半閉鎖的水体；淡水流入は繰り返されない場合もあり，海への連絡路は1年のある時季には閉じている場合もあり，潮汐影響はごくわずかな場合もある (Wolanski & Elliott, 2015)」と定義される。この定義だと，河川河口域，沿岸潟湖，河口デルタ，リアス式入江，フィヨルド，内湾や汽水海も含む。つまり，日本の小規模で河川流入のあるリアス式内湾，あるいは東京湾，伊勢湾，有明海のような内湾もエスチュアリーで，広義の汽水域である (表2)。

大陸を流れる大河，例えばアムール川，長江やナイル川，アマゾン川では，下流河口域から沿岸までの長く広い範囲に汽水域が形成されている。また，世界最大の沿岸海跡湖はブラジルのパトス湖で，湖面積は10,200 km^2と，サロマ湖の68倍にもなる。一方，汽水海として有名なのがヨーロッパのバルト海，黒海，カスピ海である。バルト海は平均水深55 m，海域面積は約377,000 km^2で日本の国土面積とほぼ同じ規模だが，平均塩分が26である。これはバルト海を囲む河川流域が広いことや，海水流入口のカテガット海峡が狭いことなどと関係している。黒海やカスピ海は，かつてのテチス海（古地中海）が内陸に閉じ込められた，いわば“海跡海”で，どちらも大きく深い（表2）。黒海は規模が違うが網走湖と同様，流入河川水量と地形条件から，表層が低塩分，底層が中高塩分の2層構造で底層水は無酸素状態になっている。カスピ海は世界最大の内陸湖だが少し特殊で，海との連絡路がないのに塩分が約1～13もある。さらにヴォルガ川，ウラル川などの大河が流入しているのに流出河川はない。では湖水バランスがどうして保たれているかというと，蒸発による湖水の“流出（消失）”である。膨大な流入河川水は古代の海に由来する塩分を薄める一方，乾燥気候による湖水の蒸発は溶存成分を濃縮し，カスピ海独自の塩分環境を生み出している（Dumont, 1998）。このように，世界各地の汽水域の自然は非常に興味深い。

2-3　汽水域の環境特性：水質・底質

これまでみてきたように陸と海が接する場所にできる汽水域には，独特の自然環境がある。汽水域に生息する生物にとってその環境条件は大きな制約，あるいは飛躍の土台にもなる。汽水域の環境特性のいちばんのポイントはやはり，河川流域由来の陸水と沖合から沿岸をめぐってくる海水が混合することである。異なる溶存あるいは懸濁物質を含む性質の異なる水塊が混合することで，水塊構造，塩分，栄養塩，無機懸濁物などが大きく変化する。ここでは汽水域の環境特性を，いくつかの重要なトピックで紹介する。

2-3-1　水塊混合

汽水は陸水と海水が混合してできるので，どのように混合するのかが，その汽水域の特徴を決める鍵となる。河口部や海跡湖へ流入する河川水は降水量の変動に依存し，遡上する海水はその場所の潮汐振動（天文潮）や，水温・気圧変化による海面変化（気象潮）の振幅の大きさに影響される。流れ込む河川水と海水の量的バランスに加え，海水の密度は淡水より大きいため混合状態は複雑になり，重い海水が河川水の下へくさび状に潜り込んで遡上していく弱混合型から，海水と河川水が“正面衝突”して水平方向に密度勾配ができていく強混合型までのパターンをとる。網走川河口から網走湖までの塩水遡上の例では（図5），オホーツク海の天文潮と気象潮により海面が湖水面より高くなると，海水が河川水の下をくさび状に網走刑務所付近（河口から約4.6 km）まで遡上し，そこで河床地形の変化によりくさびが壊れ，その後は強混合状態で網走湖へ達して，湖表層の低塩分水の下へ再び潜り込んでいくことが明らかにされている（金高・馬場, 1997；池永ら, 1998）。そうして，風などの作用で高塩分の底層水や遡上水から表層水へ塩分が供給され

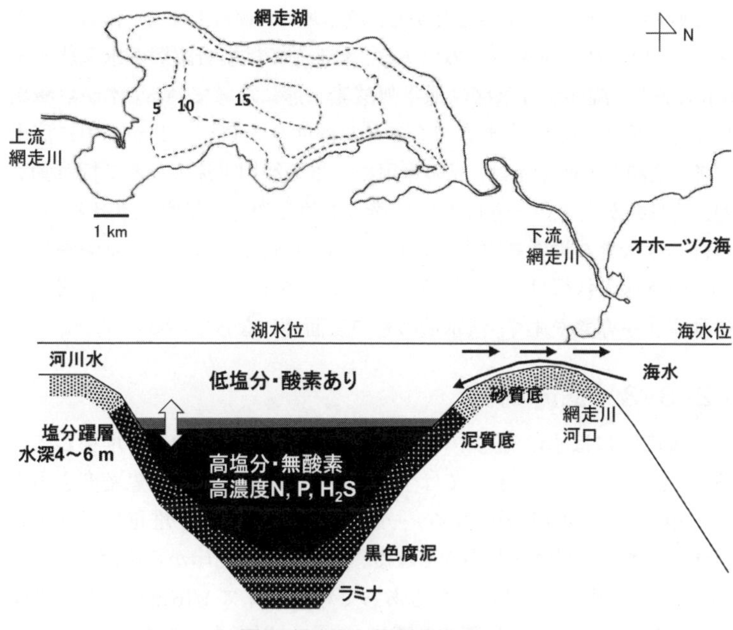

図5　網走湖の縦断面模式図

て，特徴ある汽水環境が作られている。以上のように，汽水域の安定性（ある条件の汽水が時空間的にどのくらいの規模で形成維持されるか）は，水を受ける器の形（地形）と流れ込む河川水と海水の量的バランスに強く影響される。

2-3-2　貧酸素化と富栄養化

汽水域での水塊混合パターンは複雑だが，水塊の密度差による成層，つまり塩分躍層（halocline）が鉛直方向に発達しやすい。夏季にはこれに水温躍層が加わり，さらに強固な成層になる。こうした水塊構造は，汽水域特有の水質環境を生み出す。すなわち，低塩分表層水－躍層－高塩分底層水という構造で，底層水が貧酸素化する（図5）。溶存酸素は表層水面での大気との接触，表層水中の藻類による光合成と遡上海水から供給されるが，躍層が中蓋をするような形になり，底層ではバクテリアによる水中有機物分解のため消費される一方になってしまう。さらに厄介なことに，このような酸素消費を加速させる機構が汽水域にはある。それは，河川流域から河川水中に集まったさまざまな陸起源物質（例えば窒素やリンなどの栄養塩類，有機物質，土壌粒子など）が，海へ出る玄関口である“汽水域”に集中的に供給され続けることに加え，海域からも潮汐や循環流によって栄養塩や有機物が供給される，つまり富栄養（eutrophic）であること，さらに河川水と海水がぶつかりあう場では河川水中の懸濁粒子や有機物が凝集（フロッキュレーション：flocculation）

して底層に沈殿しやすいことから，汽水域は“物質溜まり，物質フィルター”という性質をもつためである。網走湖では塩分躍層が水深約4～6mにあり，躍層より下層は通年無酸素状態になっている。水が無酸素になると底泥から硫化水素 H_2S やリン酸態リン PO_4^{3-}-P が水中に溶出する。底層の無酸素水は，風の作用や大量の河川水流入などで揺れ動くが，揺れ幅が大きいときは湖岸に達して魚介類を大量斃死させるので，しばしば大きな漁業被害も引き起こしている。このように，富栄養化という汽水域の特徴は，高い生物生産を支える土台である一方，底層水の貧酸素化を導きやすく，汽水域のもつ二面性になっている。

2-3-3　底質の特徴

水塊の底には水の流速や地形などを反映した砂泥粒子が堆積している。これはベントスにとっては生息基質となり，分布や生息密度を規定する重要な生態的要因になる。一般に流速が速いほど堆積粒子サイズは大きくなり，遅いほど小さくなる。網走湖では湖岸から水深3mくらいまでの湖棚は，波浪の影響もあって粒子サイズ1/16mm以上が主成分の砂質底で，それより深くなると1/16mm以下のいわゆる泥分（シルト・粘土）が多くなる（図5）。砂質底にはヤマトシジミが，泥質底にはユスリカの幼虫や貧毛類などが生息している。塩分躍層水深までの泥表面は明茶褐色であるが，躍層以下の深底部の泥は漆黒の黒色泥が大量に存在している。多量の沈降有機物と底層無酸素水により泥中の嫌気性バクテリアが盛んに活動して，海水に由来する硫酸イオンから H_2S や硫化鉄などを作り出す。この結果，汽水域の深いところには真っ黒で腐卵臭がする泥が厚く堆積した状態になる。一方，この黒色泥を鉛直的にみると，まったく異なる世界がみえてくる。底層無酸素水が通年安定して存在するような汽水域の最深部の泥を縦方向に筒状にとると（コアリング），その断面はきれいな縞々模様（ラミナ）になっている場合が多い。これは無酸素でゴカイなどの底生動物が生息できず，泥が攪乱されていないからである。自然界に縞々模様は多いが，それらは時間経過に伴う自然現象の推移を表している（例えば 年輪，貝殻，鱗，耳石，地層）。網走湖や濤琴湖の泥の縞々模様には，季節に応じて流域から流れ込む物質組成が反映されており，詳細な分析によって，過去数百から数千年間の生態系の変遷過程が明らかにされつつある（瀬戸ら, 2011）。汽水域の黒色泥は，長い時間軸に対して自然がどのように変化，応答してきたのかという問題を解くための貴重な歴史記録を提供してくれている。

3　汽水域の生物

3-1　汽水域の生物多様性

陸と海のエコトーンである汽水域の自然には独特な特徴があるが，汽水域の生物が示す最もユニークなものが「汽水域における種数最小(artenminimum；Remane & Schlieper, 1971)」という特徴である。これは淡水から海水までの塩分勾配に沿って，生息する生物の種数の変化をみると，汽水域で種数が最も減少するという種多様性パターンのことである(図1)。汽水域のなかでもとくに塩分5～8で種数が最小となる仮説が有力で，この種数最小の塩分範囲は臨界塩分(Khlebovitch, 1969)とも言われる。

汽水域での種数最小パターンは，種数と塩分の定性的な関係をモデル化したもので，定量的関係性を含めて，まだ世界各地での検証が必要である。しかし汽水域で全般的に認められるパターンであり，その形成要因は究極要因と至近要因から考えることができる。まず，至近要因として最も重要なのは，浸透圧調節の困難さという生理的要因である。水生生物にとって生息水域の塩分に応じた体内浸透圧の調整は，細胞の恒常性を保つうえで必須である。汽水域は塩分が不安定な水域なので，その種の生理的塩分耐性能力に応じた水域にしか生息できない。つまり，汽水域には広塩性の淡水種と海産種，そして汽水種，さらに淡水域と海域を行き来する回遊種が生息するが(図1)，大きく変化する浸透圧に順応したり，調節したりする生理的能力をもつ種が少ないために，汽水域で種数が減少する。

しかし，なぜそのような生理的能力のある種がそもそも少ないのだろうか。このような究極要因，つまり進化的・生態的要因の1つとしては，汽水域という生息場所の地史的不安定さが考えられる。前述のように陸水と海水が混合する地形や混合状態は，地史的な時間スケールから1日スケールまで大きく変動しやすい。海洋生物と淡水生物の進化史のなかで，汽水域は重要な通過ルートだったと考えられる。しかしながら，場の不安定さは汽水域に特化した種の形成維持を促しにくくした可能性がある。

一方，さまざまな現生汽水種において，地理的に異なる汽水域間，あるいは同一の汽水域内においても，個体群の遺伝的分化が進んでいる例が数多く報告され，隠蔽種(形態的に同種だが，遺伝的には複数種からなる)が発見されている(Bilton *et al*., 2002)。汽水域はその奥部に特化した種にとっては，不連続に存在する分断された島的生息場所(habitat island)である。したがって，隔離効果がはたらけば遺伝的にも分化しやすく異所的種分化の土台があると言えるが，“島”そのものと，その状態が変化消滅しやすい。前述の“海跡海”であるカスピ海は約500万年前の中新世後期に起源し，その水環境は現在までダイナミックな地史的変化をたどってきているが，生息する約950種の固有性は非常に高く，独自の種分化を遂げた種が多い（Dumont, 1998）。汽水域の生物多様性を生み出す究極要因・至近要因のどちらにも，汽水域環境の時空間的変化の大きさが強く影響していると言えよう。

3-2　日本の汽水生物の特徴

日本の汽水生物の特徴には，日本列島を含む北東アジアの地史も関係している。現在の汽水域の地形が約1万年前の氷河期終了後からの海進プロセスのなかで形成されてきたことは前述したが，最終氷期に北半球で発達した氷河は現在のヨーロッパや北米大陸を覆い，汽水域を含む沿岸水域の生物を絶滅させるなど甚大な影響を及ぼしたと考えられている（Attrill *et al*., 2001）。しかし，日本列島が氷河に覆われることはなかったので，新生代第四紀の間，海水位の大きな変動に伴う汽水域の移動と状態変化はあったものの，汽水生物は“漂流する汽水域”のなかで生き延びてきたと考えられる。

日本の汽水域で典型的にみられる種を表３に示した。網走周辺の海跡湖沼群では（図３，図４），オホーツク海南端という生物地理的特性，流入河川流域と湖盆形態，塩分や底質などの湖沼環境特性に応じて湖ごとに特徴ある生物相が形成されている。網走周辺での人間活動が盛んになった明治時代以後は人為的影響が増大し，湖口や流入河川流域の環境改変を通じて湖沼環境と生息生物をより短い時間スケールで大きく変化させてきている。

汽水域では豊富な栄養塩や有機物をベースとして，その生息種から食物網が成り立っている。生息種数は減少するもののバイオマスはしばしば非常に大きくなり，多くの種が内水面漁業の漁獲対象でもある。なかでもヤマトシジミは漁獲量が最も多く，日本人が古くから食している二枚貝である。ヤマトシジミはサハリン島北部から九州までの南北の広い地理的範囲に分布し，北東アジアの貧・中鹹性汽水域を代表する優占種である。産卵期は夏季で水中に放卵放精し，受精卵の発生は塩分2～8が最適で，淡水や海水では正常発生できない。成長に応じて塩分耐性は広がり，成貝は淡水から海水までの耐性能力がある。成長や産卵などの生活史特性や地域個体群の遺伝的特性には，南北で地理的変異がある。ヤマトシジミは水中の植物プランクトンや有機物を摂餌する濾過食者のため，汽水域生態系の物質循環で大きな役割をはたすとともに，水質を浄化する機能をもつキーストン種となっている。したがって，ヤマトシジミを漁獲することは汽水域に流入蓄積する過剰な栄養塩や有機物を人為的に除去していると言える（Nakamura *et al*., 1988）。

表3 日本の代表的な汽水に生息する生物とその主要な生息域

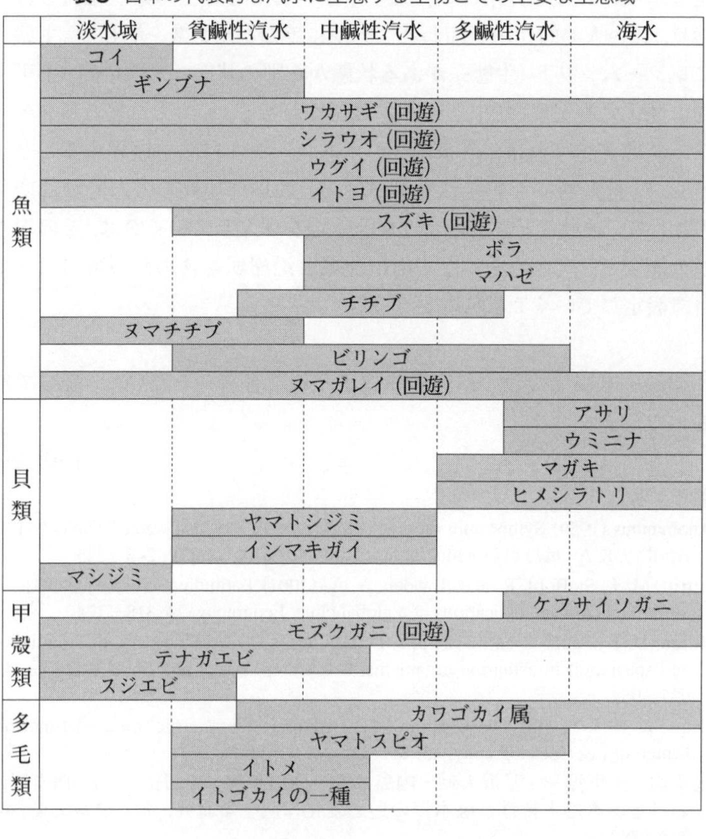

		淡水域	貧鹹性汽水	中鹹性汽水	多鹹性汽水	海水
魚類	コイ	■				
	ギンブナ	■	■			
	ワカサギ（回遊）	■	■	■	■	■
	シラウオ（回遊）	■	■	■	■	■
	ウグイ（回遊）	■	■	■	■	■
	イトヨ（回遊）	■	■	■	■	■
	スズキ（回遊）		■	■	■	■
	ボラ			■	■	■
	マハゼ			■	■	■
	チチブ		◧	■	◧	
	ヌマチチブ	■	■			
	ビリンゴ		■	■	■	
	ヌマガレイ（回遊）	■	■	■	■	■
貝類	アサリ				◧	■
	ウミニナ				◧	■
	マガキ				■	■
	ヒメシラトリ				■	■
	ヤマトシジミ		■	■		
	イシマキガイ		■	■		
	マシジミ	■				
甲殻類	ケフサイソガニ				◧	■
	モズクガニ（回遊）	■	■	■	■	■
	テナガエビ	■	■	◧		
	スジエビ	■	◧			
多毛類	カワゴカイ属		◧	■	■	■
	ヤマトスピオ		■	■	■	
	イトメ		■	◧		
	イトゴカイの一種		■	◧		

一方，ヤマトシジミを含め汽水域の生物は変化の大きな個体群動態を示し，その動態や生残は塩分や貧酸素など汽水域特有の環境要因によって強い影響を受けている。網走湖は現在北海道で最大のシジミ漁場で，推定資源量は約1万数千tになる。湖内での生息域は湖岸沿いの浅い砂泥底であるが，資源量は塩分躍層水深の変動に大きな影響を受けている（図5）。躍層の水深が浅くなれば無酸素水塊による斃死や生息可能面積が減少する一方で，表層水中への塩分供給量が増して産卵発生にプラスになる。躍層の水深が深くなれば生息域が深くなり，生残数が増えて資源量が増加するが，塩分は抑制される。このように汽水域特有の環境要因は，その場所ごとにさまざまなバランスを生み出している。

4　おわりに－汽水域の保全

汽水域は陸水と海水が出会う場所に成立する自然であり，環境変動は大きいが，物質が集積し生物生産性の高い水域でもある。また，不安定な環境における非常に微妙なバランスのもとで生態系が維持されており，強い人為的作用が加われば容易にそのバランスを崩して，生態系にレジームシフト（生態系がある状態から別の状態へと跳躍的，不可逆的に変化する現象）を引き起こす可能性がある。いったん異なるステージへ状態変化すれば，汽水域というユニークな自然を復元することは難しい。将来的に予想される温暖化などの地球規模の人為的環境変化のなかで，地域ごとにどのような汽水域を保全していくかは，その汽水域の歴史と，汽水域をつなぐ河川流域と沿岸域を含めた視野のなかで目標設定していくことが重要だろう。

謝辞：本稿は複数の研究者の皆さんにご査読いただいた。記して感謝いたします。

（園田 武）

参考文献

Anonymous (1959) Symposium on the classification of brackish waters, Venice 8-14th April 1958. Archivo di Oceanografia e Limnologia 11 (suppl) : 243－245.

Attrill, M. J., Stafford, R. and Rowden, A. A. (2001) Latitudinal diversity patterns in estuarine tidal flats: indications of a global cline. Ecography, 24: 318－324.

Bilton, D. T., Paula, J. and Bishop, J. D. D. (2002) Dispersal, genetic differentiation and speciation in estuarine organisms. Estuarine, Coastal and Shelf Sciences, 55: 937－952.

Dumont, H. J. (1998) The Caspian Lake: History, biota, structure, and function. Limnology & Oceanography, 43: 44－52.

池永均・大東淳一・三沢大輔・内島邦秀・樫山和男・山田正 (1998) 網走川における塩水遡上特性と塩水楔の形態変化に関する研究．水工学論文集，42: 775－780.

金高州吾・馬場仁志 (1997) 網走湖流出口付近における塩水挙動の実測．開発土木研究所月報，527: 2－10.

Khlebovitch, V. V. (1969) Aspects of animal evolution related to critical salinity and internal state. Marine Biology, 2: 338－345.

益子帰来也 (1981) 汽水の生物学（総説）．陸水学雑誌，42: 108－116.

湊正雄・北川芳男 (1954) オホーツク沿岸の湖沼．網走道立公園知床半島学術調査報告，網走道立公園審議会，札幌，148 pp.

Nakamura, K., Yamamuro, M., Ishikawa, M. and Nishimura, H. (1988) Role of the bivalve *Corbicula japonica* in the nitrogen cycle in a mesohaline lagoon. Marine Biology, 99: 369－374.

Remane, A. and Schlieper, C. (1971) Biology of Brackish Water. 2nd ed. John Wiley & Sons, New York, 372 pp.

瀬戸浩二・高田裕行・斎藤誠・香月興太・園田武・川尻敏文・渡部貴聴 (2011) 北海道東部オホーツク海沿岸汽水湖群におけるTa-aテフラ以降の環境変遷．汽水域研究会2011年大会講演要旨集，p. 27.

高安克巳 (2001) 汽水域を作る地形とその生い立ち．*In*:「汽水域の科学」（高安克巳 編），たたら書房，pp. 1－9.

Wolanski, E. and Elliott, M. (2015) Estuarine Ecohydrology. 2nd ed. Elsevier, Amsterdam, 322 pp.

❖ 第10章 ❖

北海道網走の地域特異的遺伝資源としてのクローンドジョウ

1　はじめに

ドジョウ *Misgurnus anguillicaudatus*（コイ目ドジョウ科）は，童謡に歌われるほど日本人には馴染みの深い魚で，「柳川鍋」などの食材としてもよく知られているが，種内にさまざまな変異型がある。そして，それぞれの変異型は通常とは異なる特殊な生殖様式により繁殖することがわかってきた。網走地方には，自分自身の遺伝子とまったく同一の遺伝子をもつ卵を産み，それらの卵が父親（精子）の遺伝的関与なく発生するクローンドジョウが見られる。本章では，まずクローンドジョウ発見に至る経緯を紹介し，現在までに判明しているその起源と生殖のメカニズムを解説する。

2　自然三倍体ドジョウの出現

生物の設計図であるゲノムは染色体にある。日本全国に普通に見られ，有性生殖により繁殖しているドジョウは，母親と父親に由来するゲノムをそれぞれ1セット，合計2セットもつ二倍体（野生型）であり，2n＝50と記される。ところが，ドジョウには，染色体を1セット余分にもつ三倍体（3n＝75），2セット余分にもつ四倍体（4n＝100）とよばれる変異型が見られる。現在のところ日本国内の野生集団において四倍体は見つかっていないが，中国大陸では長江流域を中心に四倍体が二倍体と同じ場所に生息している。現在までに国内の市場より得られたドジョウ標本には四倍体のものが多く見られるが，これらは中国大陸産の可能性が高い。また，中国の野生集団において，少数の三倍体が出現することが知られており，これらは四倍体と二倍体の交配に由来する（荒井, 2009；Arai, 2001, 2003；Arai & Fujimoto, 2013）。

四倍体は現在のところ日本国内の野生集団からは見つかっていないが，三倍体はいくつかの地域において比較的高い頻度で出現する。その1つが網走地方を含む北海道東部であり，1998～2000年の調査では4～

21％の高い率で三倍体が出現した（Morishima *et al*., 2002）。同様の高い三倍体の出現率（2～16％）は1995～1996年に新潟県広神村においても観察されており，この地域では1n卵と2n卵を同時に産む特殊なドジョウが発見され，交配実験から自然三倍体は2n卵と野生型二倍体の1n精子の受精により生じることが明らかにされた（Zhang & Arai, 1999a）。そこで，網走地方を中心とした地域には，2n卵を産む特殊なドジョウが存在し，それが原因となり三倍体が高頻度に生じると考え，調査を開始した。

3　クローンドジョウの発見

筆者は長い時間，染色体操作，すなわち，染色体セットの数と組み合わせを人為的に制御する技術の開発と，それにより作出された人為倍数体（三倍体，四倍体など）や人為的に誘起した単為発生（雌性発生，雄性発生）個体の特性解析を行ってきた（Arai, 2001；Arai & Fujimoto, 2013）。そこで，この網走地方のドジョウについても染色体操作の実験により，明らかにしようとした（Morishima *et al*., 2002）。まず，採集したドジョウから成熟した6個体の雌（#1～#6）を選抜し，hCG（ヒト絨毛性生殖腺刺激ホルモン）を注射することにより排卵を誘起した。そして，これらのドジョウの倍数性を調べるためにフローサイトメトリーにより鰭あるいは赤血球の細胞核のDNA量を測定すると，すべて二倍体であった。次に，これらの雌より得た卵を紫外線照射により遺伝的に不活性化したキンギョ *Carassius auratus* の精子を授精させることにより人為雌性発生を誘起した。このように誘起した雌性発生ドジョウ仔魚は，卵核由来の染色体1セット（1n）しかもたないので，半数体症候群という発生異常を起こし，致死的奇形となる。4個体（#1，#2，#4，#5）から得た卵からは，この人為雌性発生誘起により半数体仔魚（1n＝25）が生じ，孵化後まもなく，すべて死んでしまった（図1a）。ところが，2個体（#3と#6）の雌から得た雌性発生仔魚は正常な形態を示した（図1b）。フローサイトメトリーの結果，これらの仔魚は二倍体であった。このことは，#3と#6の雌は2nの卵を産むことを示している。

そこで，次に野生型二倍体ドジョウ精子（1n）を授精させてみた。#3の雌が2n卵を形成し，他の雌が通常の1n卵を産むのであれば，人工授精により前者からは三倍体，後者からは正常の二倍体が生じるはずである。ところが，交配実験をしてみると，#3雌からの子孫の一部は確かに三倍体であったが，その多くは二倍体であった。人為雌性発生の実験では，この雌は明らかに2n卵を産んでいるので，通常の精子（1n）を受精すれば，子孫はすべて三倍体となることが予想されるが，多く出現したのは二倍体であった。

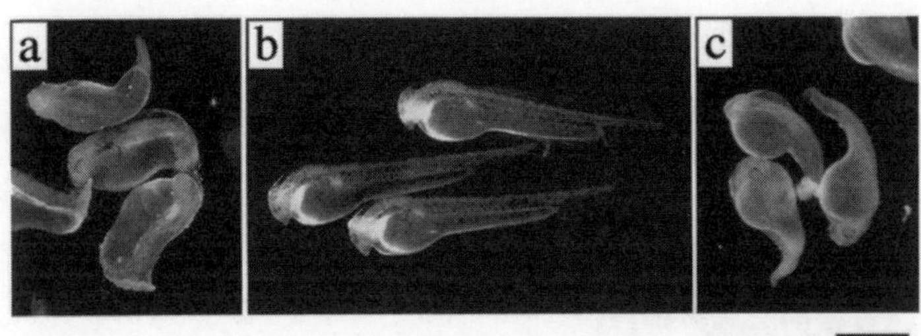

図 1　雌 #1, #2, #4 と #5 の卵の人為雌性発生より生じた異常な半数体仔魚 (a) と雌 #3 と #6 の卵の雌性発生より生じた正常な二倍体仔魚 (b), および雌 #1, #2, #4 と #5 の卵とキンギョ精子との交雑により生じた異数体仔魚 (c)
正常な二倍体仔魚は 2n 卵の雌性発生により生じた。(Morishima *et al*. (2002) より日本動物学会の許可を得て転載)。

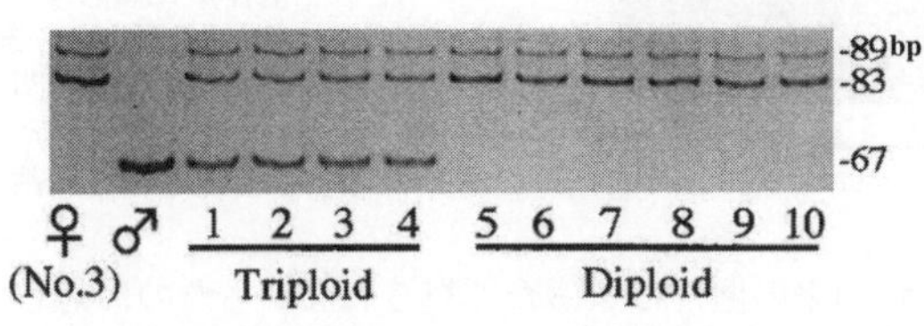

図 2　雌 #3 卵の野生型二倍体雄精子による通常授精より生じた三倍体子孫 (1 ～ 4) と二倍体子孫 (5 ～ 10) の *Mac37* マイクロサテライト DNA マーカー座におけるマーカー型
二倍体子孫は母親と同一のマーカー型をもち雌性発生であることを, 三倍体子孫は母親と同一のマーカーに加えて, 父親のマーカーをもち精子取り込みにより生じた三倍体であることを示す。(Morishima *et al*. (2002) より日本動物学会の許可を得て転載)。

ひらめいたのは, 自然の単為発生である。ドジョウ #3 が 2n 卵を産み, この 2n 卵が精子の遺伝的な関与なく卵核のみの発生を行えば, 正常な子孫が生じるはずである。このことを証明するために, このドジョウ #3 の卵にキンギョの精子を授精してみた。その子孫を観察すると, ドジョウとキンギョの雑種とみられる奇形仔魚 (図 1c) と正常なドジョウ仔魚が見られた。奇形仔魚はドジョウの 2n 卵とキンギョ精子のもつ DNA 量の和を示したことから, これらはキンギョ精子を卵に取り込んだ雑種と考えられた。一方, 正常なドジョウ仔魚は, ドジョウの 2n に相当する DNA 量をもつことから, 2n 卵がキンギョ精子の遺伝的関与なくドジョウとして発生したと考えられた。

次に複数のマイクロサテライト DNA マーカーを用いて, ドジョウ #3 の卵とドジョウ正常精子の授精より生じた子孫を調べたところ, 二倍体子孫は母親と同一のマーカー型を示したが, 三倍体子孫は母親と同一のマーカー型に加えて, 父親由来のマーカーを示した (図 2)。さらに, $(GGAT)_4$配列をプローブとした DNA フィンガープリント (DNA-FP) 分析を行ったところ, 二倍体子孫は母親ドジョウとまったく同じ DNA-FP

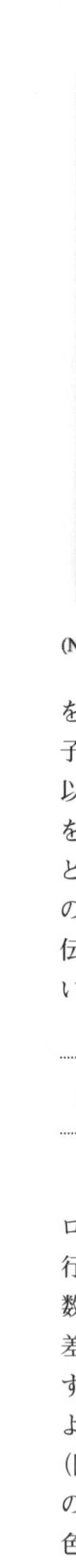

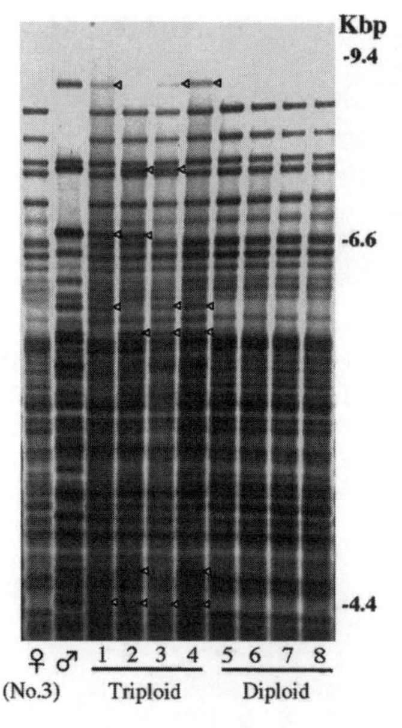

図3 雌#3卵の野生型二倍体雄精子による通常授精より生じた三倍体子孫（1～4）と二倍体子孫（5～8）の（GGAT）$_4$をプローブとしたDNAフィンガープリント
二倍体が母親と同一のバンドのみをもつこと（遺伝的同一性＝クローン性），三倍体が母親のすべてのバンドに加えて父親の断片の一部（◁で示す）をもつこと（精子核の関与）に注意。（Morishima *et al.* (2002) より日本動物学会の許可を得て転載）。

を示し，父親由来の断片はまったく見られなかったのに対して，三倍体子孫は母親のDNA-FPに加えて，父親由来の断片を一部示した（図3）。以上の結果から，ドジョウ#3は自身の体細胞と遺伝的に同一の2n卵を産み，これらの卵の多くは#3と遺伝的に同一のクローン二倍体子孫として発生し，一部は精子を取り込み三倍体となることが判明した。この後，マイクロサテライトならびにDNA-FP分析により，#3と#6は遺伝的に同一のクローン系統のメンバーであり，網走周辺の野生集団においては，相当数のクローン個体が生息することが判明した。

4　クローン二倍体の非還元2n卵形成機構

クローンドジョウの存在が明らかになったが，これらはどのようにクローンの2n卵を形成しているのであろうか。図4に普通に減数分裂を行う野生型二倍体の魚における卵形成の過程を示す。二倍体では，減数分裂にあたって，母親と父親に由来する相同染色体が複製，対合，交差し，まず，相同染色体の対合面で第一分裂が生じ，次に染色体は複製することなく，染色体の縦列面で第二分裂が起こる。この一連の過程により，体細胞で2nであった核相は，配偶子で1nに減数（還元）される（図4a）。次に，自然のクローン魚として有名なギンブナ *C. langsdorfii* の三倍体（3n＝156）の例を示す。ギンブナの三倍体では対合すべき染色体が3セットあるため，複製した染色体は三極紡錘体を示す異常な配置となり，第一分裂をスキップし，第二分裂のみにより非還元的に

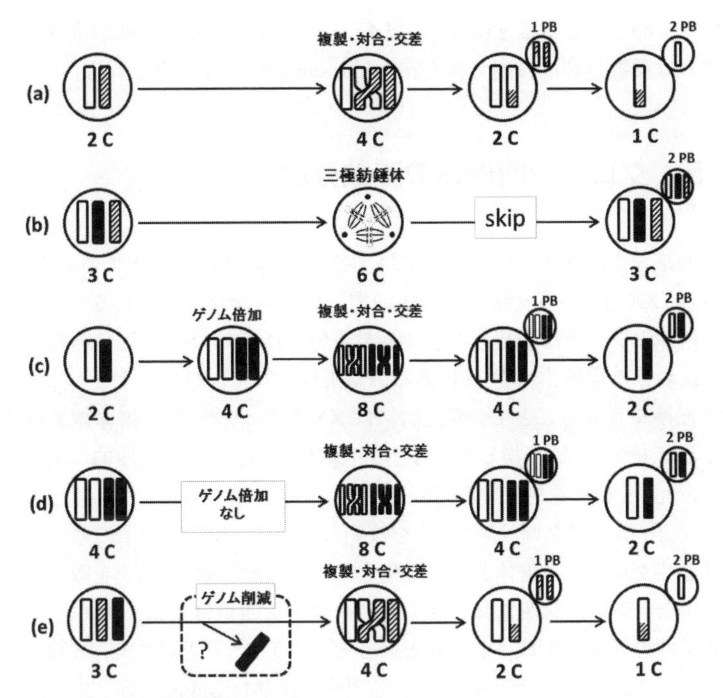

図4　特殊な卵形成機構
(a) 一般的な魚類の野生型二倍体の減数分裂，(b) ギンブナの三倍体に見られる無配偶生殖による非還元クローン3n卵の形成，(c) ドジョウのクローン二倍体に見られる減数分裂前核内分裂による非還元クローン2n卵の形成，(d) ドジョウのクローン四倍体に見られる減数分裂によるクローン2n卵の形成，4n体細胞より配偶子形成が始まるので減数分裂前のゲノム倍加はないことに注意，(e) クローン由来三倍体（クローン2n卵＋野生型二倍体の1n精子）に見られる減数分裂雑種発生による遺伝的組換えのある1n卵の形成。相同性の低い1セットの染色体が削減され，残った2セットの相同染色体が減数分裂を起こすが，削減の時期と機構は現在のところ不明である。1Cは半数体核（1n）のDNA量を，1PBは第一極体，2PBは第二極体を示す。

3n卵を形成することが知られている（図4b）。このような機構は無配偶生殖（apomixis）とよばれる。ドジョウのクローン二倍体も非還元的に2n卵を形成するが，ギンブナとは異なるメカニズムであることが，(1) *in vitro* で培養した卵母細胞の核（卵核胞）の二価染色体の数が50本と野生型二倍体ドジョウ（二価染色体25本）の2倍となっていること，(2) 卵核胞崩壊後に卵は第一極体を放出することから判明した（Itono *et al*., 2006）。すなわち，クローンドジョウの場合は，まず，減数分裂に入る前に全染色体（2n = 50）がゲノム倍加し，四倍体（4n = 100）の生殖細胞となる。これにより，重複した姉妹染色体があたかも相同染色体のように，複製，対合して50本の二価染色体を形成することになる。この時，交差も生じるが，姉妹染色体間の同じ部分の交換であるので遺伝的変異は生じない。この後，通常の減数分裂と同様に連続した二回の減数分裂を行うことにより，母親の体細胞と遺伝的に同一の非還元2nクローン卵が生じることになる（図4c）。このような非還元卵形成メカニズムは減数分裂前核内分裂（premeiotic endomitosis）とよばれる。

5　クローン四倍体の減数分裂

ドジョウの性決定は雄ヘテロ型（XX 雌－XY 雄）が基本であるので，母親（XX 雌）から父親（XY 雄）の遺伝的影響がなく産まれるクローン二倍体ドジョウは全雌となることが予想される。しかし，稚魚の性分化期における環境（水温）操作あるいは雄性ホルモン投与により人為的に性転換をさせることで，遺伝的には XX 型のクローン二倍体雄を作ることができる。性転換したクローン二倍体雄は，自身と遺伝的に同一な非還元 2n 精子を形成する（Yoshikawa *et al*., 2007, 2009）。このような非還元 2n 精子でクローン 2n 卵を授精した時に，多くは精子の遺伝的影響なくクローン二倍体として発生するが，たまたま 2n 精子を取り込んだ場合，クローン四倍体が生じる。クローン四倍体では，クローン 4n 卵が非還元的に形成されるかというと，そういうことはなく，減数分裂によりクローン 2n 卵が産生される（図4d）（Morishima *et al*., 2012）。クローン二倍体は減数分裂前核内分裂の機構で非還元 2n 卵を，クローン四倍体は減数分裂により還元 2n 卵を産むが，両者ともゲノムサイズを除いては遺伝的に同一である。おそらく生殖細胞が減数分裂に進行しうる 2n の状態であるのか 4n の状態であるのかをチェックする機構が存在し，4n の時はそのまま減数分裂過程へと進行するが，2n の時は染色体全体を減数分裂前に倍加させることにより減数分裂を開始すると思われる。それでは，なぜクローン 2n の生殖細胞はそのままでは減数分裂を起こすことができず，倍加するのだろうか。クローンドジョウの核型（染色体の数と形態）は野生型二倍体と変わるところがないが，おそらく，相同染色体に見える染色体であっても，何らかの理由で対合ができないのであろう。そのため，配偶子を形成するためには，全染色体を倍加させ，これら一つの染色体から生じた姉妹染色体が，相同染色体のように複製，対合するようにする仕組みが必要なのであろう。このような一連のプロセスの分子機構解明が次の大きな研究課題である。

6　クローン由来三倍体における減数分裂雑種発生

一連の研究から，クローンに由来する三倍体でも，特異な生殖が生じていることが判明した。野生型二倍体から，受精卵の第二極体放出阻止の手法により作出した人為三倍体では，雌は不妊となり，雄は少量の異数体（1.5n）精子を産するが（Zhang & Arai, 1999b），クローン由来三倍体の場合はこれらと大きく異なった。クローン由来三倍体では，雄は不妊であるが，雌は多くの場合半数体（1n）卵を産む。3セットの染色体のうち，親和性が低く，対合しにくい染色体を捨て，親和性の高い2本の相同染色体間で複製，対合が起こり，その後，通常の減数分裂と同様に1n卵を形成する（図4e）。現在，どのようなメカニズムで染色体が削減されるかは不明であるが，最終成熟に達したクローン三倍体の卵核胞に25本の二価染色体が見られることから，1セットの染色体は減数分裂前に削減されるものと推定できる（Morishima *et al*., 2008a）。このような三倍体からの1n卵形成機構は減数分裂雑種発生（meiotic hybridogenesis）とよばれている。

7　単為発生メカニズム–クローンドジョウが卵のみで発生する仕組み

さて，クローン二倍体の産む2n卵には，キンギョ精子を授精しても，クローンドジョウが生まれる。このメカニズムはどうなっているのだろうか。受精卵を経時的に固定して，切片標本を作り，顕微鏡で追跡した。通常の魚類の受精では，卵門から侵入した精子の核は，卵の第二極体放出（すなわち第二減数分裂）完了後に膨潤し雄性前核となる。そして，同様に膨潤した卵核由来の雌性前核と合核・融合し，ここで接合核が形成され卵割が進行する。ところが，クローンドジョウの場合は侵入した精子核は膨潤せず，凝縮したままで雄性前核にはならない。そして，割球の細胞質中にあるが，やがて卵割期に見えなくなってしまう（Itono *et al*., 2007）。雌性前核は精子核と融合することなく，それのみで卵割を開始する。すなわち，精子は卵内に進入し発生の引き金を引くが，接合核には遺伝的に関わらない。したがって，クローンドジョウの発生は，精子に依存した単為発生である雌性発生により進行している。

8　クローンドジョウの起源

網走地方周辺にはクローンドジョウが生息することが判明したが，その出現機構と起源は不明であった。そもそもクローンドジョウは日本全国に生息する野生型二倍体ドジョウと遺伝学的にどのように異なるのであろうか。この問題の解決には全国のドジョウを対象とした遺伝学的研究が必要となる。まず，酵素の遺伝多型による解析で，日本には遺伝的に大きく分岐した2グループが存在することが明らかになった（Khan

& Arai, 2000)。次に，ミトコンドリア DNA (mtDNA) 調節領域塩基配列 (Morishima *et al*., 2008b) を指標とした解析で，日本国内のドジョウは遺伝的に大きく異なる 2 つのグループ (A と B) に大別され，B はさらに B-1 と B-2 に区別されることが判明した。そして，B-1 グループは日本各地に広く分布するが，B-2 は関東甲信越，九州の一部に B-1 と混在し，A グループは北海道東部と北部，本州の一部 (石川県など) に限られることがわかった。網走のクローンドジョウならびに同所的に生息する野生型ドジョウはいずれも A グループの mtDNA ハプロタイプを有した。本州では，石川県より得た標本が網走のクローンドジョウと同じあるいは類似した mtDNA ハプロタイプをもつことから，それらをクローン候補として，RAPD (random amplified polymorphic DNA) 分析および DNA-FP 分析で調べたところ，能登島 (石川県七尾市) よりクローンあるいはクローン由来三倍体と推定される個体を確認した (Morishima *et al*., 2008b)。実験交配では未確認であるが，DNA マーカー分析より，北海道の 2 系統に加え，石川県などでも 2 系統のクローンが見つかっている。

mtDNA は母親から娘へと母系遺伝し，父親からの遺伝情報は引き継がないことから，核ゲノムの情報はわからない。そこで，核の *RAG1* (recombination activating gene 1) と *IRBP2* (interphotoreceptor retinoid-binding protein 2) の 2 遺伝子について，塩基配列分析を行った (Yamada *et al*., 2015)。2 つの遺伝子の塩基配列はいずれも，2 つのグループに分化しており，一方は mtDNA により A グループとされた標本と，他方は B グループとされた標本とおおよそ対応していた。ところが，網走地方周辺ならびに石川県のクローン二倍体ドジョウは，いずれの遺伝子も A グループに属する塩基配列と B グループに属する塩基配列の両者をヘテロ接合体として有していた。このことは，クローン二倍体ドジョウは，A グループの mtDNA ハプロタイプをもち，核ゲノムは A と B グループに由来する遺伝子をヘテロ接合の状態でもつことを示している。すなわち，クローンドジョウは遺伝的に大きく分岐した 2 つのグループ A と B に由来するゲノム (染色体) をもつことから，これら 2 グループの祖先の間で，過去に起こった交雑に起源することが考えられた。この結果は，先に述べたクローンドジョウにおける非還元 2n 配偶子形成の主たる原因が，異なるグループに由来する染色体間での対合不調によることを強く支持する。

9　地域遺伝資源としてのクローンドジョウ

現在，クローン生殖をするドジョウは北海道東部と石川県能登島にのみ確認されている。これら 2 地域のクローンドジョウは特殊な生殖様式と起源をもつ，学問的に貴重な地域特異的な遺伝資源である。現在，網走地方周辺のクローンドジョウ資源は，水路などの環境改変にもかかわらず，ある程度安定して繁殖している。したがって，採集に行けば，必ず捕獲することができる。一方，能登島におけるクローンドジョウの出現率は北海道に比較すると著しく低く，採集に苦労する。北海道のクローン出現率が安定しているのは，同所的に生息する有性生殖をする野生型二倍体（精子の給源となる）が A グループのみであるからである。この A グループ野生型の核ゲノムが，たまたま 2n 非還元卵に取り込まれても，生じた三倍体は雑種発生の機構により A グループのゲノムをもつ 1n の卵（mtDNA も A グループハプロタイプ）を作り，もとの A グループ野生型二倍体のゲノム構成にもどる。一方，石川県能登島には B（B-1 および B-2）グループの野生型二倍体が多数いるので，B グループ由来ゲノムを取り込んだクローン由来三倍体は B グループ由来ゲノムとクローン特異的な mtDNA をもつ 1n 卵を形成する。そうすると，B グループ野生型との交配により，核ゲノムが B グループで mtDNA が A グループに由来する二倍体ドジョウが生じる。すなわち，三倍体を介して，クローンの mtDNA が B グループドジョウに浸透している。この地域ではクローン個体の出現数が減っており，さらなる研究により本地域のクローンドジョウの実態解明と保全対策が望まれる。

10　おわりに

ドジョウ自体の種ならびに集団の構造は複雑であり，その一部のクローンとそれに由来する三倍体の生殖機構は特異的であるが，その謎の鍵となる遺伝資源は北海道東部に特異的に生息していた。今後，これらを材料とした生殖，発生，遺伝に関する研究をいっそう深めていきたい。

本稿は，平成 27 年度日本水産学会北海道支部大会シンポジウムにおけるランチョンセミナーでの提供話題を取りまとめたものである。三倍体やクローン発見の契機となった網走地域のドジョウ標本は東京農業大学生物産業学部の畏友故鈴木淳志教授により採取，送付いただいたものであり，近年は同学部松原創准教授の絶大な協力を得ている。すなわち，本研究は同学部が存在しなければありえなかった。クローンドジョウに導いてくれた関係者各位に厚くお礼申し上げる。

（荒井克俊）

参考文献

荒井克俊（2009）ドジョウの倍数体とクローン，それらの特殊な生殖様式．動物遺伝育種研究，37: 59－80.

Arai, K. (2001) Genetic improvement of aquaculture finfish species by chromosome manipulation technique in Japan. Aquaculture, 197: 205－228.

Arai, K. (2003) Genetics of the loach, *Misgurnus anguillicaudatus*: recent progress and perspective. Folia Biologica (Krakow), 51 Supplement: 107－117.

Arai, K. and Fujimoto, T. (2013) Genomic constitution and atypical reproduction in polyploid and unisexual lineages of the *Misgurnus* loach, a teleost fish. Cytogenet. Genome Research, 140: 226－240.

Itono, M., Morishima, K., Fujimoto, T., Bando, E., Yamaha, E. and Arai, K. (2006) Premeiotic endomitosis produces diploid eggs in the natural clone loach, *Misgurnus anguillicaudatus* (Teleostei: Cobitidae). Journal of Experimental Zoology, 305A: 513－523.

Itono, M., Okabayashi, N., Morishima, K., Fujimoto, T., Yoshikawa, H., Yamaha, E. and Arai, K. (2007) Cytological mechanisms of gynogenesis and sperm incorporation in unreduced diploid eggs of the clonal loach, *Misgurnus anguillicaudatus* (Teleostei: Cobitidae). Journal of Experimental Zoology, 307A: 35－50.

Khan, M. M. R. and Arai, K. (2002) Allozyme variation and genetic differentiation of the loach *Misgurnus anguillicaudatus*. Fisheries Science, 66: 211－222.

Morishima, K., Horie, S., Yamaha, E. and Arai, K. (2002) A cryptic clonal line of the loach *Misgurnus anguillicaudatus* (Teleostei: Cobitidae) evidenced by induced gynogenesis, interspecific hybridization, microsatellite genotyping and multilocus DNA fingerprinting. Zoological Science, 19: 565－575.

Morishima, K., Yoshikawa, H. and Arai, K. (2008a) Meiotic hybridogenesis in triploid *Misgurnus* loach derived from a clonal lineage. Heredity (Edinb), 100: 581－586.

Morishima, K., Nakamura-Shiokawa, Y., Bando, E., Li, YJ., Boron, A., Khan, M. M. R. and Arai, K. (2008b) Cryptic clonal lineages and genetic diversity in the loach *Misgurnus anguillicaudatus* (Teleostei: Cobitidae) inferred from mitochondrial DNA analyses. Genetica, 132: 159－171.

Morishima, K., Yoshikawa, H. and Arai, K. (2012) Diploid clone produces unreduced diploid gametes but tetraploid clone generates reduced diploid gametes in the *Misgurnus* loach. Biology of Reproduction, 86: 33.

Yamada, A., Kodo, Y., Murakami, M., Kuroda, M., Aoki, T., Fujimoto, T. and Arai, K. (2015) Hybrid origin of gynogenetic clones and the introgression of their mitochondrial genome into sexual diploids through meiotic hybridogenesis in the loach, *Misgurnus anguillicaudatus*. Journal of Experimental Zoology, 323A: 593－606.

Yoshikawa, H., Morishima, K., Kusuda, S., Yamaha, E. and Arai, K. (2007) Diploid sperm produced by artificially sex-reversed clone loach. J. Exp. Zool., 307A: 75－83.

Yoshikawa, H., Morishima, K., Fujimoto, T., Saito, T., Kobayashi, T., Yamaha, E. and Arai, K. (2009) Chromosome doubling in early spermatogonia produces diploid spermatozoa in a natural clonal fish. Biology of Reproduction, 80: 973－979.

Zhang, Q. and Arai, K. (1999a) Distribution and reproductive capacity of natural triploid individuals and occurrence of unreduced eggs as a cause of polyploidization in the loach, *Misgurnus anguillicaudatus*. Ichthyological Research, 46: 153－161.

Zhang, Q. and Arai, K. (1999b) Aberrant meioses and viable aneuploid progeny of induced triploid loach (*Misgurnus anguillicaudatus*) when crossed to natural tetraploids. Aquaculture, 175: 63－76.

❖ 第11章 ❖

水圏生物の化学生態学と性フェロモン

1　化学生態学とは

生物同士における行動生態，生理現象，生態系の仕組みに介在している化学物質を調べる学問領域を，化学生態学（ケミカルエコロジー）とよぶ。とくにケミカルコミュニケーションの研究は，行動生態や生理現象を深く追求する領域である。一見，動物同士の現象だと思われがちであるが，植物が特定の動物の産卵や発生あるいは摂餌を促したり，昆虫に被食された植物が，その昆虫の天敵をよび込む誘引物質を分泌することも報告されている。また，ケミカルコミュニケーションは，作用対象種による観点から異種間作用物質と同種間作用物質に分類される。前者は，アレロケミクスともよばれ，分泌者が利益を得るアロモン，受容者が利益を得るカイロモン，両者が利益を得るシノモンに分類される。例えば，捕食者の存在によりミジンコの角やサンショウウオの頭部が発達することが知られ，これらはカイロモンを介して起こる表現型の可塑性であることが考えられている。一方，同種間作用物質としては，同種の他個体間で行動や生理に作用する化学物質に限定されたフェロモンがある。

2　魚類の化学生態学

水圏生物に関わる者にとって，化学生態学はやや疎遠であるかもしれない。この分野は主に，昆虫とそれをとり巻く環境（自然，植物）を調べるために発展してきたからである。しかし，実は身近なところに水圏生物の化学生態学やケミカルコミュニケーションを感じ取れる例はいくつも存在している。

例えば，サケ科魚類の回帰行動がある（帰山ら，2013；上田，2015）。河川で孵化した稚魚は，種によって時期こそ多様性に富むが，銀毛（スモルト）化して降河行動を起こす。そのころ，母川特有の化学物質を嗅覚によりニオイとして記憶する（母川記銘）。回遊型として降海した銀毛個体は，沿岸から種によってはベーリング海まで回遊し，餌の豊富な海で成長した個体は，成熟を始めるころになると母川のある沿岸へ向かう。ここまでのナビゲーションシステムは，地磁気や太陽コンパスなど諸説ある。親魚は，沿岸から河口域に達すると，河川水中に溶け込む化学物質から形成されたニオイ（河床の付着性微生物叢（バイオフィルム）によって生成されるアミノ酸）を嗅覚によって母川水か否かに識別すると考えられている。河川水をクロマトグラフィーで分析すると，共通のアミノ酸もあれば河川特有のアミノ酸もあり，河川ごとのニオイのパターンが複数のアミノ酸から形成されていることがわかる。それに基づいて作成した人工河川水とアミノ酸を含まない人工河川水を，Y字型の実験水路の中でサケ *Oncorhynchus keta* の成熟雄に選択させると，サケはアミノ酸を含む人工河川水のほうへ遡上する。また，ヒメマス *O. nerka* では，人工河川水で母川記銘したスモルト個体を飼育し成熟させたところ，その人工河川水を選択した。なお，サケ科魚類は属によってその生活史パターンが多岐にわたるため，いくつかの種では河川残留型や河川生活期間の長い幼魚から母川回帰を促すフェロモンが分泌されていると考えられているが，まだ物質の同定には至っていない。

キンギョ *Carassius auratus* は春になると産卵期をむかえる。生殖腺が充分発達した個体を13℃で飼育した後，水温を20℃に上昇させると最終成熟（雌では排卵・雄では排精）を誘起でき，性フェロモンを介するさまざまな繁殖行動や生理的変化を観察することができる。

古くから漁法の1種として，先に遡上してきた雌あるいは雄を籠や紐などで捕縛しておくと，それに対する異性個体が多く捕獲できる。また，淡水魚の種苗生産の現場において，先に成熟した雌雄のいずれかを上流に位置する飼育池で蓄養すると，その下流の飼育池に収容された異性の成熟を促進できることも知られている。これらも性フェロモンを介した現象である。

こうした化学信号を介して起こる変化のうち，現象にとどまらず鍵となる化学物質まで報告された例はきわめて少ない。

3　動物のフェロモン

「フェロモン」はギリシャ語の prerein（運ぶ）と hormon（刺激する）に由来し，その機能により，リリーサー効果とプライマー効果に大別される。リリーサー効果とは受容した個体の特異的な行動を誘起することであり，プライマー効果とは受容した個体の生理に影響を及ぼすことである。一般には前者のイメージが強いようである。リリーサーフェロモンには，道しるべフェロモン，集合フェロモン，警報フェロモン，性フェロモンなどがある。道しるべフェロモンはアリで知られており，巣ごとに形成された体表の炭化水素鎖に由来するものであるが，これだけでは道にうまく定着できないため，足跡物質の上にこのフェロモンを乗せるようである。

集合フェロモンは，棘に毒のあるゴンズイ *Plotosus japonicus* が「ゴンズイ球」を作るためのものが知られている。これは細胞膜の脂質成分の1グループであるフォスファチジルコリンが主成分で，その側鎖の微妙な違いからなる複数の分子種から群れ（ファミリー）ごとのニオイが形成される（Matsumura, 2005）。なお，異なる2つのファミリーを強制的に1つに混合しても，やがてもとのファミリーごとにもどる。

また，警報フェロモンは，アブラハヤの1種 *Phoxinus phoxinus* で知られている（Agosta, 1995）。これは外敵に傷つけられた上皮から分泌されるプリン体の代謝物である。最初に運の悪い1尾が外敵に捕食されると，自己犠牲的にフェロモンを分泌し，それを感知した仲間は一目散に逃避する。

繁殖期において体外に分泌され同種他個体に作用する性フェロモンの研究は昆虫類で最も進んでおり，1919年にファーブルによってその現象が記されている。性フェロモンの研究は，古くから害虫駆除への応用を想定しているが，生殖的隔離機構が関係する種分化の基礎研究としてもたいへん重要な位置を占める。最初に同定された性フェロモンは，1959年，ノーベル化学賞を受賞したドイツ人のブテナントによって，日本産カイコ *Bombyx mori* 雌から抽出されたボンビコールである。なお，彼は材料の半数である雄の蛹からも蛹化ホルモンのエクジソンを同定した。その後，Sakurai *et al.*（2004）によって雄カイコの触角にあるボンビコール受容体が明らかにされた。実はカイコのように，性フェロモンが単一の化合物であることはたいへんまれである。昆虫のガ類（チョウ目）は16万5千種近く存在することから，たった1種の化合物だけでフェロモンの種特異性を生み出すことは困難である。そのため，ほとんどのガ類は複数の化合物からなるフェロモン成分をブレンドすることにより，多様なフェロモンを作り出している。

脊椎動物の性フェロモンは，とくに哺乳類，両生類，魚類で研究が進められている。爬虫類は実験動物としての利用のしにくさから，鳥類は異性間コミュニケーションである「さえずり」の研究を主とすることから，研究例は非常に少ない。

アジアゾウ *Elephas maximus* の性フェロモンは，排卵雌の尿に分泌される脂肪酸の1種であり，ガの1種の性フェロモンと同じ物質である（Rasmussen *et al.*, 1996）。この脂肪酸フェロモンが成熟した雄に受容されるとフレーメンという独特の陶酔した表情を示し，さらに性行動を誘起する。また，フェロモン活性のない未排卵雌尿を溶媒とし，その脂肪酸を溶かして雄に提示すると，脂肪酸フェロモン単独よりも強い効果が現れるため，未知の物質が副成分として作用していると考えられている。

マウス *Mus musculus* の性フェロモンは，近年になって次々と明らかにされている（東原, 2012；阿部・東原, 2015）。リリーサー効果としては，雄の尿に含まれる含硫化合物の1種や脂肪族アルコールが雌を引き寄せること，雄の涙液中に含まれる外分泌ペプチドの1種ESP1が特異的な鋤鼻受容体を介し，雄のマウンティングに対する雌の受け入れ行動（ロードシス）を増加させることや雄同士の攻撃行動を増加させることが報告された。また，ESP22というペプチドは幼若マウスの涙腺から分泌され，幼若マウスに対する雄の性行動を抑制する。さらに，雌尿中に含まれる女性ステロイド代謝物による雄の性行動の促進も知られている。一方，性フェロモンのプライマー効果も報告されており，例えば，雄の尿や包皮腺からの性フェロモンは雌の性成熟を促し，発情期頻度を上昇させ，雌尿中の性フェロモンは他の雌の性成熟を遅延させる。

両生類の性フェロモンの多くはペプチドであることがわかってきた（表1）。両生類の有尾目ではアカハライモリ *Cynops pyrrhogaster* が，性成熟機構と性フェロモンについて古くから詳細に研究されている（豊田, 2015）。成熟した雌雄の飼育水に対する嗜好テストから，異性を相互に認識するための性誘引物質の存在が示唆された。雄では腹部肛門腺がプロラクチンと男性ホルモンの投与により発達することから，これが性誘引物質の分泌器官であると考えられた。そこで腹腺抽出物にある活性物質をクロマトグラフィーなどの生化学的手法により単離し，アミノ酸分析した結果，アミノ酸10残基からなる新規ペプチドであることがわかり，「ソデフリン」と命名された。この名は，万葉集にある額田王が大海人皇子へ送った「茜さす紫野ゆき標野ゆき野守は見ずや君が袖振る」に由来する。ソデフリンの最小有効濃度は 10^{-12} ～ 10^{-13}mol/L

表1 両生類における性フェロモン物質名，産生・放出源，主な効果
フェロモン物質名にあるアルファベットはアミノ酸1文字表記によるアミノ酸配列を示す。東原（2012）をもとに作成。

種名	フェロモン物質名	産生・放出源	主な効果
アカハライモリ	ソデフリン (SIPSKDALLK)	成熟雄の腹部肛門腺	成熟雌を誘引
アカハライモリ 奈良産	アオニリン (SIPSKDAVLK)	成熟雄の腹部肛門腺	成熟雌を誘引
シリケンイモリ	シリフリン (SILSKDAQLK)	成熟雄の腹部肛門腺	成熟雌を誘引
ミナミアマガエル の1種	スプレンディフェリン (GLVSSIGKAL GGLLADVVKS KGQPA)	成熟雄の頭部耳下腺	成熟雌を誘引

であり，雌特異的に作用する。その合成系は，プロラクチンと男性ホルモンによる調節を受けており，雌による感受性はプロラクチンと女性ホルモンに依存し，鼻腔外縁部の鋤鼻上皮で受容されることが電気生理学的手法により明らかにされた。また，アカハライモリの近縁種や地方個体群は，ソデフリン変異体を産生していることがわかった（東原, 2012）。奈良県の個体群からはソデフリンと 1 つのアミノ酸配列が異なるペプチドフェロモンが同定され，奈良の枕詞である「あおによし」からアオニリンと名づけられた。沖縄県の近縁種であるシリケンイモリ *C. ensicauda* からは，ソデフリンと 2 つのアミノ酸配列が異なるフェロモンが発見され，シリフリンと名づけられた。これは「尻振る」という意味ではなく，ペプチドを構成するアミノ酸のアミノ基側の N 末端から 3 つ目までのアミノ酸の 1 文字表記「S：セリン，I：イソロイシン，L：ロイシン」にも由来する。なお，棘皮動物のマナマコで発見された生殖腺を刺激するペプチドホルモンは，これを注射すると首を振るように放卵・放精することにならい「クビフリン」とよばれる（Kato *et al.*, 2009）。

一方，無尾目では雄の鳴き声が雌を誘引する作用をもつため性フェロモンに関する報告は少ない。ミナミアマガエルの 1 種である *Litoria splendida* は，繁殖期になると雄の頭部にある耳下腺と嘴腺から分泌されるペプチドにより雌を誘引する（Wabnitz *et al.*, 1999）。この性フェロモンは，種名からスプレンディフェリンとよばれ，性特異性と近縁種間での種特異性を示し，その受容閾値は 10^{-12} ～ 10^{-13}mol/L である。

4　魚類の性フェロモンとホルモナルフェロモン

生活史のすべてを水中ですごす魚類は，陸上動物とは異なり，水溶性の化学物質をニオイ，または味として認識している。魚類の性フェロモン機構は，キンギョを用いて詳しく研究されている（小林, 2015）。キンギョには雌から放出される 3 種類の性フェロモンが知られている。1 つめは，卵黄蓄積期において雄にとって雌を認識することに関わるフェロモンであり，卵黄蓄積に関わる女性ステロイドによって分泌されるものであるらしいが，未同定のままである。2 つめは，雌の性成熟が進行し，卵巣の最終成熟（排卵）を促す性ステロイドとその代謝物である。雄の嗅覚器がこれらを受容すると，脳下垂体からの生殖腺刺激ホルモンに続き，精巣から最終成熟を誘起する性ステロイドの分泌を介して精液量の増加が生じる（プライマー効果）だけでなく，雄の遊泳活性も向上する。3 つめは，排卵時から雌が分泌する脂肪酸の 1 種のプロスタグランジン（PG）とその代謝物である。PG は哺乳類では痛みを引き起こす物質としても知られ，PG 合成系を阻害するインドメタシンを含有した軟膏が市販されているほか，ヒトでは子宮収縮剤や陣痛促進剤として投与されることもある。PG類はリリーサー効果として雄の一連の繁殖行動を誘起するだけでなく，受容した雄に対する弱めのプライマー効果も促す。ほかにも，未排卵雌や成熟雄も性ステロイド系のフェロモンを分泌し，まだ繁殖に参加できない未排卵雌は雄を遠ざけたり，成熟雄はライバル雄を遠ざけたりするようである。このようにホルモンが体外でフェロモンとして作用するものを「ホルモナルフェロモン」とよんでいる。キンギョのほかにもさまざまなホルモナルフェロモンが知られている（表2）。

脊椎動物の進化を考えるうえで，無顎類の性フェロモン機構やホルモン機構についての研究が非常に盛んに行われている。ウミヤツメ *Petromyzon marinus* の性フェロモンはキンギョと異なり，最終成熟（排精）した雄の鰓から分泌される本種特有の胆汁酸代謝物であり，排卵雌が誘引される。また，遡河回遊する本種では，成体の産卵場への回帰を促すフェロモンが河川に住む幼生（アンモシーテス）から分泌され，これも本種に特有の胆汁酸類である。胆汁酸はステロイド誘導体であることから，ヤツメウナギ類を用いた研究は魚類におけるホルモナルフェロモンの起源と進化を考えるうえで重要である。

表2 魚類におけるホルモナルフェロモンの物質名，産生・放出源，主な効果
山家（2013）をもとに作成。

種名	フェロモン物質名	産生・放出源	主な効果
キンギョ	エストラジオール（女性ステロイド）により生じる未知物質	未排卵雌の尿	成熟雄を誘引
キンギョ	17,20β-P（魚類の成熟誘起ステロイドホルモン），17,20β-P-硫酸抱合体	排卵直前雌	雄の血中の性ステロイドと精液の増加
キンギョ	アンドロステンジオン（男性ステロイド類）	未排卵雌，成熟雄	成熟雄による同性や未排卵雌への攻撃行動
キンギョ	PGF2α，15-keto-PGF2α（PGF2αの1次代謝物）	排卵雌の尿	成熟雄を誘引
ドジョウ	13,14-dihydro-15-keto-PGF2α（PGF2αの2次代謝物）	排卵雌	成熟雄の性行動を誘起
グッピー	エストラジオール	成熟雌	成熟雄を誘引
ゼブラフィッシュ	テストステロン（男性ステロイド）およびエストラジオール（女性ステロイド）のグルクロン酸抱合体	成熟雌	成熟雄を誘引
アフリカナマズ	7種のアンドロゲン（男性ステロイド類）グルクロン酸抱合体混合物	成熟雄	排卵雌を誘引
ブラックゴビー	アンドロゲン（男性ステロイド）の1種のEtiocholanoloneのグルクロン酸抱合体	成熟雄の精嚢	排卵雌を誘引
ラウンドゴビー	Etiocholanolone	成熟雄の精嚢	成熟雌雄の鰓蓋運動の増加
ラウンドゴビー	エストラジオールグルクロン酸抱合体，エストロン（女性ステロイド）	成熟雌	成熟雄の鰓蓋運動の増加
ウミヤツメ	*Petromyzonamine disulfate*（本種特有の胆汁酸塩）	幼生の胆嚢 / 糞	河川に遡上する雌雄を誘引
ウミヤツメ	*Petromyzosterol disulfate*（本種特有の胆汁酸塩）	幼生の胆嚢 / 糞	河川に遡上する雌雄を誘引
ウミヤツメ	*Petromyzonol sulfate*（本種特有の胆汁酸塩）	幼生の胆嚢 / 糞	河川に遡上する雌雄を誘引
ウミヤツメ	3-keto petromyzonol sulfate（本種特有の胆汁酸塩）	排精雄の鰓	排卵雌を誘引

サケ科魚類では，ブラウントラウト *Salmo trutta* の雌尿を雄に曝露すると，精液量および血中の性ステロイド濃度を上昇させるプライマー効果や，ホッキョクイワナ *Salvelinus alpinus* においては，放出経路は不明だが成熟雄からのPG様物質に成熟雌雄が誘引され，雌の造巣行動までも引き起こすリリーサー効果が報告されている。また，ニジマス *O. mykiss* の雌尿には，雄血中の性ステロイド濃度を上昇させるプライマー効果があることが知られており，タイセイヨウサケ *Salmo salar* では，排卵雌尿にはリリーサー効果だけでなく，排卵雌尿とPGにプライマー効果があることが報告されている。しかしながら，これらのフェロモン物質と分泌や受容については，未解明な点が非常に多い（山家, 2013）。

5　魚類の非ホルモナルフェロモン

ホルモナルフェロモン機構とは，ホルモンをフェロモンとして転用したものと考えられている。既存のホルモンやその代謝物を利用すれば研究も進めやすいことから，多くの魚類でホルモナルフェロモンを前提とした研究が報告されてきた。魚類は海を介して生息域を広げ，それに対応するよう進化してきたとされる。そのため，脊椎動物のなかでも最も種が多く多様性に富んでおり，それに対応したさまざまなフェロモンがあっても不思議ではない。実際，ホルモナルフェロモンの概念に合致しない例が物質の同定まで至らずともいくつも存在している。ここでは物質同定されたタイリクバラタナゴ *Rhodeus ocellatus ocellatus*，クサフグ *Takifugu niphobles*，サクラマス *O. masou* の非ホルモナルフェロモンについて紹介したい（表3）。

タナゴ類の多くは，二枚貝に産卵するというユニークな繁殖生態をもつ。Kawabata *et al.* (1992) によると，タイリクバラタナゴでは，成熟して頭部に追星が出てきた雄は，二枚貝を中心とした縄張りを形成し，卵巣腔液に含まれたアミノ酸（システイン，セリン，アラニン，グリシン，リ

表3　魚類における非ホルモナルフェロモンの物質名，産生・放出源，主な効果
山家 (2013) をもとに作成。

種名	フェロモン物質名	産生・放出源	主な効果
タイリクバラタナゴ	複数のアミノ酸またはそれらによるジペプチド	排卵雌の濾胞・卵巣腔液	排精雄による雌へのツツキ行動と放精
クサフグ	テトロドトキシン	排卵雌の卵・卵巣腔液	成熟雄を誘引
サクラマス	キヌレニン（トリプトファン代謝物のアミノ酸）	排卵雌の尿	排精雄を誘引，雄の血中の性ステロイドの増加

ジン）の混合液，もしくはそれらのジペプチドが排卵雌の泌尿生殖孔から漏れ出すと，ツツキ行動により雌を二枚貝へと誘導する。雌が雄を受け入れてペアが成立すると，雌は二枚貝に突進し，長い産卵管を鞭のようにしならせ貝の出水管の中に産卵する。このとき，尿も一緒に注入することで滑らかな放卵が可能になるという。卵巣腔液に含まれたアミノ酸が卵とともに貝に注入されると，ただちに貝の呼吸により出水管からアミノ酸が噴出する。それを嗅いだ雄は貝の入水管付近に放精し，その精子は貝の呼吸に伴いすみやかに貝体内に吸い込まれ，貝の鰓の間で受精に至るのである。この性フェロモンは明るいときには雌へのツツキ行動を誘導し，暗くなると放精行動を誘起する。また雄は，アミノ酸が滲出するようにした透析膜に対して各種行動を示したり，アミノ酸を噴出するようにした二枚貝模型に対して放精する。同様の現象が近縁種でも知られているが，種特異性はアミノ酸の種類や混合比に依存しているらしい。しかし，フェロモンの種特異性，嗅覚応答閾値，分泌濃度など未解明な点が多い。

クサフグでは卵巣に含まれるテトロドトキシン（TTX）を水中に放出し雄を誘引する（Matsumura, 1995）。TTX は Na チャネルをブロックする有名な神経毒でありフグ類以外の水圏動物にも含まれ，ヒトでの致死量は 2 ～ 3 mg である。Y 字水路実験により，成熟雄は 1 ng/mL の TTX に誘引され，成熟雌には誘引効果がないことがわかった。なお，この研究を行った著者は，フグ自身が TTX を生合成できることを機器分析により示しているが，主流の学説では TTX の由来がフグ自身による生合成ではなく外因性であることや，TTX は稚魚への摂餌刺激効果をもつことから（Okita *et al.*, 2013），フグ類にとって TTX は性フェロモンではなく，摂餌や集合に関わる一般的な誘引物質である可能性も残されている。

サクラマスは日本を代表するサケ科魚類の 1 種である。本種は春に沿岸から母川へと遡上し，初秋の産卵期になると成熟誘起ステロイドが分泌され，排卵・排精し産卵に至る。銀化しない河川残留型の早熟雄は，回遊型の遡上群とともに繁殖に参加する。これまでの研究から，本種の排精雄の誘引行動を引き起こすリリーサー効果としての性フェロモンは，かつて予想されていた排卵雌の体腔液ではなく尿中に存在し（図 1），その実体はトリプトファン代謝物のキヌレニンであることが証明された（帰山ら，2013；山家，2009）。雄が感知できる最小濃度は 10^{-14}mol / L であり，これは満水の 25 m プールに耳掻き 1 杯でも充分すぎる濃度である。キヌレニンは雄血中の性ステロイドを増加させるプライマー効果も示す。しかし，排卵雌尿の誘引活性はキヌレニンよりも高いうえ，排精雄は少ないながらもキヌレニンを分泌することから，排卵雌尿にはキヌレニンの効果を補助するような副成分や，雄はほかの雄を認識でき

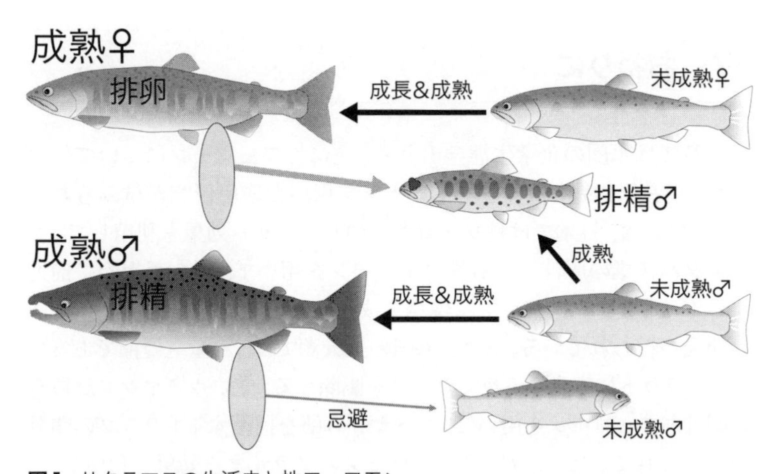

図 1　サクラマスの生活史と性フェロモン
雌雄ともに未成熟から成熟に至ると体重あたりの尿量が増加する。最終成熟すると雌は排卵し尿中に性フェロモンを分泌するようになり，雄は性ステロイドの作用により排精すると性フェロモンに応答できるようになる。一方，排精雄は未成熟雄を忌避させるフェロモン様物質を尿中に分泌させるが物質は未同定である。山家（2015）より一部改編。

るような雄特異的な成分を尿に分泌している可能性もある。本種については分泌機構のほか，受容機構，雌雄認識機構，プライマー効果，フェロモントラップなど多くの研究が進められている（山家, 2013, 2015）。

6　甲殻類の性フェロモン

国内外問わず，カニ類の性フェロモンの研究は古くから注目されてきた。日本ではクリガニ *Telmessus cheiragonus* で長年研究されてきたが，まだ物質名は明らかにされていない。これまでの研究から 2 つのフェロモンの存在が示されているが（Kamio, 2002），いずれも分子量は 1,000 以下である。1 つは交尾前ガードフェロモンである。多くのカニは脱皮前でもある交尾前に，雄が雌を確保し抱え込む形で移動するようになる。雌が脱皮すると間もなく交尾が行われるが，雄の交尾行動を誘起する交尾フェロモンも発見された。これら 2 つの行動反応は，その体勢が明らかに異なるため，容易に区別がつけられる。なお，交尾前ガードフェロモンは頭部の触角腺から放出される尿に含まれるが，交尾フェロモンに関しては不明である。今後の研究成果が待たれる。

7 おわりに

本章では水圏の化学生態学のうち，主に性フェロモンについて紹介した。現在，水圏生物の性フェロモンを用いた応用研究が試みられている。例えば，日本では性フェロモンのリリーサー効果を利用して，ブラックバス雄の胆汁にある性フェロモンを用いて，雌を選択的に捕獲する方法や，サクラマス生産現場で成熟した雌雄親魚を選別する方法の開発が行われている。また，米国の五大湖では，水産重要種であるレイクトラウトに寄生するウミヤツメを駆除するため，ウミヤツメ雄特有の胆汁酸フェロモンを用いて，ウミヤツメ雌を捕獲するトラップの開発が進められている。一方，性フェロモンのプライマー効果を利用して，養殖親魚の最終成熟を同調させる研究も行われている。

水圏生物においても，性フェロモンの研究が実用化される日は近い。今後の水圏の化学生態学の進展に期待したい。

（山家秀信）

参考文献

阿部峻之・東原和成（2015）マウスにおける外分泌シグナルが引き起こす行動と内分泌変化．日本味と匂い学会誌，22: 131－139.

Agosta, W. C.（1995）フェロモンの謎−生物のコミュニケーション−（木村武二 訳）Scientific American Library 16. 東京化学同人，東京，160 pp.

帰山雅秀・永田光博・中川大介（編）（2013）サケ学大全．北海道大学出版会，札幌，296 pp.

Kamio, M.（2002）Studies on sex pheromones of the Helmet Crab *Telmessus cheiragonus*. Doctoral thesis, The university of Tokyo, Tokyo.

Kato, S., Tsurumaru, S., Taga, M., Yamane, T., Shibata, Y., Ohno, K., Fujiwara, A., Yamano, K. and Yoshikuni, M.（2009）Neuronal peptides induce oocyte maturtion and gamete spawning of sea cucumber, *Apostichopus japonicus*. Developmental Biology, 326: 169－176.

Kawabata, K., Tsubaki, K., Tazaki, T. and Ikeda, S.（1992）Sexual behavior induced by amino acids in the rose bitterling *Rhodeus ocellatus ocellatus*. Nippon Suisan Gakkaishi, 58: 839－844.

小林牧人（2015）キンギョの性行動とホルモン．海洋と生物，221: 576－584.

Matsumura, K.（1995）Tetrodotoxin as a pheromone. Nature, 378: 563－564.

Matsumura, K.（2005）Studies on school recognition substance in the catfish *Plotosus lineatus*. Doctoral thesis, The university of Tokyo, Tokyo.

Okita, K., Yamazaki, H., Sakiyama, K., Yamane, H., Niina, S., Takatani, T., Arakawa, O. and Sakakura, Y.（2013）Puffer smells tetrodotoxin. Ichthyological Research, 60: 386－389.

Rasmussen, L. E. L., Lee, T. D., Roelofs, W. L., Zhang, A. and Daves, G. D.（1996）Insect pheromone in elephants. Nature, 379: 684.

Sakurai, T., Nakagawa, T., Mitsuno, H., Mori, H., Endo, Y., Tanoue, S., Yasukochi, Y., Touhara, K. and Nishioka, T.（2004）Identification and functional characterization of a sex pheromone receptor in the silkmoth *Bombyx mori*. Proceedings of the National Academy of Sciences of the United States of America, 101, 16653－16658

豊田ふみよ（2015）イモリ性行動発現とフェロモン作用の内分泌調節．日本味と匂い学会誌，22: 125－130.

東原和成（編）(2012) 化学受容の科学 . 化学同人 , 東京 , 251 pp.

上田宏 (2015) 太平洋サケの母川記銘・回帰行動の生理機構 . 海洋と生物 , 221: 563－568.

Wabnitz, P. A., Bowie, J. H., Tyler, M. J., Wallace, J. C. and Smith, B. P. (1999) Aquatic sex pheromone from a male tree frog. Nature, 401: 444－445.

山家秀信 (2009) サケ科魚類における性フェロモンに関する研究 . 日本水産学会誌 , 75: 648－651.

山家秀信 (2013) 第二章 繁殖行動におけるフェロモンの役割 . *In*:「水産学シリーズ 176 魚類の行動研究と水産資源管理」(棟方有宗・小林牧人・有元貴文 編). 恒星社厚生閣 , 東京 , pp. 28－46.

山家秀信 (2015) サケ科魚類の性フェロモンによる雌雄認識 . 海洋と生物 , 221: 585－590.

第II部

オホーツク圏の水産利用

❖ 第12章 ❖

オホーツクの漁業を支える水産増殖

1　オホーツクの漁業生産

日本では，北海道本島沿岸の約15％がオホーツク海に面している。北海道のオホーツク海沿岸の範囲は，海流や行政区などの基準で異なるが，ここでは猿払村から斜里町までの沿岸（図1）をオホーツクとよぶことにし，漁業生産を概観してみる。2010年から2014年までの北海道の統計データ（http://www.pref.hokkaido.lg.jp/sr/sum/03kanrig/sui-toukei/suitoukei.htm）から，オホーツクで水揚げされた上位10魚種*の漁獲量と漁獲金額を図2に示した。まず漁獲量では，ホタテガイ（*Mizuhopecten yessoensis*，統計上の名称：ほたて貝，以下同様）の占める割合が突出して多いことがわかる。また，漁獲金額で見ても1位はホタテガイだが，2位のサケ（*Oncorhynchus keta*，さけ）は重量あたりの価格が高いことから他魚種との金額差が大きくなる。したがって，このホタテガイとサケがオホーツクを代表する魚種だと言える。日本国内の漁業生産量を2010年から2014年の農林水産省の統計データ（http://www.maff.go.jp/j/tokei/kouhyou/kensaku/bunya6.html）をもとにして計算すると，ホタテガイは日本

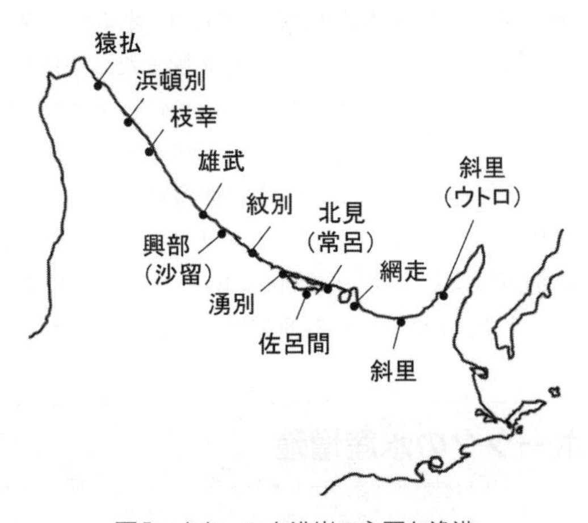

図1　オホーツク沿岸の主要な漁港

＊ 魚種：本章では甲殻類・軟体動物なども含む。

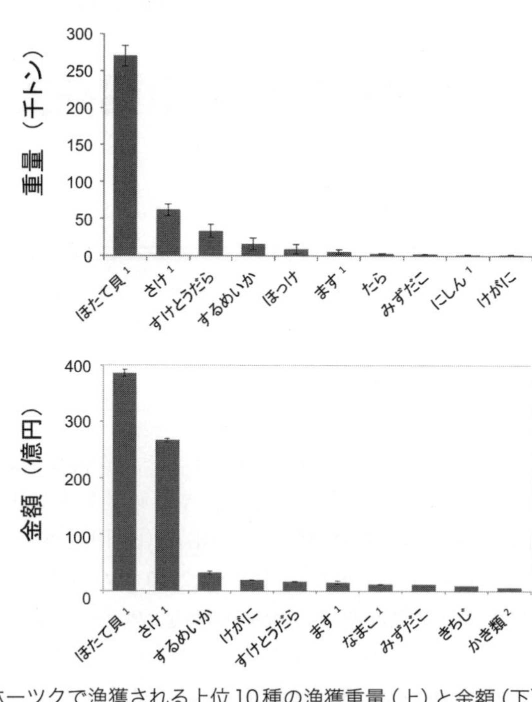

図2 オホーツクで漁獲される上位10種の漁獲重量（上）と金額（下）
数値は2010～2014年の北海道水産現勢から計算し，魚種名はその表記に従った。魚種名に付した1は少なくとも一部が栽培漁業の対象となっており，2は養殖種である。各棒グラフから伸びる垂直線は標準偏差を示している。

で最も多く漁獲されている貝（軟体動物）であることがわかる。そのホタテガイ漁獲量のほとんどは北海道で占められ（全国の86％），さらにオホーツクは北海道全体の63％を占める。つまり，日本に流通するホタテガイの半数以上はオホーツク産だという計算になる。サケもまた北海道での漁獲量がその大半を占め（全国の74％），オホーツクは北海道の50％を占める（第13章参照）。生産量（漁獲量または金額）の多いその他の魚種に関しても，スルメイカ（*Todarodes pacificus*，するめいか）を除けばオホーツク，またはその周辺域でとくに多く漁獲されている種であり，オホーツクの漁業生産は主に，国内の他海域に少ない寒海性の魚種で構成されていることがわかる（図2）。一方で，漁獲されている魚種の種数は国内の他海域よりも少ない傾向にあり，少ない魚種を大量に漁獲していることもまた，オホーツクの漁業生産の特徴と言えるだろう。

2　オホーツクの水産増殖

漁獲量が多いことと，天然の漁業資源が豊かであることは必ずしも一致しない。沿岸に近いほど，何らかの形で人間が資源の維持あるいは増大を図っていることがある。この行為を水産業では増殖とよぶ（浜崎, 2016）。増殖にはいくつかの手段があるが，概念的に最もわかりやすいものは栽培漁業だろう。これは魚介類の生活史のうち生存率がとくに低い時期，すなわち卵から稚仔魚・稚貝などの時期を飼育（中間育成）してから漁場にもどし，後年漁獲することを指す。栽培漁業では，中間育成する稚仔魚や稚貝などのことを種苗とよび，その種苗放流が全国的に行われている。ただし，増殖の手段はそればかりではない。種苗放流を行っていなくても，特定の魚種が増殖しやすいように漁場を整備することや，漁場の環境を保全することもまた増殖の重要な一部である。さらには，禁漁区などを設けて漁獲圧を下げる努力もそこに含まれる。漁業資源の豊かさはこのような増殖に依存していることがしばしばある。

栽培漁業，種苗放流，増殖といった専門用語は日本独特のものであり，事業の経緯や法律などの時代背景に応じてその定義が少しずつ変化している（帰山, 2008；（公社）全国豊かな海づくり推進協会, 2014）。例えば，栽培漁業という用語は，狭義の意味では施設内で人為的に生産した種苗を育成し，放流する場合のみを指す。さらに国の定義では，サケ・マス類の増殖手段はこの定義に合致するにも関わらず，事業規模や法体系などの違いから栽培漁業に含めていない。その一方で，広義の意味では野外において自然受精した種苗を育成し放流すること，すなわち採苗手段に関わらず種苗放流全体を含めて栽培漁業とよぶこともある。種苗や栽培という言葉に代表されるように，これらの単語は，日本人がそれまで農作物の生産技術で培った管理・育成するという発想に基づいた造語であり，この数十年のうちに急速に広まったがゆえ，その定義に齟齬や矛盾を許すのだろう。本章では栽培漁業という用語を広義の意味で使用していく。

オホーツクの漁業生産を注意深くみると，栽培漁業を経て生産された魚種が多いことに気づく（図2）。天然魚のみを対象としている魚種としては，スケトウダラ（*Gadus chalcogrammus*, すけとうだら）やスルメイカが上位にきているが，ホタテガイとサケの二大魚種はそのほとんどが種苗生産され，放流されている。ほかには，カラフトマス・サクラマス（それぞれ *Oncorhynchus gorbuscha*・*O. masou*, 両者を含めて，ます），ニシン（*Clupea pallasii*, にしん），マナマコ（*Apostichopus japonicus*, なまこ）も一部が種苗放流されている。なお，オホーツクのニシンには湖沼性とよばれる系群も多く含まれ，これらは中間育成が行われていないものの，人工授精した卵を野外にもどすことで増殖が図られている。一方，放流せずに出荷サイズまで一定区域内で管理・育成する養殖によって生産されている魚種はきわめて少なく，上位に位置している魚種はマガキ（*Crassostrea gigas*, かき）だけである（図2）。ただし，そのマガキの種苗は北海道外で生産された稚貝で，これをサロマ湖や藻琴湖，濤沸湖といった海跡湖内で養殖している。マガキの風味は成育した海域ごとに変わると言われるため，産業的にはオホーツク産ではあるが，生物学的な視点からはオホーツク産とは言い難い。サロマ湖ではホタテガイやスサビノリ（*Pyropia yezoensis*）の養殖も行われているが，漁獲量や金額としては種苗放流されている魚種と比べてかなり低い。つまり，オホーツクの漁業生産の高さは，ホタテガイやサケを象徴として栽培漁業をベースとした増殖に強く依存していると言える。

3　オホーツクの栽培漁業と採苗技術

栽培漁業において人間の技術的貢献がまず期待できるのは，卵，あるいは仔魚・幼生から稚魚・稚貝などに成長するまでの期間である。卵，あるいは仔魚・幼生の入手方法には，大きく 2 つある。一方は，成熟個体を養成，あるいは捕獲したあとで施設内で人為的に授精を行う方法であり，他方は野外で自然受精した卵，あるいは仔魚・幼生を捕獲する方法である。前者は，人工採苗とよばれ，栽培漁業ではこの人工採苗を基本としている（図3）。オホーツクの場合，規模の大小はあるがサケ，カラフトマス，サクラマス，マナマコ，エゾバフンウニ（*Strongylocentrotus intermedius*）などの増殖で人工採苗が行われている。後者の種苗入手方法は天然採苗である。この手法は人工授精と比べると原始的であるため，容易な技術に思えるが，現在の栽培漁業での採用例は少なく，オホーツクのホタテガイでの成功は世界的にみても希少である。

人工採苗を技術的に行えても，それが即座に有効な手段になるとはかぎらない。人工採苗のいちばんの利点は，人間の都合に合わせた計画採苗や安定生産ができることである。これがさまざまな魚種におい

図3　サケの人工授精作業

て人工採苗の技術発展に期待が寄せられる最大の理由である。しかし，人工採苗には作業人員の確保や設備投資，管理経費などが必要となるため，経済効率の点から産業的に成立しないことも多い。一方，天然採苗の利点と欠点は，人工採苗のそれとほぼ逆である。つまり，仔魚や幼生の発生量，あるいは発生時期の変動によって採苗計画が変わるため安定生産を達成しにくい。しかし，目標とする種苗生産量の規模が大きく，かつ人間の努力で自然の変動に対応できる場合は，たとえ人工採苗ができたとしても天然採苗のほうがはるかに効率が良い。例えば，ホタテガイのように重量あたりの単価が安く，大量に種苗生産する必要がある場合は，人間側の柔軟な対応による天然採苗のほうが適している。採苗技術の開発や改善は重要な研究課題であるが，これから増殖したいと考える魚種に対してどのような採苗が適しているかは，魚種によって大きく異なるだろう。

人工採苗の技術開発は，人間の技術的進歩に強く依存するのに対し，天然採苗の技術開発は，増殖対象とする生物の生態（ecology）の理解から始まる。天然採苗ではとくに，成体がいつ，どこで繁殖し，その仔魚・幼生がどのように成長していくのかを理解しなければならない。ホタテガイの場合は，生活史のある一時期に，ある物質（基質）に付着するという生態特性を発見できたからこそ，天然採苗の技術は飛躍的に向上した（BOX参照）。また天然採苗では，増殖対象とする魚種の生態ばかりでなく，その魚種が関わる環境との相互作用，すなわち生態系（ecosystem）も理解する必要がある。つまり，人間の作業計画を人間の都合で固定してしまわず，予測不確実な自然の動態に合わせて計画を変更するという姿勢が重要となる（BOX参照）。言い換えれば，天然採苗での成功例が少ないことは，われわれの生態や生態系の理解不足，あるいは対応の未熟さに原因があるだけで，原始的な採苗手法といえども見直す価値はあるだろう。

4　オホーツクの栽培漁業と放流効果

人工採苗であれ，天然採苗であれ，種苗として放流した魚種が生き残るかどうかは野生動物の場合と同じである。つまり，どれほど人間の種苗生産技術が発達したとしても，漁獲されている個体が放流された個体とは限らないため，増殖の成否は放流魚と天然魚の生残率を区別して評価されるべきである（北田，2001；有瀧，2013）。

そのような観点からみてオホーツクのホタテガイは，種苗放流によって資源が増大したと明言できる数少ない魚種である（西浜，1994；五嶋，2003）。ホタテガイは毎年ある特定の漁場に放流されるが（BOX参照，

図4 ホタテガイの種苗放流
写真提供：網走市水産漁港課。

図4），放流後の移動はほとんどない。また，天然発生したホタテガイも漁場に加入してくるが，種苗放流された個体には放流時のストレスによって殻表面に形成された輪紋（放流時障害輪）があり，漁獲した個体が放流個体であることを容易に区別できるため，その放流効果が確認できる。

サケの増殖は明治時代から行われてきたものの，その資源が著しく増大したのは近代的な種苗放流が始まった 1970 年代以降からであり，放流量と回帰量の強い関係性から放流による増殖効果があったと結論づけられている（小林, 2009）。サケは，数年（主に 4 年）をかけてオホーツク沿岸とベーリング海の間を回遊するが，生まれた河川へもどる性質（母川回帰性）が高いため（第 11 章参照），放流された河川で漁獲された個体はその河川出身であると考えるのは妥当である。

オホーツクでの種苗放流の成功の根本は，その魚種が食物連鎖・食物網の底辺，すなわち一次生産，あるいは低次生産（第 2 ～ 4 章参照）に依存していることにあるだろう。例えば，ホタテガイの餌は植物プランクトンを主とした微小生物であり，ほとんど移動せずに海中に漂うそれらを鰓で捕らえて口に運ぶ。サケの成魚はさまざまな栄養段階の動物を捕食するが，放流直後でまだオホーツク沿岸にとどまっている稚魚の段階では，サケもまたプランクトン捕食者である。放流後の稚魚期の生残率は回遊後の回帰率に影響することから，サケもまたオホーツク沿岸の低次生産に強く依存している魚種と言える（第 13 章参照）。したがって，オホーツクでの栽培漁業の成功の主要因は，プランクトンの豊かさをうまく利用したことにあるだろう。

5　オホーツクの水産増殖と生態学

オホーツクでは，これからもホタテガイとサケ生産の持続が当面の目標とされていくはずだが，今後はとくに生態系に応じた増殖に主眼が置かれていくだろう。例えば，野生動物の個体群（資源）動態を理解するうえで，それが何を捕食し，何に捕食されるかは重要な情報であるが，実はホタテガイに関しては，餌生物や捕食者に関する知見はきわめて乏しい。一般に，ホタテガイの主要な餌は植物プランクトンとしてひと括りにされているが，2013年には大発生した珪藻 *Coscinodiscus wailesii* が主たる原因で，ホタテガイ筋中のグリコーゲン量が異常増加した（成田ら, 2014；三好ら, 2015）。この報告は，ホタテガイの栄養状態がわずか1種の珪藻の増加だけでも大きく変わることを意味している。今後の気候変動などにより餌となるプランクトンの種組成が変われば，餌の質が原因でホタテガイ生産量も変わるかもしれない。また，ホタテガイ漁場では経験的にヒトデ類をホタテガイの主要な捕食者と考えて積極的に駆除しているが，そこには科学的根拠が不足している。少なくともホタテガイ漁場の生態系を構成する種は，けっしてホタテガイとヒトデ類だけではない。ヒトデ類のような上位捕食者の過剰な除去は，群集構造を大きく変える可能性があり（Paine, 1966），これまで軽視されてきたヒトデ類以外の捕食者のほうが大きな影響を及ぼしている可能性もある（Chiba & Arai, 2014）。サケ増殖に関しては情報が多いものの，自然変動との関係には検討余地は多数残されている。例えば，河川水温の時空間的変化に合わせた最適な放流対応（永田・宮腰, 2013）や，資源変動と気候変動の関係（帰山, 2013）などが注目されている。また，わずかに存在する自然産卵個体の保全の重要性が論じられており（帰山, 2004；宮腰, 2013；森田・大熊, 2015；第13章参照），さらに国外のサケ類の種苗生産では，自然生態系で淘汰されやすい遺伝形質を大量に生産している可能性が指摘されている（森田, 2015）。ホタテガイやサケ増殖の成功には生態学的な根拠があり，同時に過剰な増殖には脆弱性もあるはずだが未解明な部分が実は多く，それらの解明と対応が資源の高位安定には不可欠である。

前述したように，増殖はけっして栽培漁業だけを指すものではない。まず，漁業資源管理そのものが増殖の重要な成分である。獲りすぎない，減ったら禁漁するなどの対応努力は最も容易な増殖手段であろう。また，特定の魚種が生息しやすいように，人間は魚礁を投入したり，生息場を造成することもできる。ただし，どのような手段においても，増殖させたい種の生態，そしてそれらが存在する生態系の理解をなくしては，効果的な増殖は期待できない。増殖事業の成功には，増殖させたい種の餌や捕食者はもちろんのこと，成長や季節に応じた生息場利用の変化，繁殖行動，遺伝的性質，他種との種間関係といった生態学的知識が不可欠である（五嶋, 2003）。さらに，近年注目されている増殖の手段は保全であり，有用魚種が関わる生態系全体を守ることが見直されている。例えば，沿岸域に生息しているアマモ場やガラモ場とよばれる藻場は，それ自身に産業的な価値はほとんどない。しかし，そこには多様な生物が生息し，複雑な生態系を構築しており，多くの有用な魚種もまた仔稚魚の一時期を餌場や隠れ家として藻場を利用している（小路, 2009）。つまり，直接的に有用でない生態系であっても，何らかの形でもたらされる自然からの恩恵，いわゆる生態系サービス（ecosystem service）（小路ら , 2011）を有していることがしばしばあり，それらを保全することは有効な増殖の手段となる。

日本の増殖の黎明期は，農業的視点から魚介類の育成・管理が目標だったと言える。この視点は今後も必要であることに間違いない。ただし，魚介類は農作物以上に自然生態系に強く依存し，育成・管理も容易ではない。増やしたい魚種を生態学的視点から考えることは，増殖を成功させるうえで根本的に必要なことである。そして，人間もまたその生態系の中の 1 種と考えることはきわめて妥当なことである。漁業生産の高さとは裏腹に，オホーツクの生物の生態や生態系は，国内の他種やほかの沿岸域と比較して未解明な部分が多い。オホーツクの豊かさの真理を理解することは，現在の豊かな漁業生産を持続していくために大きな意義をもつだろう。

（千葉 晋）

参考文献

有瀧真人（編）（2013）沿岸魚介類資源の増殖とリスク管理. 恒星社厚生閣, 東京, 141 pp.

Chiba, S. and Arai, Y. (2014) Predation impact of small drilling gastropods on the Japanese scallop, *Mizuhopecten yessoensis*. Journal of Shellfish Research, 33: 137－144.

五嶋聖治（2003）ベントス生態学と水産のかかわり . *In*:「海洋ベントスの生態学」（日本ベントス学会 編）, 東海大学出版会, 東京, pp. 369－406.

浜崎活幸（2016）増殖の方法. *In*:「水産海洋ハンドブック」（竹内俊郎・中田英昭・和田時夫・上田宏・有元貴文・渡部終五・中前明・橋本牧 編）, 生物研究社, 東京, pp. 296－304.

帰山雅秀（2004）最新のサケ学. 成山堂書店, 128 pp.

帰山雅秀（2008）生態系をベースとした水産資源増殖のあり方. *In*:「水産資源の増殖と保全」（北田修一・帰山雅秀・浜崎活幸・谷口順彦 編著）, 成山堂書店, 東京, pp. 1－21.

帰山雅秀（2013）温暖化とサケ . *In*:「サケ学大全」（帰山雅秀・永田光博・中川大介 編著）, 北海道大学出版会, 札幌, pp. 35－38.

北田修一（2001）栽培漁業と統計モデル分析. 共立出版, 東京, 335 pp.

小林哲夫（2009）日本サケ・マス増殖史. 北海道大学出版会, 札幌, 310 pp.

（公社）全国豊かな海づくり推進協会（2014）黎明期・発展期・定着期・転換期をたどり，これからの栽培漁業を考える. 豊かな海, 32: 16－27.

宮腰靖之 (2013) 放流技術の発展と野生魚. *In*:「サケ学大全」(帰山雅秀・永田光博・中川大介 編著), 北海道大学出版会, 札幌, pp. 161 – 164.

三好晃治・品田晃良・宮園章・桒原康裕・多田匡秀・照本昂之・工藤勲 (2015) 2013 年北海道オホーツク海沿岸域における地まきホタテガイの高成長と餌料環境. 日本水産学会誌, 81: 468 – 470.

森田健太郎 (2015) 漁業の特性と生物の適応. *In*:「人間活動と生態系」(日本生態学会編), 共立出版, 東京, pp. 149 – 166.

森田健太郎・大熊一正 (2015) サケ, ふ化事業の陰で生き長らえてきた野生魚の存在とその保全. 魚類学雑誌, 62: 189 – 195.

永田光博・宮腰靖之 (2013) 孵化事業の光と影. *In*:「サケ学大全」(帰山雅秀・永田光博・中川大介 編著), 北海道大学出版会, 札幌, pp. 151 – 156.

成田正直・清水茂雅・宮崎亜希子・佐藤暁之・辻浩司 (2014) 高グリコーゲン含量のホタテガイから製造した乾貝柱の性状について. 水産技術, 7: 47 – 54.

西浜雄二 (1994) オホーツクのホタテ漁業. 北海道大学図書刊行会, 札幌, 218 pp.

Paine, R. T. (1966) Food web complexity and species diversity. American Naturalist, 100: 65 – 75.

小路淳 (2009) 藻場とさかな～魚類生産学入門～. 成山堂書店, 東京, 178 pp.

小路淳・堀正和・山下洋 (編) (2011) 浅海域の生態系サービス. 恒星社厚生閣, 東京, 150 pp.

BOX オホーツクのホタテガイ増殖

オホーツクのホタテガイは４月から５月にかけて性成熟する。水中に放出された卵と精子が受精した後，約１ヵ月の間は浮遊幼生として漂流生活をおくる。浮遊幼生期に変態を繰り返して最終的にアンボ期幼生に変態するが，この幼生は底生生活に入る直前に足糸とよばれる付着足を形成し，一時的に構造物（基質）にぶら下がる。

ホタテガイ増殖の成功は，この底生生活に入る幼生の捕獲（採苗）の技術開発と改良にある。オホーツク沿岸の各漁業協同組合（漁協）では４月以降，（地独）北海道総合研究機構，北海道水産技術改良普及指導所，さらにそれぞれの市町村職員とともにホタテガイの幼生ステージの変化を数日間隔でモニタリングする。このモニタリングから，アンボ期幼生の頻度がピークをむかえる時期を予測し，それを捕獲するトラップ（採苗器）を海中に吊るす（垂下する）。幼生の付着基質は試行錯誤の結果，現在はネトロンネットとよばれるプラスチック繊維が使用されており，これを目合いの細かい袋ネットに入れ，採苗器とする（図５）。採苗器の垂下時期が遅いとホタテガイ幼生の付着数は当然減り，垂下時期が早すぎるとほかの動物の幼生が先に付着することでホタテガイの付着が阻害される。したがって，採苗適期の推定はきわめて重要な技術である。

採苗器はおおむね６月上旬までには垂下され，その後，約３ヵ月間，そのまま海中に放置される。その間にホタテガイ稚貝はネットの中で成長し，８月末までに底生生活に入るために足糸を切るが，付着基質の外側はネットで覆われているため，足糸を切った稚貝は海底に落下することなく，ネット内に堆積する。得られた稚貝はそのまま放流しても高い生残は期待できないため，これらのなかから成長の良かった大型の稚貝を選抜し，さらに別のネット（座布団かご）内で飼育（中間育成）する。

約９ヵ月の中間育成の後，満１才を過ぎた５月から６月に殻高で約 40 mm まで成長した稚貝を回収し，それぞれの漁協が管理する漁場に放流する。各漁協のホタテガイ漁場はおおむね４区画に区分されており，そのうち１ヵ所にのみ稚貝を放流する（図６）。稚貝が十分に生産されなかった地域では，生産が良好だった地域から稚貝を購入することで臨機応変に対応している。

稚貝を放流した漁場ではその後３年間は放置し，ホタテガイが４歳になった年に漁獲を行う（図６）。つまり，４つの区画のうちいずれか１ヵ所で漁獲を行い，漁獲が終了して空いた区画に，新たな稚貝を放流していく。これをホタテガイ地まき放流の輪採制とよぶが，このような漁獲様式は世界的にみてもたいへん珍しいものである。

（千葉　晋）

図５ ホタテガイの採苗器
写真提供：網走市水産漁港課。

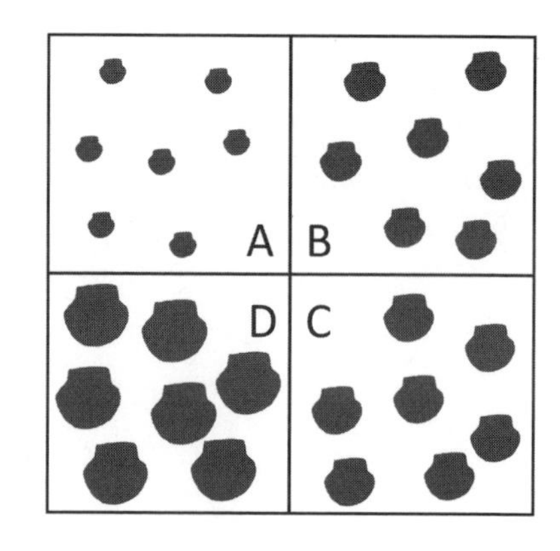

図６ ホタテガイ漁場における輪採制のイメージ
年に１回，A から D のいずれかの１つの区画にだけ稚貝を放流し（この場合 A），３年後にその放流貝を漁獲する。漁獲し終えた区画は空き地になるので，新たな稚貝をそこに放流する。

◉ コラム－4 ◉

オホーツク海・根室海峡における水産資源管理

日本は 1996 年に海洋法に関する国際連合条約，通称国連海洋法条約を批准し，これに伴い排他的経済水域内における水産資源の保全と管理を行う必要性が生まれた。そのため，2015 年末現在 8 魚種*，19 系群の水産資源に対して総漁獲量制限による資源管理を行い，さらに昨今，資源管理対象魚種を拡大する流れが起きている。これらの動きに対応し，年間どの程度の漁獲重量を許容するか決める，漁獲可能量（TAC）の設定がなされている。TAC は基本的には持続的な利用が可能でかつ最大の生産量を維持する生物学的許容漁獲量（ABC）を算出し，それに例えば急激な漁獲重量の変化による漁業者の経済的負担の緩和といった社会経済学的な要因を考慮して決定する。現在日本の ABC 算定には大きく分けて 2 つの算出ルールが存在し，それぞれ，ABC 算定規則 1 と 2 とよばれる。ABC 算定規則 1 は，海の中にどの程度の数や量生息するかを表す資源量とその変動が，何らかの形で推定できる魚種を対象に用い，ABC 算定規則 2 は，資源量が推定できない魚種を対象に用いることが想定されている。

オホーツク海・根室海峡での漁業が含まれている ABC 算定系群には，TAC 対象種であるスルメイカ 2 系群，スケトウダラ 2 系群と，TAC 対象種以外であるマダラ，キチジ，ホッケ，ソウハチ，マガレイが含まれるが，そのうち 2015 年度の資源評価で ABC 算定規則 1 を用いて ABC を算出しているのはスルメイカだけであり，そのほかの魚種はすべて ABC 算定規則 2 を用いている。このことは，オホーツク海・根室海峡での漁獲対象魚種の多くが，日本とロシアの海域をまたいで生息するまたがり資源となっており，資源全体を網羅する情報収集機構も整っておらず，その結果として資源量推定に十分な情報がないことを意味している。また，沿岸に生息する魚種においては，非主要漁獲対象種がほとんどであり，資源の状態を相対的に表す資源量指数すら十分な精度で推定できていない。

十分な精度の資源解析は適切な資源管理を行うための重要な条件の 1 つであり，オホーツク海，根室海峡において現状，適切な資源管理が行えているとは言えない。その結果，スルメイカとソウハチ・マガレイといったカレイ類を除いて，多くの魚種で資源状態は現状低く，将来増加の可能性も低い。このような状況は，北海道が主導して資源状態を評価している魚種でも共通している。とくに将来予測を行うために十分な情報が欠けている魚種が多く，改善が望まれる。

しかしながら，オホーツク海，根室海峡における水産資源管理に必須となるロシア海域での情報入手やロシアとの共同管理機構を構築することは，近い将来では望みが薄い。そこで，これらの魚種は来遊資源として扱い，毎年の来遊量を相対的に推定し，少なくともある一定量を取り残すことが，日本において現実的にとりうる資源管理手法と言えよう。そのため，これらの海域で持続的な漁業を行うには，1 つの漁業対象種に頼るのではなく，複数種を対象とした漁業を行い，その年の来遊量が多いものを獲るといった漁業経営が必要である。こういった特徴をふまえたうえで，オホーツク海・根室海峡における漁業経営の安定化が望まれる。

（金岩 稔）

＊ 魚種：本コラムでは甲殻類・軟体動物なども含む。

❖ 第13章 ❖

最近のサケ・マス類の資源変動と資源づくり

1　サケ・マス類の生産量

オホーツク海沿岸は北海道におけるサケ・マス類の主要な生産地であり，春（4～6月）にはサクラマス *Oncorhynchus masou*，夏（7～9月）にはカラフトマス *O. gorbuscha*，秋（8～11月）にはサケ *O. keta* が水揚げされる（図1，図2）。このうち，漁獲量，金額ともに圧倒的に多いのがサケであり，最近5年間（2011～2015年）の北海道におけるサケ漁獲量，金額はそれぞれ10.8万～12.9万t，496億～571億円となっている。最近5年間の北海道の沿岸漁業による生産額はおおむね2,500億～3,000億円であり（北海道，2015），サケはそのうちおよそ2割を占め，ホタテガイの次に生産金額が上位の魚種*である。オホーツク海沿岸におけるサケの漁獲量は5.1万～7.0万t，生産金額は244億～303億円となっており（北海道連合海区漁業調整委員会調べ，第12章参照），全道のサケの漁業生産額の半分近くを占めている。カラフトマスの最近5年間の全道での漁獲量は2.2千～7.3千t，生産金額は8.4億～18.8億円であり，サケと比べると少ないものの，国内生産の約9割がオホーツク海沿岸であることから，「オホーツクサーモン」とよばれ地域特産物として取り扱われている。サクラマスは数量，金額ともにサケ，カラフトマスと比べて少なく，全道での生産額は5億円に満たないものの，冬から春に水揚げされることから，日本海や太平洋西部を中心とする貴重な水産魚種の1つとされてきた。最近では，日本海での漁獲量が減少した反面，オホーツク海沿岸での漁獲量は徐々に増え，1980年代には50t程度しかなかったが，最近では100tを超えるようになっている（さけます・内水面水産試験場調べ）。このように魚種間で漁獲量に大きな違いはあるものの，日本在来種で漁業の対象となるサケ属の主な3種の多くが水揚げされることから，オホーツク海沿岸は日本でのサケ・マス漁業の重要な生産地であると言える。

次に，北太平洋全体でのサケ・マス類の漁獲量に目を向けてみると，

＊ 魚種：本章では甲殻類・軟体動物なども含む。

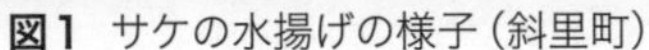

図1　サケの水揚げの様子（斜里町）

図2　サケの水揚げ時の選別作業（網走市）

最近は100万tを超える年もあり，歴史的にみても最も高い水準となっている（NPAFC：北太平洋溯河性魚類委員会ウェブサイト；http://www.npafc.org）。魚種別にみると，世界的にはカラフトマスが最も多く，次いでサケ，ベニザケの順となっており，これらの3種でサケ・マス類の漁獲量全体の約9割を占めている。漁獲量の最も多いカラフトマスはちょうど2年の生活史をもち，西暦で奇数年生まれの年級群と偶数年生まれの年級群は交流しないことから，豊漁と不漁を1年おきに繰り返すことが知られている。地域によって豊漁と不漁の年級群は異なっているものの，世界的にみると西暦年で奇数の年が豊漁，偶数の年が不漁の年にあたる。そのため，最近の世界のサケ・マス類の漁獲量も西暦で奇数の年に多くなっているのが特徴である。

サケ・マス類の資源量は気候変動に強く影響されることが知られており，40～50年周期の変動を示してきた（帰山, 2004）。1920～1940年代前半に高い資源水準で推移した後，1950年代以降は低い資源水準となり，その後，1970年代以降に増加した。このように世界的なサケ・マス類の資源変動の転換期は1924/25年，1947/48年，1976/77年に起こったとされる気候レジームシフト（ある気候の状態からほかの気候の状態への急激な遷移，第9章参照）と比較的よく一致していることから，サケ・マス類の資源変動は長期的な気候変動に強く影響されるものと考えられている。

最近では，北欧のノルウェーや南米のチリを中心に生産される養殖サケ・マス類の生産量が急増し，世界のサケ・マス類の供給量は増加し，流通状況も急速に変化している（佐野, 2003；宮澤, 2013）。養殖での生産量が多い魚種は，ノルウェーではアトランティック・サーモンとよばれるタイセイヨウサケ *Salmo salar*，チリではトラウト（ニジマス）*O. mykiss* やギンザケ *O. kisutch* が主となっている。1990年には20万t程度しかなかったサケ・マス類の世界の養殖生産量は，2000年前後には85万〜90万tとなり，天然のサケ・マス類の漁獲量と拮抗するようになり，2011年には200万tを超え，全世界の供給量の7割近くを占めている（鈴木, 2014）。ノルウェーやチリの養殖場では増産に加えて低コスト化も図られており，日本国内でも周年，量販店の店頭には安価で脂肪含有量の高い養殖魚が並ぶようになった。このようにサケ・マス類の生産量は世界的にも大きく変化しており，その需給はグローバルな流れに左右されている。

2　北海道のサケの資源変動

北海道では古くから稚魚の放流によるサケの資源増殖が図られ，放流事業の端緒は1880年代後半までさかのぼる（佐藤, 1986；小林, 2009）。その歴史は130年近くの長きに及び，現在では日本のサケの放流事業は世界的な成功例と目されるが，放流事業が開始された当初は効果がなかなか上がらない時代が長く続いた。1940〜1950年代までは資源が回復しないばかりか，未熟な技術のためさらに資源が低迷したが，1960年代から給餌飼育が開始され，放流技術は飛躍的に向上し，資源はようやく上向き始める。給餌飼育は稚魚の放流サイズの大型化だけでなく，それまでは卵黄を吸収した直後に放流せざるをえなかった稚魚を孵化場で飼育することができるようになり，放流時期を調整することが可能となった。このころ行われた調査研究の結果から，サケ稚魚が沿岸域に滞泳するのはおおむね表面水温が8〜13℃前後で推移する期間であるという知見が得られ，その時期に合わせるため沿岸の表面水温が5〜10℃となる時期を目安に放流を行うという考え方が提唱された。適期放流とよばれるこの考え方が定着することにより，サケ稚魚の生残率が高まり，回帰率が飛躍的に向上したとされる。放流技術の向上とともに，1970年代以降は北海道各地に多くの孵化場が建設され，稚魚の放流数も右肩上がりに増加した（図3）。1970年には3億6千万尾であった放流数は，1976年に8億尾を超え，1981年以降は10億尾を超えた。その後は現在までおおむね10億尾で推移している。放流数の増加と連動して北海道へのサケの来遊数は1970年代以降増加し，1985年に初めて3,000万尾を超え，1989年には4,000万尾，その後1994〜1997年には4年続けて5,000万尾を超えた。このような北海道へのサケの来遊数の飛躍的な増加の背景には，北太平洋の海洋環境がサケ・マス類にとって好適な条件になったことや公海でのサケ・マス類の沖獲りの禁止による沖合域での漁獲努力量が減少したことが指摘されている。

2000年代に入りサケの来遊数はいったん3,000万尾台に減少したも

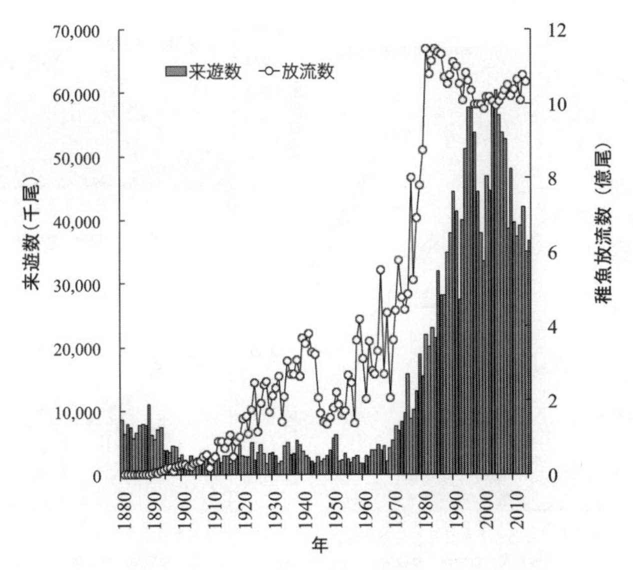

図3　北海道におけるサケの稚魚放流数と来遊数の推移

のの，2003～2007年には再び5,000万尾を超える年が続き，2004年には史上最高となる6,058万尾を記録した。しかし，2008年以降は4,000万尾を下まわる年が多くなり，オホーツク海以外の海域（根室海峡，日本海，太平洋）では2000年代後半から来遊数が急減し，その後も資源低迷が続く海域もみられ，海域間の格差が問題視されている（Miyakoshi *et al*., 2013）（図４）。

最近の北海道の海域間でのサケの回帰率にこのような格差が生じる原因について，関心が高まっている。北海道周辺には海域ごとに海流が流れている。すなわち，日本海側を北上する対馬暖流，対馬暖流の一部が津軽海峡を抜けて太平洋へと流れる津軽暖流，北上した対馬暖流が宗谷海峡を抜けてオホーツク海側を東へ流れる宗谷暖流，太平洋側を西へ流れる親潮などである。サケ稚魚が川から海へと下って海洋生活を始める４～６月ごろは，これらの海流が徐々に勢力を強めるなど海洋環境が変動する時期にあたっている。海流の強弱の年変動に伴う水温変動が，海域間のサケ稚魚の回帰率に関わっているものと考えられる。北海道周辺での最近の海水温とサケ稚魚の回帰率の変動との関係をみると，平年値よりも高い水温の年は回帰率が高く，水温が低い年は回帰率が低い傾向にあることが多い。サケ稚魚の放流時期にあたる５月の沿岸水温は2000年代以降，太平洋では平年よりも低めの年が多くなっているのに対して，オホーツク海では平年よりも高めの年が多くみられる。このことが，最近の北海道のサケ来遊数の海域間格差を生じさせる一因になっていると考えられる。

それでは次に，沿岸水温がどのようにサケ稚魚の生き残りに関わる

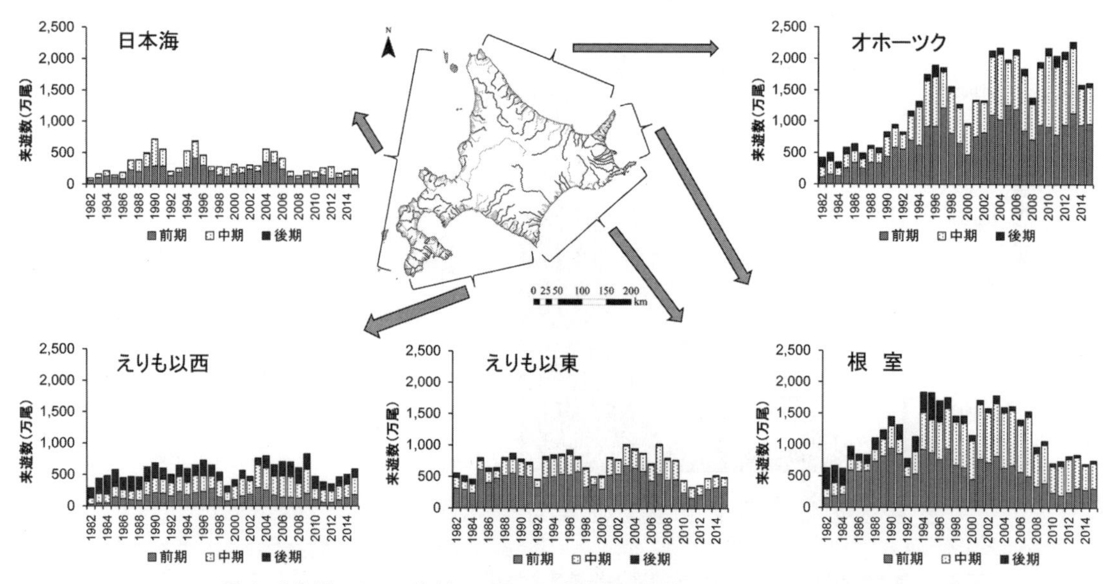

図4　北海道の５つの海域へのサケの来遊数の推移
前期は9月の来遊数，中期は10月，後期は11月以降の来遊数を示す。

のかを考えてみる。オホーツク海の網走沿岸において水温とサケ稚魚の分布を調べた研究結果をみると，5～6月の水温が低く8℃に満たないときにはサケ稚魚は海岸線から100mも離れるかどうかという渚帯に集中して分布していた。一方，水温が8℃を超えると沿岸域の広い範囲に分布するようになることが明らかにされた（永田・宮腰, 2013）。春の水温の上昇が早く，8℃を超える水温帯が沿岸域に広がる年には，放流されたサケ稚魚は沿岸域の広い範囲に分布することができ，そこに生息する動物プランクトンなどの餌生物を利用できる。一方，水温が低い年には，水温が上昇するまでの間，サケ稚魚は渚帯の狭い範囲に集中して分布することを余儀なくされ，狭い範囲の限られた餌生物をめぐる競合が起こるとともに，稚魚が集中して分布するためにほかの魚類などからの被食のリスクも高まるのではないかと推測される。このことが，降海直後の時期の沿岸水温がサケの生残率を左右する要因の1つではないかと考えられる。

3　秋の沿岸水温とサケの漁獲量との関係

最近は，秋の沿岸水温の高い年が多く，サケの来遊にもさまざまな影響が出始めている。最近10年間で，サケの来遊時期の前半にあたる9月の北海道周辺の沿岸水温が平年値（最近30年平均）を下まわったのは2009年のみで，ほとんどの年で9月の水温は平年値を上まわってい

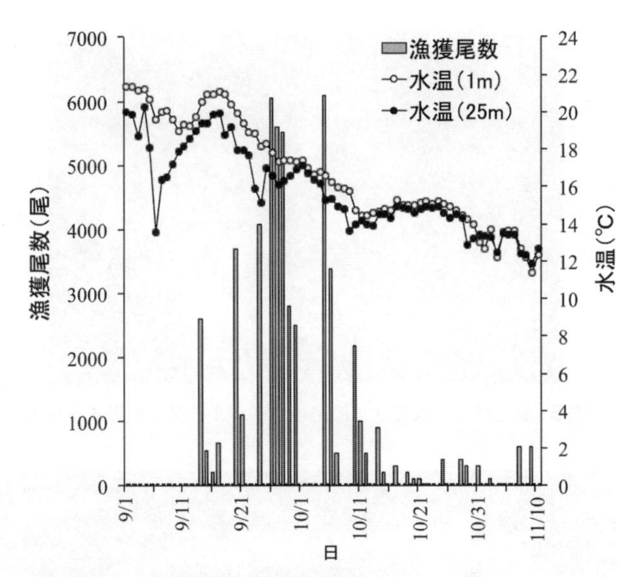

図5 2011年網走沿岸に設置された定置網での水温（水深1mおよび25m）とサケの漁獲尾数

る。以前はまれにしかみられなかったブリが毎年，オホーツク海沿岸の各地のサケ定置網で多く漁獲される。以前から漁業者や増殖関係者の間では，沿岸水温が高い年は，1）漁期が遅れる，2）沿岸での漁獲尾数に対して河川に遡上する魚の割合が高くなる，3）ブナ（成熟が進み婚姻色が現われた魚）の割合が高くギンケ（成熟が進んでおらず体色の銀色が強い魚）の割合が低い，といった現象のみられることが指摘されてきた。今後も地球温暖化が進行すれば，沿岸水温も上昇していくと懸念されることから，これらの現象を検証するため，オホーツク海でも秋の水温とサケの漁獲量などの関係についてのさまざまな調査が行われている。

図5には2011年の網走沿岸に設置された定置網の1つに水温記録計を取り付け，水温を連続的に記録し漁獲尾数の変化との関係を調べた結果を示した。ここで，水温計は表層から1mと25mに設置した。サケ漁が始まってまもない9月中旬には水深1mでは20℃を超えており，水深25mとの間に2℃くらいの水温差があったが，9月下旬から徐々に水温が低下し，1mと25mでの差は小さくなった。9月下旬には1mで18℃，25mで16℃を下まわったころからサケの漁獲尾数が増加している。ほかの海域でも，表層水温が20℃以上のときはサケの漁獲量が増加しないことが経験的に知られている。これらのことから，サケは冷水性の魚であり，20℃はサケにとっては高い水温であることが推察される。

次に，沿岸での高い水温に対するサケの行動を調べた例を紹介する。これも2011年の網走沿岸での調査結果である。最近は魚類の行動を調べる計測機器が発達し，野外調査にも活用されるようになった。そこで，

図6 調査船の甲板でサケにアーカイバルタグを装着する様子

図7 背鰭の直下にアーカイバルタグを装着されたサケ

遊泳水深と水温を記録することのできるアーカイバルタグ（Lotek 社製 LAT1400）を利用し，サケの背中に装着して行動を調べてみた。標識放流は，沿岸水温の高い9月20日および21日に定置網や釣りで捕獲されたサケ20尾にアーカイバルタグを装着して放流した（図6，図7）。このうち10尾が再捕され，放流後の時刻，遊泳水深，水温の情報を時系列で得ることができた。そのうちの1尾の行動を図8に示す。この個体は9月20日に放流した直後，いったん約40mの深度まで潜行し，翌日までこの水深帯にとどまっていた。その後3日間は20mの水深帯にとどまり，この間，1日に数回表層近くまで浮上する行動をとった。その後，9月24日の午後以降は表層にいる時間が長くなった。放流から6日目の9月26日以降は5～10mの範囲で上下するようになり，27日朝，網走沿岸の定置網で水揚げされた。遊泳水深から判断すると26日のうちに定置網に入ったものと考えられる。この間，サケが経験した水温は12～14℃の範囲であった。放流時，放流地点の水温は表層が20℃，水深35mまで19℃となっており，水深40m前後から急激に水温が低下し，底層では11℃台であった（図8）。つまり，放流直後にサケが潜行した40mはちょうど水温躍層がある水深帯ということになる。

このようなデータを蓄積したところ，表層水温が高い時期には，沿岸域に来遊してから成熟するまでに時間のあるギンケのサケは深さ数十mにとどまり，図8にみられるように1日に数回，表層近くまで浮上する

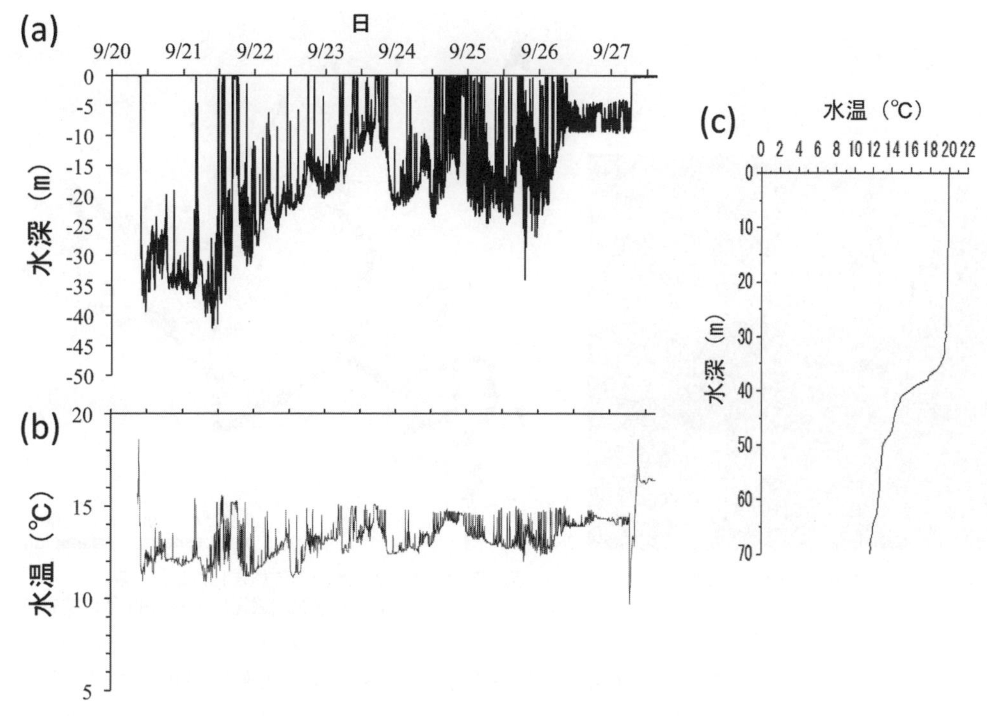

図8　2011年アーカイバルタグを装着して放流したサケの遊泳水深（a）と経験水温（b）および放流地点の水温の鉛直分布（c）

行動をとることがわかってきた。これは，表層水温が高い時期には水温の低い深所にとどまることによって，エネルギーの消耗を抑えるためと考えられる。また，表層近くに浮上するのは嗅覚により母川を探索するためと考えられる。成熟が近くなるとサケは海水から淡水に移らなくては生きていられないことから，成熟が進むに伴い，表層まで浮上してくる頻度が増し，表層近くを遊泳する時間が長くなると考えられる。このように考えると，表層水温が早めに低下する年には水温の低い深い場所に潜行する必要がなく，サケの行動も異なってくると考えられる。その結果，沿岸に設置された定置網で漁獲される時期に影響し，高水温の年には漁獲の時期が遅れるのであろう。

4　これからのサケ・マス類の資源づくり

前述のとおり，孵化放流によるサケの増殖技術は長い歴史を経て発展し，北海道を代表する漁業対象魚種であるサケの資源を支えている。サケの資源が増えて久しいことから，サケの放流技術はすでに確立していると思われがちであるが，毎年ほぼ同じ数の稚魚が放流されてい

図9 河川でのサケの捕獲の様子（網走川）

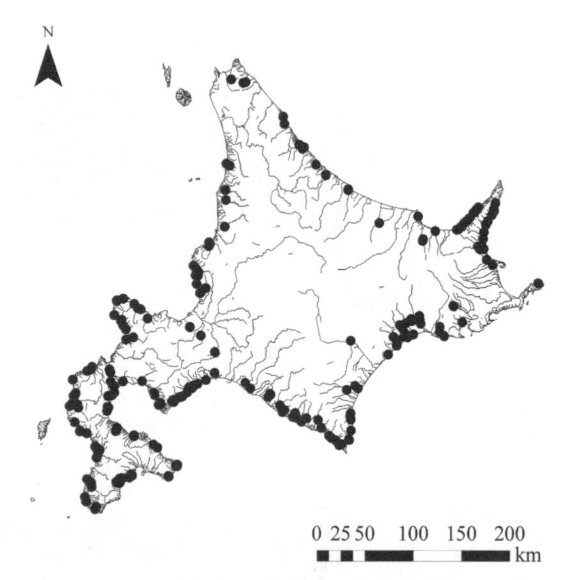

図10 サケの自然産卵が確認された地点（●）
さけます・内水面試験場による2011年の調査。

るにもかかわらず，北海道のなかでもサケの来遊数が顕著に減少している地区があり，サケの来遊数は海洋環境に強く影響されて変動することは明らかである。

現在，北海道オホーツク海側でのサケ・マス類の放流事業は，一般社団法人北見管内さけ・ます増殖事業協会と宗谷管内さけ・ます増殖事業協会により実施されており（図9），合計40ヵ所の孵化場で飼育した2億3,680万尾のサケ稚魚と9,490万尾のカラフトマス稚魚を毎年放流している。これら2つの増殖事業協会はいずれも高い放流技術をもつが，減少した回帰数の回復あるいは高い水準の来遊数の維持をめざして，飼育施設の整備が行われ，技術者が飼育・放流技術に日々改良を加えている。変動する環境下ではサケの放流技術はこれで完成ということはなく，これからも改良，発展をし続けていくであろう。

また，最近では，放流事業ばかりでなく，野生サケの保全が注目されるようになった（宮腰，2013）（図10）。気候変動に対応し，サケ・マス資源を持続的に利用していくうえでも野生魚を守っていくことは，ますます重要となるであろう。しかしながら，北海道での長いサケ・マス類の増殖の歴史のなかで，主要な河川のほとんどが放流河川として利用されており，純粋な野生サケというものはもう存在しないのかもしれない。そうであったにせよ，自然界で再生産されるサケの個体群を維持し，さらに，サケにとって遡上障害となるような河川内工作物の構造を改良するなどして，少しでも多くの野生サケの回復を図ることの意義はきわめて大きい。効果の高い放流事業と本来の自然界での再生産をどのように共存させ，北海道のサケ資源を守っていくかは，これからの研究にかかっているのではないだろうか。

北海道のなかでもオホーツク海に面した地域はサケ・マス類が多く来遊し，漁業に利用され，多くの河川で自然再生産が行われる。産業的にも価値が高いばかりでなく，北海道の貴重な財産であるサケ・マス類はとても魅力的な存在であり，オホーツク海沿岸地域は非常に重要な場所と言える。

（宮腰靖之）

参考文献

北海道（2015）北海道水産業・漁村のすがた2015. 北海道水産白書，札幌，105 pp.

帰山雅秀（2004）サケの個体群生態学. *In*:「サケ・マスの生態と進化」（前川光司 編），文一総合出版，東京，pp. 137－164.

小林哲夫（2009）日本サケ・マス増殖史. 北海道大学出版会，札幌，310 pp.

宮腰靖之（2013）放流技術の発展と野生魚. *In*:「サケ学大全」（帰山雅秀・永田光博・中川大介 編），北海道大学出版会，札幌，pp. 161－164.

Miyakoshi, Y., Nagata, M., Kitada, S. and Kaeriyama, M. (2013) Historical and current hatchery programs and management of chum salmon in Hokkaido, northern Japan. Reviews in Fisheries Science, 21: 469－479.

宮澤晴彦（2013）サケの消費と価格. *In*:「サケ学大全」（帰山雅秀・永田光博・中川大介 編），北海道大学出版会，札幌，pp. 177－182.

永田光博・宮腰靖之（2013）孵化事業の光と影−持続的資源管理に向けて. *In*:「サケ学大全」（帰山雅秀・永田光博・中川大介 編），北海道大学出版会，札幌，pp. 177－182.

佐野雅昭（2003）サケの世界市場−アグリビジネス化する養殖業. 成山堂書店，東京，259 pp.

佐藤重勝（1986）サケ−つくる漁業への挑戦. 岩波書店，東京，212 pp.

鈴木聡（2014）アキサケを取り巻く生産環境と消費動向. 北日本漁業，42: 39－47.

❖ 第14章 ❖

オホーツク海域における海洋資源の付加価値向上をめざして

1　2030年の世界水産業

2016年3月現在，最新の国連食糧農業機関（FAO）「世界漁業・養殖業白書2014年」（http://www.fao.org/3/a-i3720o.pdf）によると，世界の漁業・養殖業生産量は1億9,109万tで，漁業の生産量が9,388万tであるのに対し，養殖業*のそれは9,720万tと漁業を超えている。また，国別漁業・養殖業生産量は，中国が7,367万tで全世界の約4割を占め，次いでインドネシア，インド，ベトナム，ペルー，アメリカそして日本となる。主要種別漁業生産量（図1）は，ニシン・イワシ類で1,747万tと最も多く，続いてタラ類で816万t，マグロ・カツオ・カジキ類で739万t，イカ・タコ類で403万t，エビ類で342万tである。一方，主要種別養殖業生産量（図2）では，淡水魚のコイ・フナ類が最も多い2,679万t，次いで紅藻類が1,579万t，褐藻類が823万t，アサリ・ハマグリ類が516万t，そしてカキ類が495万tとなる。

2012年，世界における1人あたりの年間水産物消費量は18kgで，1960年代の10kgに対して増加し，水産物は重要なタンパク源となった。水産物消費量が増大した結果，漁業生産量の多くを占める海洋漁業資源は，28.8%が持続不可能な乱獲状態，61.3%が十分に漁獲され生産量の増大の余地がない状態，9.9%のみが十分に漁獲されておらず生産量の増大の余地がある状態となった。最近，実際の海洋漁業資源の減少はFAOのデータより急速に起こっている可能性が示唆された（Pauly & Zeller, 2016）。つまり，われわれの想像以上に，多くの海洋漁業資源が持続性の限界近くまで利用されている。

減少の一途をたどる海洋漁業資源だが，国連によると世界人口は2030年までに80億人を突破し，アジア圏は世界全体の水産物の7割

＊養殖（業）：養殖（業）は，原則，次のように分類されている（竹内，2016より一部改編）。養殖は，一定の区域（造成池，ため池，水田，いけす，海面区画，いかだ，延縄，ひびなどの人為的施設が設けられた水域）を専有し，その区域内で自己所有の水産生物の生活と環境を積極的に管理して，それら生物の繁殖と成長とをはかり，目的とする生産物の段階まで育成する生産方式である。

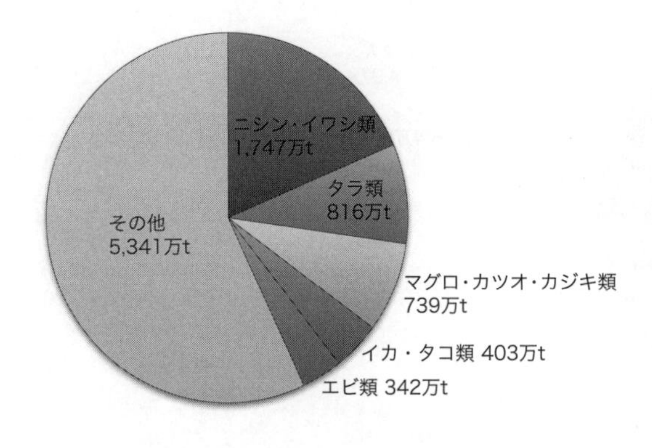

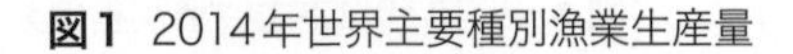
図1 2014年世界主要種別漁業生産量

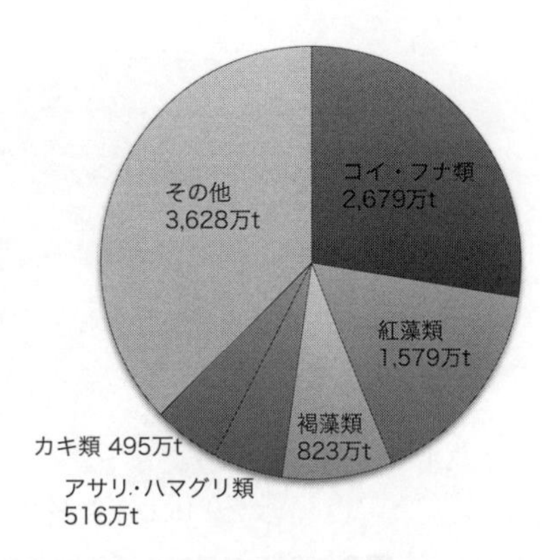

図2 2014年世界主要種別養殖業生産量

を消費するようになると見込んでいる。そこで，喫緊の課題である増加する水産物需要に応えるため，中国などは養殖業への投資を実施している。養殖業は，世界の食糧安全保障（貧困農村の食生活改善など）と経済成長（貧困農村の女性雇用など）に大きく寄与するとされており，世界中で展開されている。そして，2014年，世界銀行はFAOと国際食糧政策研究所とともに，2030年の食用水産物の6割以上が養殖水産物になると予想した（Fish to 2030；http://www-wds.worldbank.org/external/default/WDSContentServer/WDSP/IB/2014/01/31/000461832_20140131135525/Rendered/PDF/831770WP0P11260ES003000Fish0to02030.pdf）。なお，生産量が増加する養殖対象魚種は，淡水魚であるティラピア類・コイ類・ナマズ類と推測されている。とくに，2030年のティラピア類生産量は，現在の年間430万tから730万tへと増加すると予測され，日本の大手企業もティラピア類の生産に投資している。このように，養殖業は，世界中で急速に開発されている食糧生産システムとなっている。

2　日本の水産業の現状

日本の漁業・養殖業生産量は，1972年から1987年まで世界第1位であった。しかし，1988年に中国に抜かれ第2位に，1993年にイワシ類の豊漁に恵まれたペルーに抜かれ第3位となった。さらに，2004年，養殖を中心に生産量を増加させたインドとインドネシアに抜かれ第5位，2011年と2012年は東日本大震災の被害により，ベトナム，米国とフィリピンに抜かれ第8位，現在はフィリピンを抜き世界第7位である（世界漁業・養殖業白書2014年）。農林水産省漁業・養殖業生産統計（http://www.maff.go.jp/j/tokei/kouhyou/kaimen_gyosei/pdf/gyogyou_seisan_14.pdf#search=%27%E5%B9%B3%E6%88%9026%E5%B9%B4%E3%81%AE%E6%BC%81%E6%

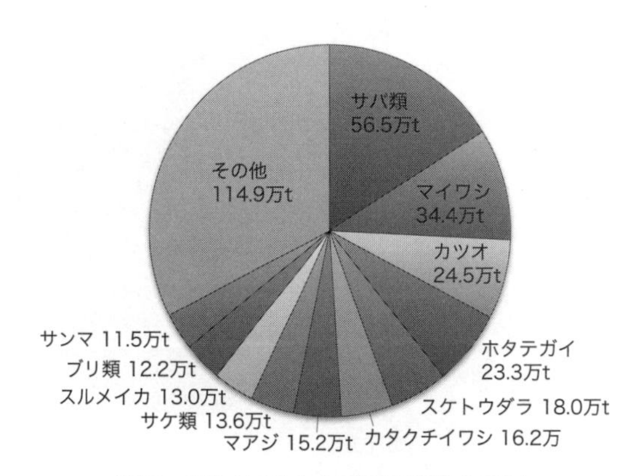

図3 2015年日本主要種別漁業生産量

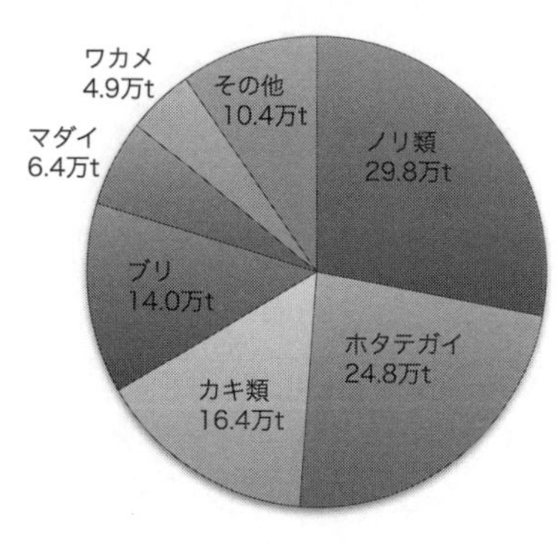

図4 2015年日本主要種別養殖業生産量

A5%AD%E3%83%BB%E9%A4%8A%E6%AE%96%E6%A5%AD%E3%81%AE%E7%94%9F%E7%94%A3%E9%87%8F%27）によると，2015年，日本の漁業･養殖業生産量は約466.9万tで，その内訳は海面漁業が353.3万t，海面養殖業が106.7万t，そして内水面漁業・養殖業が6.9万tである。主要種別海面漁業の生産量（図３）では，サバ類が56.5万tと最も多く，次にマイワシが34.4万t，カツオが24.5万t，ホタテガイが23.3万t，スケトウダラが18.0万t，カタクチイワシが16.2万t，マアジが15.2万t，サケ類が13.6万t，スルメイカが13.0万t，ブリ類が12.2万t，サンマが11.5万tとなる。主要種別海面養殖業の生産量（図４）は，ノリ類で29.8万t，続いてホタテガイで24.8万t，カキ類で16.4万t，ブリで14.0万t，マダイで6.4万t，そしてワカメで4.9万tである。一方，主要種別内水面漁業の生産量ではサケ･マス類が1.3万t，次いでシジミが1.0万t，アユが0.2万tで，主要種別内水面養殖業の生産量は，ウナギが2.0万tと最も多く，続いてマス類が0.8万t，アユが0.5万t，そしてコイが0.3万tである。このように，日本の水産物は海面漁業に大きく依存する。また養殖業の生産量は魚類より海苔類や貝類が多く，前述の世界のそれと比べてもユニークである。しかしながら，日本のこれ以上の漁業生産量の向上は，漁業規制や水産資源の状況などを考慮すると不可能である。また，島国かつ狭い国土であることや餌原料を諸外国からの輸入に依存していることを考えると，養殖生産量の向上も期待できない。ひいては，2014年日本人１人あたりの年間水産物消費量は27.3kgで肉類の30.2kgを下まわる（平成27年度水産白書；http://www.jfa.maff.go.jp/j/kikaku/wpaper/H27/pdf/27suisan1-2-3.pdf）。日本が水産先進国になるには，先人がこれまで培った技術や経験に革新的なアイデアを加えたジャパンブランドの持続可能な漁業・養殖業システムを構築する必要がある。そこで，養殖業者の孫でありながら，魚を用いた基礎研究を中心に行ってきた筆者は，東京農業大学に勤務してから，現場のニーズに応えられる養殖システムの開発を模索し始めた。

3　北海道の水産資源の現状

2014 年の北海道の漁業・養殖業生産量の合計は 126.7 万 t で全国生産の 26.5 % を占め，都道府県第 1 位である。その内訳は，海面漁業が 110.9 万 t，海面養殖業が 14.7 万 t そして内水面漁業が 1.1 万 t で，いずれも都道府県第 1 位であるが，内水面養殖業は 208 t で第 24 位である（農林水産省漁業・養殖業生産統計 2014 年）。このように，日本の水産業は北海道が担っているといっても過言ではない。また，オホーツク海海域は，北海道内ひいては日本の水産で重要な位置を占めており，とくにホタテガイとサケといった栽培漁業種（第 12・13 章参照）の依存度がきわめて高い（BOX1 および第 12 章参照）。

BOX1　2014 年北海道の主要種別漁業・養殖業生産量

北海道水産現勢 2014（http://www.pref.hokkaido.lg.jp/sr/sum/03kanrig/sui_toukei/H26gensei.pdf）によると，2014 年の主要種別漁業・養殖業生産量（図 5）は，ホタテガイが 46.9 万 t と最も多く，次いでスケトウダラが 17.5 万 t，サケが 11.9 万 t，サンマが 10.6 万 t，イカ類が 7.1 万 t，イワシ類が 5.5 万 t，ホッケが 2.8 万 t，マダラが 2.4 万 t，カレイ類が

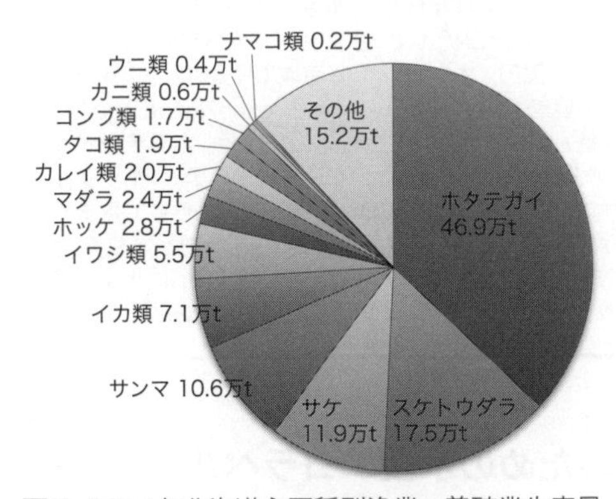

図 5　2014 年北海道主要種別漁業・養殖業生産量

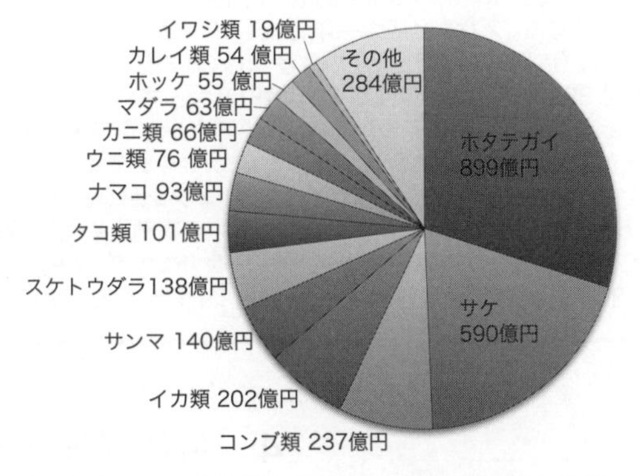

図 6　2014 年北海道主要種別漁業・養殖業生産額

図 7　2014 年北海道海域別生産量

図 8　2014 年北海道海域別生産額

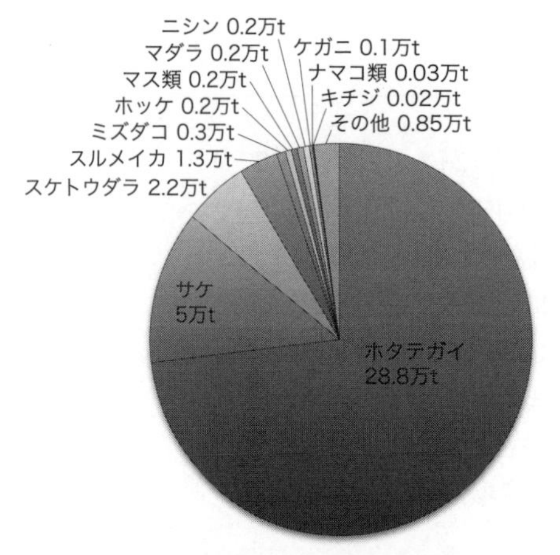

図9 2014年オホーツク海海域の主要種別漁業・養殖業生産量

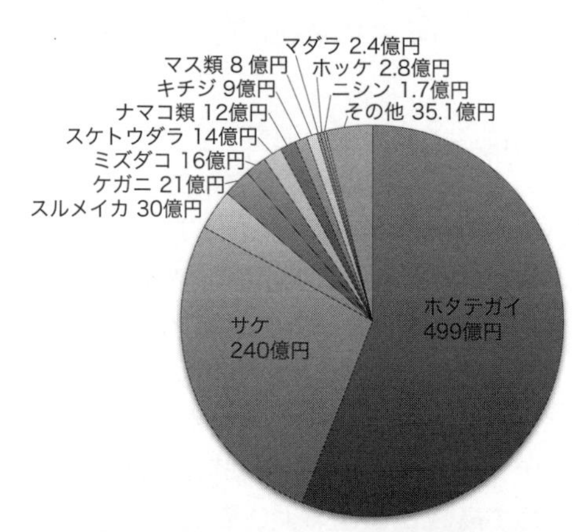

図10 2014年オホーツク海海域の主要種別漁業・養殖業生産額

2.0万t，そしてタコ類が1.9万t，コンブ類が1.7万t，カニ類が0.6万t，ウニ類が0.4万t，ナマコ類が0.2万tとなる。また，主要種別漁業・養殖業生産額（図6）は3,017億円で，その内訳はホタテガイが899億円と最も多く，次にサケで590億円，コンブ類で237億円，イカ類で202億円，サンマで140億円，スケトウダラで138億円，タコ類で101億円，ナマコで93億円，ウニ類で76億円，カニ類で66億円，マダラで63億円，ホッケで55億円，カレイ類で54億円，イワシ類で19億円である。

2014年の北海道海域別の生産動向（図7，図8）は，日本海海域（稚内市から函館市）の生産量は14.8万tで，生産額は622億円である。えりも以西太平洋海域（函館市からえりも町）の生産量は35.2万tで，生産額は888億円，えりも以東太平洋海域（広尾町から羅臼町）の生産量は38.2万tで，生産額は894億円，オホーツク海海域（斜里町から猿払村）の生産量は39.4万tで，生産額は891億円となっている（北海道水産現勢2014；http://www.pref.hokkaido.lg.jp/sr/sum/03kanrig/sui_toukei/H26gensei.pdf）。オホーツク海海域の主要種別漁業・養殖業生産量（図9）は，ホタテガイが28.8万tと最も多く，続いてサケが5万t，スケトウダラが2.2万t，スルメイカが1.3万t，ミズダコ0.3万t，ホッケが0.2万t，マス類が0.2万t，マダラが0.2万t，ニシンが0.2万t，ケガニが0.1万t，ナマコ類が0.03万t，そしてキチジが0.02万tとなる。また，オホーツク海海域の主要種別漁業・養殖業生産額（図10）は，ホタテガイで499億円と最も多く，次にサケで240億円，スルメイカで30億円，ケガニで21億円，ミズダコで16億円，スケトウダラで14億円，ナマコ類で12億円，キチジで9億円，マス類で8億円，マダラで2.4億円，ホッケで2.8億円，ニシンで1.7億円であった。

4　付加価値向上のための水産エコラベル

日本で売買される水産物はJAS（Japanese Agricultural Standard：日本農林規格）法による「名称」，「原産地」，「解凍」，「養殖」の表示が義務づけられている（厚生労働省「水産物の表示について；http://www.mhlw.go.jp/shingi/2005/05/s0525-8d.html」）。一方，諸外国では，漁業生産物に対して海のエコラベルとして知られるMSC（Marine Stewardship Council：海洋管理協議会）認証ラベル（MSC日本事務所；https://www.msc.org/?set_language=ja）などの表示がある。

前述のとおり，海洋漁業資源は減少している。さらに，一部の漁業では，違法操業や生息域の破壊により生態系を悪化させ，持続可能な漁業の実施が困難となっている。そこで，MSC（表1）は，持続可能な漁

表1 海洋管理協議会（MSC）と水産養殖管理協議会（ASC）の概略
MSC日本事務所ウェブサイトより一部改編。

	MSC	ASC
団体名	海洋管理協議会	水産養殖管理協議会
本部	イギリス	オランダ
設立年	1997年	2010年
認証	持続可能な漁業	責任ある養殖業
認証調査内容	3原則（本文参照）	7原則（BOX4参照）
範囲	天然漁獲の魚介類（孵化放流や無給餌養殖なども含む）	養殖魚介類
基準	すべての魚種に適用される単一の基準（いくつかのオプションもあり）	生物種ごとに別々の基準（今後，統一基準となる予定）
基準作成方法	MSCによる	ASC関係者の会議で制定
トレーサビリティ	CoC認証による	MSCのCoC基準による
メリット	持続可能な漁業が実現できる，商品がブランドとなる，資源および環境に対する企業の社会的責任（Corporate Social Responsibility）が実践される	商品がブランドとなる，環境および労働に対する企業の社会的責任（Corporate Social Responsibility）が実践される
日本の窓口	MSC日本事務所	WWFジャパン

業行うための3原則（1：資源の持続を考慮しているか，2：漁業が適切に管理されているか，3：漁業が生態系に悪影響を与えていないか）を遵守した者が漁獲した水産物にMSC認証ラベルを提供している。さらに，加工まで行う場合，MSC認証水産物はCoC（Chain of Custody：加工流通管理）認証も受けなければ，このラベルは貼付できない。欧米では，MSC認証ラベルの普及（2016年3月現在，20,000品目）により，消費者が海洋環境保全を意識し，優先的にMSC認証水産物を購入するので，その結果として漁業者も積極的にその認証を受け入れ，持続可能な漁業が社会に浸透しつつある。日本におけるMSC認証水産物は，京都府機船底曳網漁業連合会のズワイガニとアカガレイ，北海道漁業協同組合連合会のホタテガイで，現在，審査準備中の漁業協同組合連合会も多い。また，日本におけるCoC認証取得企業は，2010年以降，毎年100社以上に及ぶ。一方，MEL（Marine Eco-Label：マリン・エコラベル）ジャパンは，日本独自の水産物エコラベル（MEL認証水産物）の普及に努め，これまで50企業以上が認定を受けている。なお，MSC認証とMEL認証は5年ごとに見直される。また，北海道標津町では，通常，食品加工工場単体で認定を受けるHACCP（Hazard Analysis Critical Control Point：危害要因分析必須管理点）システム（第16章参照）を，漁獲・市場・加工・流通などに携わる企業が一体となって導入し，HACCP認証ラベルを貼付した漁業生産物を提供している。

養殖業は，生産場建設による環境破壊，生産場の環境汚染，薬物の過剰投与，天然餌料の過剰利用，養殖魚由来病原体の自然界放出，養殖魚の逃避による生態系の撹乱など環境に悪影響を及ぼすことがある。また貧困漁村では，法令・人権・労働といった社会的な側面でも責任ある経営・管理が行われていないことがある。そこで，ASC（Aquaculture Stewardship Council：水産養殖管理協議会，表1）は，ASCの7原則（BOX2）を遵守した世界中の企業に対して，養殖生産物のエコラベルであるASC認証（BOX2参照）を提供している（WWFジャパン；http://www.wwf.or.jp/activities/2013/09/1159324.html）。MSC同様，加工まで行う場合，ASC認証養殖生産物はCoC認証も受けなければ，このラベルは貼付できない。ASC認証ラベルを貼付した養殖生産物は，原産地，生産手法，加工・流通までの全過程（トレーサビリティ，第16章参照）が明らかにされる。したがって，生産者や流通側が，自分の生産品，製品に対してより責任をもつ。そして，消費者がASC認証ラベルを貼付した養殖生産物を積極的に選択することで，自然環境への負荷を最小限に押さえた責任ある養殖業が支持される。ASC認証の有効期間は3年で，現在，世界各国のティラピア類，ナマズ類，アワビ類，二枚貝類，エビ類，サケ類，マス類，ブリ・スギ類の養殖場からASC認証生産物が出荷されている。日本においてASC認証養殖生産物は宮城県漁業協同組合志津川支所出張所戸倉かき生産部会によるカキ養殖のみで，現在，ブリ養殖の団体が認証の最終審査を受けている。一方，日本独自のものとして，2009年，公益社団法人日本水産資源保護協会が養殖魚JAS制度（BOX3参照）を発足し，いくつかの企業が認証を得ている。また，一般社団法人日本食育者協会は，2014年，AEL（Aquaculture Eco-Label：養殖エコラベル）（BOX4参照）制度を発足し，これまでカンパチとブリ養殖の2業者が認証を得ている。以上のように，日本においても，付加価値向上に不可欠なエコラベルを貼付した水産物が生産されつつある。

BOX2　ASC認証7原則とは

ASC認証7原則とは，生産種によって異なるが，一般的に，以下の7原則のこと（WWFジャパンウェブサイトより一部改編）。

1. 法令や営業権などを遵守する。
2. 底質および水質をモニタリングし一定基準を超えないように管理し環境汚染を防止する，絶滅危惧種や脆弱な生態系へ影響が及ばないように管理そして食害防止のための駆除作業は所定の手順に従うなど，自然環境および生物多様性への影響の低減に努める。
3. 養殖個体から生じた寄生虫や病原体の野生個体への感染を防止，養殖個体の逃亡を防止，外来種や人工種苗の養殖は一定条件を満たさないかぎり認めないなど，天然個体群への影響の軽減に向けた対応を行う。
4. 飼料原料はトレーサビリティー可能で絶滅危惧種由来の原料は用いない，魚粉魚油の配合比率は一定の基準値以下とする，廃棄物のリサイクルを進め適正に処理，生態系に影響を及ぼす化学薬品や抗生物質を使用しないなど，飼料・廃棄物・化学薬品の適切な管理を遵守する。
5. 有資格者による定期検診や病害虫の管理計画を実施し，人の健康に影響を与える恐れのある化学薬品や抗生物質は使用しない，病害虫の発生および処方を記録し監督機関に報告するなど，病害虫に対して適切な管理を行う。
6. 児童労働を禁止するとともに，公平で衛生的な職場環境を確保し，最適な賃金体系を設け，労働者の健康と安全を管理，運営する。また，労働者の集会の自由を認める。
7. 地域との定期的な情報交換を行い問題の解決に努め，地域社会と連携，協働を計る。

BOX3 養殖魚 JASとは

養殖魚 JAS とは，一般的に，以下のことを記録し，それを消費者に虚偽なく伝えた生産者が，JAS 認証を取得した後，生産した水産物のことを示す（農林水産省ウェブサイトより一部改編）。

1) 養殖業者の氏名または名称・住所・連絡先・管理開始年月日
2) 養殖場の所在地
3) 養殖魚の水揚の年月日
4) 種苗の種類（天然種苗か人工種苗）* 天然種苗の場合，種苗が漁獲された年月日および場所
5) 給餌した飼料の名称および飼料の製造業者の氏名または名称
6) 使用した動物用医薬品の薬効別分類および名称
7) 使用した漁網防汚剤の名称

BOX4 AELとは

AEL とは，生産種によって異なるが，一般的に，以下の取り組みを遵守した生産者が，AEL 認証を取得した後，生産した水産物のことを示す（日本食育者協会ウェブサイト「認証に関わる審査項目について；http://shokuikusya.com/wp-content/themes/shokuikusya/image/contents/news_20140703.pdf」より一部改編）。

1. 養殖環境
1－1. 養殖漁場周辺の工場立地・流入河川の状況や，養殖漁場の生簀の配置などについて把握，記録しているか。具体的な記録内容は 3. 飼育管理を参照。
1－2. 養殖漁場の水質・底質に関する検査結果や，赤潮・有毒プランクトンの発生情報を把握，記録しているか。
1－3. 養殖が法律などに基づいて，環境保護に関して責任ある方法で計画され，実施されているか。
1－4. 漁場改善計画を作成している場合，漁場改善目標が達成されるよう，生簀面積や飼育密度などに注意しているか。
1－5. 種苗の生産や導入および管理についての手順書を作成し，それに従って作業を行い，作業内容･確認事項を記録･保管しているか。具体的な手順書は 2. 種苗管理を参照。
1－6. 餌料や飼料添加物の保存と使用および管理についての手順書を作成し，それに従って作業を行い，作業内容・確認事項を記録・保管しているか。具体的な手順書は 3. 飼育管理を参照。
1－7. 水産用医薬品の保存と使用および管理についての手順書を作成し，それに従って作業を行い，作業内容・確認事項を記録・保管しているか。具体的な手順書は 3. 飼育管理を参照。
1－8. 水揚げ作業の管理についての手順書を作成し，それに従って作業を行い，作業内容・確認事項を記録・保管しているか。具体的な手順書は 4. 水揚げ作業管理を参照。
1－9. 加工施設の管理についての手順書を作成し，それに従って作業を行い，作業内容・確認事項を記録・保管しているか。具体的な手順書は 5. 加工・出荷作業管理を参照。
1－10. 前記の手順書（1－5 から 1－9）や日誌などの作業記録は，第三者に説明できるよう整理し，保管しているか。
1－11. 作業従事者に対する適切な健康管理を実施し，記録しているか。
1－12. 養殖魚の衛生管理，養殖資機材などの安全性や適正な取り扱いに関する教育訓練を実施し，記録しているか。
1－13. 清潔で衛生的な労働環境（トイレ，飲食場所，飲料水など）が確保されているか。

2. 種苗管理
2－1. 自家採卵の場合，生産者，生産施設，所在地，親魚情報，採卵・ふ化年月日，搬入年月日，平均体重および総重量（または尾数）などを確認し，記録しているか。
2－2. 発眼卵の場合，発眼卵履歴書（販売元・生産者・生産施設・所在地・親魚情報・採卵年月日など）の保管，購入・搬入年月日および購入卵数などを確認し，記録しているか。
2－3. 天然種苗の場合，種苗履歴書（販売者・採捕者・採捕海域・採捕年月日・餌料や飼料添加物および医薬品の仕様状況など）の保管，購入・搬入年月日，平均体重および総重量（または尾数）などを確認し，記録しているか。
2－4. 人工種苗の場合，種苗履歴書（販売元・生産者・生産施設・所在地・親魚情報・採卵年月日・ふ化年月日・餌料や飼料添加物および医薬品の仕様状況など）の保管，購入・搬入年月日，平均体重および総重量（または尾数）などを確認し，記録しているか。
2－5. 発眼卵および種苗を販売する場合，購入者に飼育管理記録あるいは生産履歴書などを提供しているか。

3. 飼育管理
3－1. 飼育期間を通じ，養殖魚を生簀単位で管理し，移動など，飼育履歴を記録しているか。
3－2. 養殖魚の健康状態（遊泳・摂餌状況など，疾病などの異常やへい死数）を記録しているか。
3－3. 治療中や医薬品の使用履歴のある魚群を休薬期間終了日まで他の魚群と混合せず区別して管理し，記録しているか。

3-4. 適切な検疫を可能にし，養殖魚および環境条件を定期的にモニタリングし，養殖魚のストレスを低減する管理方法が実施されているか。
3-5. 餌料や飼料添加物の購入記録とともに，購入伝票や品質保証書などを入手し，保管しているか。
3-6. 餌料や飼料添加物などは，乾燥した冷暗所に保存し，汚染，劣化や衛生動物による被害を防止するよう適切に管理し，記録しているか。
3-7. 生簀ごとに使用した餌料や飼料添加物などの製品名や使用量を記録しているか。
3-8. 農水省作成「水産用医薬品の使用について」を参照し，薬事法に基づいて使用が認められた医薬品であることを確認し，記録しているか。
3-9. 医薬品の購入に際しては，水産試験場などの指導を受け，用法・用量を確認しているか。
3-10. 医薬品の購入記録とともに，購入伝票，添付文書や品質検査成績書などを入手し，保管しているか。
3-11. 医薬品は，添付書類などの指示に従って保存し，汚染，劣化や衛生動物による被害を防止するよう適切に管理し，記録しているか。
3-12. 医薬品は，使用基準に従って使用し，使用年月日，生簀，用法・用量，使用禁止期間終了日などを記録し，保管しているか。
3-13. 水産用ワクチンの使用にあたっては，水産試験場などの指導を受け，水産用ワクチン使用指導書の交付を受けているか。
3-14. 水産用ワクチンの購入に際しては，水産用ワクチン使用指導書を販売店に提示し，必要量を購入しているか。
3-15. 水産用ワクチンの購入記録とともに，購入伝票，添付文書，品質検査成績書や水産用ワクチン使用指導書などを保管しているか。
3-16. 使用済み，および使用期限の切れた医薬品は，適切に廃棄し，記録しているか。

4. 水揚げ作業管理
4-1. 養殖魚の衛生管理，養殖資機材などの安全性や適正な取り扱いに関する教育訓練を実施し，記録しているか。
4-2. 水揚げ・陸揚げ作業場の周辺を衛生的に管理しているか。
4-3. 出荷ごとに出荷先の事業社名，出荷年月日，魚種，生産（ロット）番号，重量，尾数などを記録し，保管しているか。
4-4. 活け〆機などを衛生的に管理し，正常に機能することを確認しているか。
4-5. 病気・けがなどのある者が作業に従事していないこと確認し，記録しているか。
4-6. 魚に使用する水氷は清浄水から作られているか。
4-7. 医薬品を使用した魚を水揚げする際，使用禁止期間（休薬期間）が終了していることを確認し，記録しているか。
4-8. 輸送容器や輸送車両などを衛生的に管理しているか。
4-9. 輸送容器や輸送車両などに有害化学物質を含む塗料などが使用されていないことを確認しているか。
4-10. 輸送容器や輸送車両などの魚の接する面に機械油などが付着していないことを確認しているか。
4-11. 食品安全に関する法令，政令および条例などを確認し，遵守しているか。
4-12. 作業者や長靴などを衛生的に管理しているか。
4-13. 施設を衛生的に管理しているか。
4-14. 施設への有害生物の侵入防止措置や消毒措置を実施するなど，適正な衛生管理を行っているか。
4-15. 施設への訪問者を適切に管理しているか。
4-16. 施設の入り口などに消毒槽や手指の洗浄・消毒設備を設置しているか。
4-17. 施設や機器の魚の接する面に有害化学物質を含む塗料や機械油などが使用されていないことを確認しているか。
4-18. 食品添加物を使用する場合には，国内で使用が認められた指定添加物および天然添加物であることを確認しているか。
4-19. 食品添加物の購入記録とともに，購入伝票，添付文書や品質検査成績書などを入手し，保管しているか。

5. 加工・出荷作業管理
5-1. 加工・出荷作業時において，上記，4-5から4-19が遵守されているか。
5-2. 加工する養殖魚の生産者，生産生簀，尾数とともに生産（ロット）番号を確認し，記録しているか。
5-3. 加工品は，生産（ロット）番号，加工年月日，加工形態，重量，数量などの加工履歴を確認し，加工品（ロット）番号とともに記録しているか。
5-4. 加熱調理などを行う場合には，食品安全に関する法規などを遵守し，食品衛生上必要な管理を行っていることを確認し，記録しているか。
5-5. 調理済みの製品は，生産（ロット）番号，調理年月日，調理方法，重量，数量などの加工履歴を確認し，加工品（ロット）番号とともに記録しているか。
5-6. 出荷ごとに出荷先の事業社名，出荷年月日，魚種，加工形態，調理方法，数量，加工・製品（ロット）番号などを記録し，保管しているか。
5-7. 生産履歴書が提供できるよう各種管理状況（1. 養殖環境，2. 種苗管理，3. 飼育管理，4. 水揚げ作業管理）を入手または記録し，保管しているか。

5　流氷接岸期の網走

東京農業大学生物産業学部アクアバイオ学科が位置する北海道網走市は，網走漁業協同組合，西網走漁業協同組合，北見管内さけます増殖事業協会，北海道そして網走市が，基礎生産力の高いオホーツク海域の資源および環境を積極的に維持管理し，高い漁業生産量をあげている，国内屈指の水産都市である。しかし，近年の温暖化などの予測もつかない環境変化により，高い漁業生産量が今後も維持できるという保証はない。亜寒帯地域の網走には汽水および海水の湖があり，厳冬期には全面結氷する。結氷した氷は不動で，春まで融氷しないため，氷に穴を開け，ワカサギなど小型魚類の漁は行うことができる。一方，オホーツク海域は，流氷が接岸する北半球最南端の地である。流氷接岸期の数ヵ月間は漁閑期となるため，資源は保護されるが，鮮魚の流通は滞る。ところが，流氷接岸期，網走は観光客の入り込みが最も多い。国内外の観光客は，流氷観光以外に地場産の新鮮な海産物を食すことも期待して網走に訪れるのだが，この時期，地場産の海産物は冷凍しかない。そこで筆者は，流氷接岸期の網走産海産物の付加価値向上をめざし，それらを生鮮で地場に提供することを試みた。以下，これらの事例を紹介する。

6　オーガニック養殖業

オーガニックは有機という意味である。農林水産省によると，農作物におけるオーガニックは，農薬や化学肥料などの化学物質に依存せず，安定的管理のもと，有機肥料などを用いて自然界の力で生産された食品を表す（農林水産省「有機食品の検査認証制度；http://www.maff.go.jp/j/jas/jas_kikaku/yuuki.html」）。日本では登録認定機関の認定を受けた生産者が生産したオーガニック作物には有機 JAS マークが貼付される。しかし，養殖生産物は流動的な水面で行われるため安定的な管理が至難であり，有機 JAS マークはない。さらに，日本の養殖業では，抗菌効果が期待される茶や梅干しなどでも農林水産省が承認したもの以外を養殖池に投与すると薬品医療機器等法違反となるため，養殖業者は農林水産省が配布する「水産用医薬品の使用について；http://www.maff.go.jp/j/syouan/suisan/suisan_yobo/pdf/28_suiyaku.pdf」に基づき養殖生物を管理している。これを考えると，日本の養殖業ではオーガニックが存在しないように思える。しかし，養殖業には，天然環境を利用した無給餌・無投薬の粗放的養殖というものも存在し，これは食の安心と安全を担保できるオーガニックな養殖業である。オーガニック養殖業は，貝類，藻類，甲殻類，ティラピア類やコイ類などで行われている。ところが，高密度でも天然餌料のみで成長する貝類や藻類などと異なり，甲殻類や魚類は，高密度だと天然餌料だけでは餌料要求率が補えず，生産効率が低下する。つまり，甲殻類や魚類のオーガニック養殖成否の制限要因は餌にある。そこで，オーガニック魚類養殖を行うため，魚類における無給餌飼育の可能性について考えた。

いくつかの生物では，生活環の一時期で，成長，発生過程や活動を一時的に緩慢にさせる夏眠や冬眠といった休眠を行う。休眠期間中，生物は代謝を最低限に抑えることでエネルギーを節約する。つまり，魚類でも休眠期間に飼育すれば，高密度でオーガニック養殖ができるはずである。

流氷接岸期間中の網走の海水温は−1.0℃近くまで低下し，低温状態になると魚類の活動は緩慢になる。これらのことから，筆者は，サケ漁業で漁獲され，低価格で取り引きされる魚類を陸上施設に運搬，結氷下の濾過天然海水を掛け流し，無給餌・無投薬・高密度で飼育管理するという，シンプルかつ省エネルギーなオーガニック魚類養殖システムの確立を試みた（写真１）。実験魚には，平成 20 年 11 月 7 日にオホーツク海で漁獲された約 1 kg/尾のクロガシラガレイ *Pseudopleuronectes schrenki* を用いた。なお，この日の気温は 2.9℃，水温は 10.5℃，pH 8.2，塩分 32 であった。実験魚は東京農業大学オホーツク臨海研究センターおよび隣接する網走市水産科学センターに運搬，遮光し，飼育水 1 t あたり約 0.06 t の魚を収容，流量約 5 L/分で飼育を行った。実験魚を観察すると，低温状態では，ほとんど動かず，給餌してもけっして食べない。しかし，強い照明を当てたところ，泳ぎだした。海面が流氷で覆われると，クロガシラガレイの生息域にはほとんど光は届かない。クロガシラガレイの活動を緩慢にさせるには，流氷下の環境を再現すること，つまり，水温低下だけでなく，遮光も不可欠であった。実験は平成 21 年

写真１ シンプルかつ省エネルギーなオーガニック魚類養殖システム

写真2 漁獲直後のシマゾイ
揚網時に空気を吸い込んでしまう。死んでいるわけではない。鰾から空気を抜くことで，長期間の飼育が可能になった。

写真3 飼育水1tあたり約0.2tのクロガシラガレイと約0.08tのシマゾイの密度を60cm水槽（飼育水約60L）で再現
寿司詰め状態である。

1月中旬までは死亡率が0.5％以下ときわめて低く順調であったが，平成21年1月26日，網走市水産科学センターの実験魚の半数が突然死亡した。一方，同じように飼育していた東京農業大学オホーツク臨海研究センターでは，その日，死亡魚は認められなかった。網走市水産科学センターではなぜ，大量死が生じたのか。この日の気温は−14.5℃，水温は0℃，pH8.2，塩分32，流量約5L/分であり，これは両施設においてほぼ同じであった。ところが，室温が異なった。東京農業大学オホーツク臨海研究センターでは，冬場は室内を加温しており，この日の室温は4℃であった。しかし，網走市水産科学センターでは加温していなかった。室温は測定していないが，平成21年1月9日以降の気温は−10℃以下が続き，室温が徐々に気温に近くなるまで下がったと推察できる。海水の氷点は−1.8℃程度で，海水魚の体液の氷点は一般的に−0.9℃程度である。ただし，亜寒帯である北海道に生息する魚類の多くは，体液中に不凍タンパク質が存在するため凍らず，−2℃近くまで生存できる。しかしながら，網走市水産科学センターでは，室温の下降により，水温が−2℃近くまで下がったのだろう。実際，水温計のないところでは飼育水の表面が凍結，その付近で死亡魚が認められ，その血液や内臓部は凍結していた。この失敗をふまえ，翌年からは室内を加温したところ，大量死はなくなった。

また，同時期に漁獲されるシマゾイ *Sebastes trivittatus*（写真2）の飼育も試みた。シマゾイは，揚網時，鰾に空気を溜めるため，これまで飼育が困難であったが，空気抜きをしたところ，長期間生存した。そこで，

写真4 アクアバイオ学科2期生北島二千翔氏によるイラストを記載したラベル

写真5 網走市内の飲食店で提供されているオーガニック養殖システムで飼育された魚の刺身
深海魚キチジもこのシステムで飼育できた。

翌年から約 0.5 kg / 尾のシマゾイも実験に用いた。さらに，クロガシラガレイは飼育水 1 t あたり約 0.2 t，シマゾイは約 0.08 t となるように水槽に収容し（写真3），飼育を行った。過去 5 年間，この高密度で飼育した実験の結果，飼育開始から 5 ヵ月後までの死亡率は平均 3% 以下ときわめて低い値であった。実験魚の生殖腺を組織学的に観察したところ，実験終了時におけるクロガシラガレイのそれは雌雄ともに発達したが，久保・吉原（1957）に従い，肥満度を算出したところ，変化がなかった。一方，シマゾイでは雌雄ともに生殖腺は発達せず，肥満度に変化はなかった。さらに，両種の筋肉中のアミノ酸を調べたところ，うま味成分であるグルタミン，甘味であるトレオニンおよび風味であるロイシンなどが漁獲時より高値を示した。以上の結果，身質は漁獲時より良質となり，無給餌・無投薬の長期飼育は成功し，網走におけるオーガニック養殖システムが確立された。

そこで，北海道弁で「なまらしばれ（ものすごく冷たい）盛り」という商品名をつけ，独自のラベルを作製し（写真4），試験的に網走市内の飲食店に提供したところ，魚の弾力感と甘みが出て美味と絶賛された。とくに，流氷に似せた製氷に薄く切った刺身をのせ，表面を軽く凍らせ，道東産の天然塩と山わさびで食すと，いちだんと美味であった。

一連の実験が実用化に至った成功の秘訣は，生物の特性を理解し，地の利を生かしたことに尽きる。現在，オーガニック養殖システムは，網走漁業協同組合卸部会に技術移転された。このシステムでもちいる魚は，資源の持続性を考慮し，量を定め，飼育している。また，飼育された魚は，網走市内の漁業者から卸部会そして店舗というシンプルかつトレーサビリティ可能な販路で，流氷接岸期，購入することができる（写真5）。価格は原価の 2 倍と高価であるが，美味・期間限定・地域限定であることが重なって，人気商品となっている。さらに，大雪でも魚を出荷できるため，生鮮魚を利用する寿司屋や居酒屋で重宝されている。今後，このシステムが，網走のみならず，オホーツクの地域ブランドとして根づくことを期待している。

7　未利用貝の生鮮利用

北日本に生息するウバガイ（ホッキガイ）やバカガイ（アオヤギ）の漁では，それに類似したビノスガイ *Mercenaria stimpsoni*（写真6）が混獲される。しかし，ビノスガイは独特のえぐみがあり，また，その貝殻は頑丈で開けにくく，物理的に開けると貝殻の砕片が可食部に混入する。そのため，ビノスガイには値がつかず，漁業者はそれを廃棄放流する。

ところで，貝類では，ストレス刺激を与えることで産卵が誘発される（佐々木, 2005）。そこで，筆者らは，えぐみが除去されることを期待して，漁獲されたビノスガイ（漁獲時の水温5℃）に，淡水曝露（10℃・20℃淡水に30分あるいは180分曝露）および干出（−20℃・20℃空気中にて30分あるいは180分曝露）というオーガニックなストレス刺激を与えた。そして，ストレスを与えた個体は，15℃海水区，−1℃海水区あるいは自然海水温区（平均1.5℃海水）で2週間飼育した。この実験期間における斃死（へいし）率は，飼育水温15℃区の−20℃干出30分で30％，−20℃干出180分で100％，10℃淡水180分・20℃淡水30分・20℃淡水180分では70％であった。一方，自然海水温区のそれは−20℃干出180分で50％，飼育水温−1℃区の−20℃干出180分では70％であった。なお，これらの区以外の斃死はなかった。次に，ビノスガイを10℃・40℃・44℃・48℃・60℃の淡水・海水・気相に曝露したところ，海水44℃では45分，淡水48℃では25分，気相48℃では

写真6　独特のえぐみを有すため食用にならなかったマルスダレガイ科のビノスガイ

45分で開殻率100％となった。開殻したいずれの貝内温度は36℃から45℃で，どの部位もタンパク質は変成しなかった。そこで，上記実験区のビノスガイ刺身を試験区を隠して試食するブラインドテストにより実食し，えぐみ除去の可否を調査した。その結果，無処理区の飼育水温15℃区では強いえぐみが，無処理区の−1℃区および自然海水温区ではえぐみが感じられた。一方，オーガニックなストレスを与えた区では，どの区でもえぐみが感じられず，歯ごたえ・うま味もあった。これらのことから，ビノスガイはオーガニックなストレス刺激を施し，平均1.5℃以下の海水で2週間飼育することで，えぐみが除去され生鮮利用できることがわかった。近いうちに，これまで敬遠されていたビノスガイに値がつき，流氷接岸期に，生鮮で提供できると期待している。本成果は，ビノスガイをホッキガイやアオヤギの代替とさせ，それらの保全に貢献するだけでなく，国内の未利用貝類を食用化できる可能性も秘めている。

8　おわりに

前述の世界漁業・養殖業白書2014年によると，FAOは，水産資源の持続的で社会経済学的な管理を行う「ブルー・グロース」構想を先導すると述べている。このように，世界各国で水圏生物資源の持続を推進する活動が行われている。なお，2016年のリオデジャネイロオリンピック競技大会では，選手村で提供された水産物の75％がMSCあるいはASC認証水産物であった。日本で開催される2020年のオリンピック競技大会においては，エコラベル貼付のジャパンブランド水産物が100％提供されることを期待したい。現在，筆者は北海道を中心に，漁獲種が変わりつつある日本の「地産地活型」水産物の創出に挑戦している。今後も，これまで培ってきたさまざまな技法を駆使して水圏生物資源の持続に貢献することを誓い，本稿を締めさせていただきたい。

本研究の一部は，東京農業大学，科学技術振興機構の助成のもと行われた。末筆ながら，東京農業大学伊藤雅夫名誉教授，故鈴木淳志教授，中川至純准教授，西尾耕一氏，TEAM MATSU各位，北島二千翔氏，北海道立総合研究機構川崎琢真氏，水産大学校生物生産学科山元憲一教授・半田岳准教授，網走漁業協同組合，西網走漁業協同組合，網走市内の飲食店および網走市に謹んでお礼申し上げる。

（松原　創）

参考文献

久保伊津男・吉原友吉 (1957) 水産資源学 . 共立出版 , 東京 , 345 pp.

Pauly, D. and Zeller, D. (2016) Catch reconstructions reveal that global marine fisheries catches are higher than reported and declining. Nature Communications 7: 10244 doi:10.1038/ncomms10244.

佐々木良 (2005) アワビ類 . *In*:「水産増養殖システム 3　貝類・甲殻類・ウニ類・藻類」(森勝義 編) . 厚生社恒星閣 , 東京 , pp. 85 − 120.

竹内俊郎 (2016) 養殖 . *In*:「水産海洋ハンドブック」(竹内俊郎・中田英昭・和田時夫・上田宏・有元貴文・渡部終五・中前明・橋本牧 編) , 生物研究社 , 東京 , pp. 295 − 296.

❖ 第15章 ❖

仔稚魚期の疾病を防除するためのプロバイオティクスの開発

1 はじめに

われわれの体は，60兆個の細胞でできていると言われている。一方で，われわれの体表や消化管内には100兆個の微生物が生息しているとされており，生体防御の一端を担う一方，病気の原因となる場合もある。なかでも腸内細菌叢（腸内環境で生育する一群の細菌の集合のこと）は，生体の恒常性維持や疾患発症と深くかかわることが次々と報告されている。

その重要性は，プロバイオティクスとの関連によって，世の中に広く知れわたっている。プロバイオティクス（probiotics）は抗生物質（antibiotics）の対極にある言葉であり，その語源は共生関係を意味する生態学的用語「probiosis」である。このプロバイオティクスについては，1989年にFullerが「腸内微生物叢のバランスを改善することにより，宿主動物の健康に有益な作用をもたらしうる生きた微生物」と定義した（Fuller, 1989）。2001年にWHO/FAOが「適量投与したときに，宿主の健康に利益をもたらす生きた微生物」と修正しており，現在では腸内のみならず適応範囲が拡大されている。

魚介類も，われわれと同様に病気になる。原因もわれわれと同様に，ウイルス，細菌，真菌，寄生虫などであり，なかでもウイルスと細菌による被害が甚大である。そのため，アクア分野の生物産業においても，これら病原体の生物生産環境への侵入防止や個体への感染防止，病気の発症防止対策の確立が必須となっている。

従来のプロバイオティクス研究はヒトや家畜の健康増進や疾病防除が中心であったが，アクア分野においても抗生物質などによる化学療法の行き詰まりや安心・安全に対する消費者のニーズの高まりから，急速に研究が進んでいる。プロバイオティクスに関する研究成果が年々蓄積されつつあり，使用される微生物は乳酸菌（*Lactobacillus* 属，*Carnobacterium* 属），*Vibrio* 属，*Bacillus* 属，*Pseudomonas* 属など分類学的に多岐にわたっている（Newaj-Fyzul *et al.*, 2014）。

魚介類の種苗生産（第12章参照）における疾病の防除対策は，PCR

(Polymerase Chain Reaction) 法による病原体遺伝子の検出や，ELISA (Enzyme Linked Immuno Sorbent Assay) による抗病原体抗体の検出による病原体フリー親魚の選別，オキシダントを含む機能水を用いた受精卵消毒および電解装置や紫外線殺菌装置による飼育水の殺菌などの技術により行われている (Watanabe *et al*., 1998)。しかし，病原体がこれらの対策の網をかいくぐって垂直伝播や水平伝播により生産環境に侵入し，一部でときに疾病が発生するため，現行の防除対策との相乗効果が期待されるさらなる防除技術の確立が必要である。

したがって，病原体の侵入を100%防止することは不可能であり，垂直感染や水平感染の防除や発症を防止するためには，仔稚魚の生体防御能を向上させて対応する必要がある。魚類の生体防御には体表やその粘液などの物理的な障壁をはじめ，マクロファージなどによる細胞性の自然免疫，われわれと同様にT細胞を中心とする細胞性免疫やB細胞が発現する抗体による液性免疫といった獲得免疫が知られている。このため，魚類でもワクチンが開発され，市販されるようになってきたが，仔稚魚が免疫応答を示すまでの期間は，従来どおりの病気対策に頼らなければならない (吉水, 1999)。現在市販されているすべての魚類用ワクチンは，病原体をホルマリンなどで死滅させた不活化ワクチンである。また，魚介類は開放的な環境で飼育されるため，細胞性免疫の効果も期待できる病原性を弱めた生ワクチンの使用には，慎重にならざるをえない。不活化ワクチンは，ヒトで細胞性免疫の誘導能が弱く，疾病予防効果は液性免疫応答によることが知られており，魚類でも同様である。しかし，例えば北海道の代表的な栽培漁業 (第12章参照) 対象種であるマツカワ *Verasper moseri* の液性免疫応答は全長およそ10cmにならないと発現しない (渡辺・吉水, 2002) など，仔魚では免疫機能が完成していないため，ワクチンなどを活用した受動免疫による予防は期待できず，仔魚ではウイルス病はもとより細菌性疾病も治療不可能であることが多いことから，ほかの効果的な宿主の生体防御能を向上させうる疾病対策が必要となる。

近年，ヒトや家畜ではプロバイオティクスによる健康管理が注目されており，魚類でもその疾病防除効果が数多く報告されている (Iriant & Austin, 2002)。なかでも魚類腸管から分離された細菌による疾病防除効果を有するプロバイオティクス研究は，抗ウイルス物質産生細菌による研究 (Yoshimizu *et al*., 1992) に代表されるが，ほとんどの研究は稚魚期以降を対象としている (Iriant & Austin, 2002 など)。そのため，仔魚期におけるプロバイオティクスを用いた疾病防除技術は確立されているとは言えない。

2 仔魚期におけるプロバイオティクスの利用の現状

魚介類の種苗生産は，生物産業を成立させるために実施されており，群の健全な成長が主目的であることから，個体の治療は通常ないがしろにされる。種苗生産初期の疾病による大量死は，ごく微量の病原体により垂直伝播もしくは水平伝播によって一次感染が一部の仔魚で起こり，この一次感染により死亡した仔魚から放出されたおびただしい数の病原体による感染爆発により発生すると考えられる。後述するウイルス性神経壊死症においては，シマアジ *Pseudocaranx dentex* で親魚から仔魚へウイルスが垂直伝播することが知られており，実験的検討から受精卵のウイルス保有割合は 1/7,500 と推定されたものの，実際には 120,000 尾の仔魚が本疾病により全滅したことが報告されている (Nishizawa *et al*., 1996)。つまり，一次感染源は 16 尾の仔魚であり，これらが死亡した後，ウイルスが放出されて 120,000 尾もの仔魚に感染し，死に至らしめたと考えられる。腸管内などに病原体の増殖を阻害するなどの抗病性を有する細菌（プロバイオティクス）を定着させられれば，これが放出する抗病物質により感染爆発が防除でき，群の安定した成長を図ることが期待できる。

現状，仔魚期におけるプロバイオティクス関連研究は，体表の細菌叢が環境水由来，腸管細菌叢が餌料由来で形成されることや（渡辺・吉水, 2000)，種苗生産開始時に給餌するシオミズツボワムシ *Brachionus plicatilis* sp. complex（以下，ワムシ；図1）の卵を消毒する技術（渡辺ら, 2005）が開発されたことをはじめ，ワムシ給餌期におけるプロバイオティクスの有効性を示唆する研究（清水ら, 2005）や，ワムシ給餌期後に給餌するアルテミア *Artemia* spp. に関する研究（吉水・絵面, 1999）など

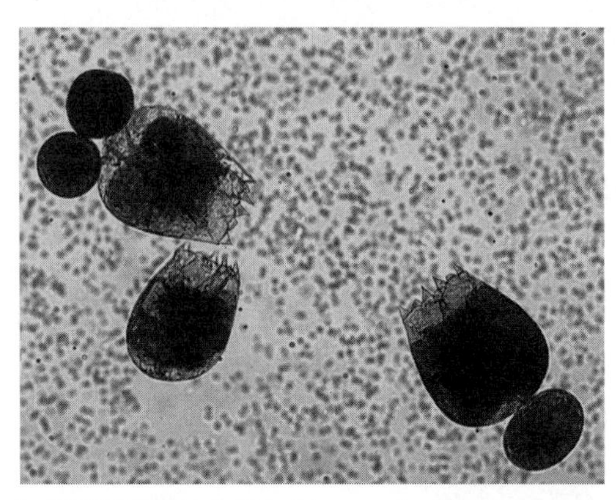

図1 シオミズツボワムシ *Brachionus plicatilis* sp. complex S型

の成果が報告されているのみである。

一般に仔稚魚の飼育では，ワムシやアルテミアなどの生物餌料が給餌される。これらの餌料にプロバイオティクスが優勢となるような細菌叢を形成させ，バイオカプセルとして与え，仔魚の腸管に取り込ませることができれば，疾病防除効果が期待できる。しかし，これらの生物餌料からは$10^{7\sim8}$ CFU/gの細菌が計測されるとともに，それぞれ固有の細菌叢を有しており，単に添加するだけではプロバイオティクスが優勢となるように常に細菌叢を制御することは困難である。

そのため生物餌料を消毒して生菌数を低下させた後，プロバイオティクスを定着させる必要があるが，餌料そのものの消毒は消毒剤の影響が大きく困難であり，消毒剤に対する耐性が高い卵を消毒することが適している。ワムシでは虫体から分離した複相単性生殖卵（図2）を1,250 mg/Lのグルタルアルデヒドで30分処理し（渡辺ら, 2005），アルテミアでは二次卵膜を溶解する（脱殻；図3）ことも目的として有効塩素濃度2%で処理する（吉松, 1999）ことにより，安全に効果的に消毒できる。消毒後の卵をプロバイオティクスが10^{6} CFU/mLとなるように添加した滅菌海水で孵化させることにより，生物餌料の細菌叢はプロバイオティクスが優勢となる。この生物餌料を給餌して飼育したヒラメ

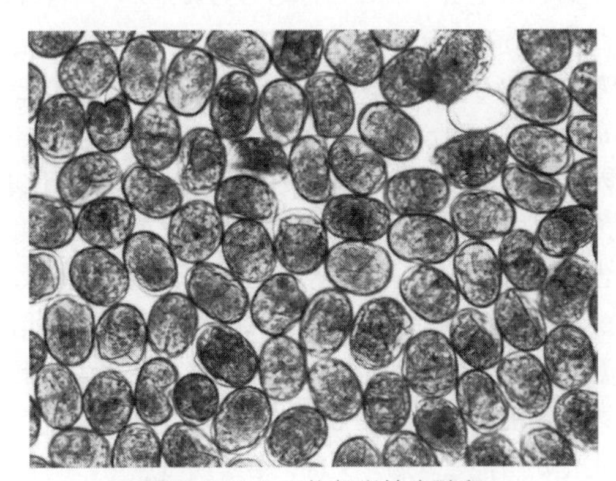

図2　ワムシの複相単性生殖卵

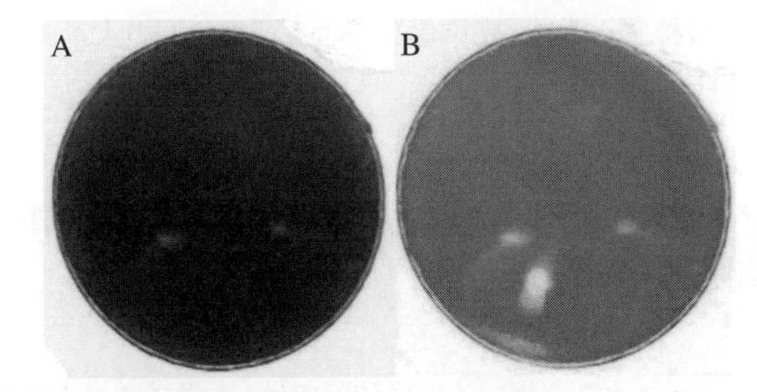

図3　脱殻前後のアルテミア卵
A脱殻前のアルテミア卵，B脱殻後のアルテミア卵。

Paralichthys olivaceus 仔魚の腸管も，プロバイオティクスが優勢となった（清水ら, 2005）。さらに，腸管内細菌叢を制御したヒラメの腸管および飼育水の抗病原体活性は，未処理の試験区や活性をもたない細菌を定着させた区より高くなる（清水, 2008）。これらのことから，抗病性を有するプロバイオティクスが優勢な細菌叢をもつ生物餌料を給餌することで仔稚魚期の疾病に対する抵抗性の賦与が期待でき，大量死の防止にもつながる可能性がある。

しかしながら，現状の技術ではプロバイオティクスを付加した生物餌料を給餌するにあたり，いずれの生物餌料もプロバイオティクスを給餌前に毎回添加する必要があり，給餌作業が繁雑である。

一方，ワムシは単性生殖により爆発的に増殖することができるため，種苗生産の餌料として用いられている。プロバイオティクスを付加するには，現状では卵の分離作業が必要になる。通常ワムシの培養は，増殖させた後収穫した個体群の一部を元種として利用して，再度個体群を増殖させ，これを繰り返して行われることを利用し，培養期間は最低 1 週間程度となるが，収穫したワムシを元種として継続培養してもその細菌叢がプロバイオティクスで優勢となれば，卵を用いるよりも疾病防除効果を得るための作業が省力化できる。そのためにはプロバイオティクスがワムシに定着することはもちろん，ワムシ自身の培養と増殖にも適した菌であることが必要となる。また，ワムシは培養不調となることが知られており，細菌叢の乱れがその要因の 1 つとなっている（Sakami *et al*., 2014）。したがって，ワムシの増殖を向上させるプロバイオティクスがワムシ培養環境に優勢となれば，培養不調の防除が可能であると考えられる。しかし，細菌叢を制御してワムシ培養を安定させるような報告は見当たらない。清水ら（2005）も給餌直前にプロバイオティクスをワムシに添加している。ワムシに定着してその培養を安定させ，かつ仔魚の腸管などにも定着して抗病性を発揮するようなプロバイオティクスを見出すことができれば，今まで以上に種苗生産の省力化および安定化が可能となる。ワムシ給餌期の魚類の飼育では換水率が低く，ワムシや糞とともに排泄された抗病原体物質などの有用物質が水槽内に蓄積するため，感染爆発による仔稚魚期の大量減耗を防除できる可能性がうかがえる。

3　仔魚期におけるプロバイオティクスを用いた疾病防除技術の開発

プロバイオティクスを用いる疾病防除では，まずプロバイオティクスとなる菌種の選定が必要である。その際留意すべきこととして，すべての魚介類のあらゆる感染症を単一の菌種で防除できないことや，病原体の侵入部位に応じた菌種の選択が必要であることがあげられる。仔稚魚期における代表的な疾病として，多くの魚種が感受性（その病気に罹る可能性）を有する体表が感染部位となるウイルス性神経壊死症（Munday & Nakai, 1997）や，ヒラメの仔魚のみが罹病する腸管が感染源部位となる細菌性腸管白濁症（増村ら, 1989）があげられる。また，プロバイオティクスが具備すべき条件を満たさなければならない。魚介類のためのプロバイオティクスの一般的な条件として，

① 胃酸や胆汁酸，嫌気性（酸素がない状態のこと），体表免疫や腸管免疫などの宿主（この場合，魚介類）の生体防御因子に耐えられること，
② 宿主への投与法が容易であること，
③ 宿主の腸管などで比較的長期間生存すること，
④ 宿主や環境中の他種生物に対する病原性や副作用がないこと，
⑤ 培養や保存が容易であること，
⑥ 抗病原体物質の生産や抗病原体作用が安定していること，
⑦ 生産された抗病原体物質や抗病原体作用が，目的とする病原微生物に限られること，
⑧ 腸内などの共生微生物と競合しないこと，
⑨ 環境条件を変えることで細菌の増殖速度や抗菌物質生産速度を容易に制御できること，
⑩ 食の安心・安全を担保できること，

などがあげられる。

①については，腸管が感染部位となる疾病の場合には，その嫌気性ゆえに偏性嫌気性（酸素があると死滅する）もしくは通性嫌気性（酸素があってもなくても増殖できる）を有し，腸管免疫システムにより排除されない宿主の腸管由来の細菌が有用性が高い。また，体表が感染部位となる疾病の場合には，好気性もしくは通性嫌気性の体表免疫により排除されない宿主の体表由来の細菌が有用性が高い。さらに，これらの宿主の常在菌は，共生関係により生息している可能性が高い。このことから，分離されたプロバイオティクスが，同種別個体の新たな宿主に定着する可能性も高くなる。すなわち，対象となる魚種と疾病を絞り込み，その魚種の腸管や体表から細菌を培養・分離して用いることが近道となる。

②については，投与法が煩雑であると，日常的には使用できない。われわれが摂取しているプロバイオティクスは，飲料に入っていたり，錠剤となっており，意志さえあれば簡単に摂取することができる。魚介類でも，稚魚以上になれば通常配合飼料が投与される。ある程度家魚化された養殖魚では，配合飼料にプロバイオティクスを混合すれば容易に

摂取させられるため，魚介類におけるプロバイオティクス研究は今まで稚魚期以降に限られていた。

しかし，仔魚は一般に消化管の発達が悪く，配合飼料では成長させることが困難である。そのため，プロバイオティクスの摂取経路としては，前述のように生物餌料に添加するか，飼育水に直接添加する方法があげられる。後者では，ガザミ *Portunus trituberculatus* 種苗生産におけるビブリオ病の抑制の目的で，病原細菌に対する拮抗作用を有する *Thalassobacter utilis* を飼育水に添加し，病原細菌の増殖を抑制することにより生産量を向上させるバイオコントロール法が知られている（Nogami & Maeda, 1992）。しかし，*T. utilis* は病原細菌に対して高い抗菌活性を有するが，ガザミ飼育水中ではすみやかに減少するため，効果を持続させるには毎日大量の菌体を投与する必要があり，飼育水にプロバイオティクスを直接添加する場合の問題となっている。

前者では，前述のとおり生物餌料の細菌叢を簡便に制御する必要があり，仔魚期の疾病をプロバイオティクスで防除するための第一のハードルとなる。

③については，ヒトや家畜でも現状では困難であり，問題となっている。株式会社ヤクルト本社の主力商品ヤクルト400は，ヒト由来の乳酸菌シロタ株（*Lactobacillus casei* YIT 9029）を用いて作られた飲料である。ヤクルト本社のウェブサイトでは，「毎日飲んだ方がいいですか？」との質問に対して，「人の腸の中にはいろいろな菌が住んでおり，有用菌・有害菌がバランスよく保たれています。ところが，そのバランスは食事やストレス，薬などいろいろな要因によりくずれ，有用菌が減少することがあります。そうすると下痢や便秘などの症状が起こりやすくなります。このような悪い状態になるのを防ぐために，普段から生きて腸内まで到達する有用な乳酸菌シロタ株を送りこむことをおすすめします。乳酸菌シロタ株は腸に定着しませんので，毎日続けて飲むことが大切です」と記載されている（http://www.yakult.co.jp/faq/item01.html?t=7&a#item0007）。ほかの商品も同様である。商業的には，毎日継続して購入・飲用されることが望ましいが，もし腸管に定着できるプロバイオティクスが開発されていれば，毎日摂取する必要がなく，単価を高くすれば商業的にも成り立つような商品があるはずだが，このような商品は見当たらない。したがって，長期間定着できるプロバイオティクスの開発は関連商品のブレークスルーのために喫緊の重要課題であるが，現状では継続的な投与を前提とすべきである。

④に関しては，宿主への悪影響があってはプロバイオティクスの定義に反するし，なにより環境中の他種生物に対する影響がないように配慮することが必要である。ヒトの場合には，日本のようなインフラが整備された先進国では下水道やその処理場により，ヒトのプロバイオ

ティクスの摂取は大きな問題とならない可能性が高い。一方，生物産業の対象としての水圏生物は，一般に開放的な環境で飼育される。したがって，宿主のみならず宿主をとり巻く水圏環境中の生物に対して悪影響を与えないことが必要である。

⑤に関しては，偏性嫌気性の細菌は通性嫌気性の細菌より培養が困難である。したがって，通性嫌気性の細菌がまずプロバイオティクスの候補となる。また，本技術の1ステップとなる生物餌料は好気的環境に生息しているため，偏性嫌気性の細菌の場合には培養後に耐久性をもたせるなどの工程が必要となる可能性があるため，効率的ではない。このことは，武田薬品工業株式会社の新ビオフェルミンS錠に関するQ&Aで理解が助けられる。「錠剤や細粒の形で，乳酸菌はどのように生きているのですか？」との質問に対して，「乳酸菌の活動を停止した状態で製剤化しています。腸内に届くと水分や栄養分を吸収して再び活性状態に戻り，増殖を開始します」とあり（http://www.biofermin.co.jp/products/biofermin_s/qa/），活動を停止させるなどによる製剤化が必要となろう。

⑥に関しては，存在しても効能を発揮できなければ，プロバイオティクスとしての意味がないことは明白であり，抗病原体物質の生産や抗病原体作用が安定していなければならない。

⑦と⑧に関しては，生産された抗病原体物質や抗病原体作用が正常な腸内細菌叢を形成する共生微生物にも発揮されたり，共生微生物の生態的地位を奪って競合してしまえば，共生微生物が担うエイコサペンタエン酸などの必須脂肪酸やビタミンB12などの合成による必須栄養素の欠乏をまねいたり，消化酵素の合成による消化の補助などが阻害されてしまうことが引き起こされる。

⑨については，より高度な研究が今後必要であろう。現在までに解明されていることとして，一部のオリゴ糖や食物繊維がプレバイオティクス（prebiotics）であるという概念がある（Gibson & Roberfroid, 1995）。これらは，狭義にはプロバイオティクスの選択的な栄養源となり，それらの増殖を促進する物質のことである。つまりプレバイオティクスの有無により，プロバイオティクスの増殖速度を変化させることが可能だと言える。魚類における狭義のプレバイオティクスに関する研究は少ないが，投与したときに宿主の健康を増進させる物質と広義的に解釈したときのプレバイオティクスについては，サケ科魚類に対する効果に関する総説（Merrifield *et al*., 2010）をはじめ数多くの報告があるため，狭義のプレバイオティクスについての研究と技術開発が待たれる。

⑩について，例えばカゴメ株式会社の乳酸菌飲料ラブレは，古くから京都で食されてきた漬物「すぐき」から発見された「京都生まれのラブレ菌」であることを謳っているし（http://www.kagome.co.jp/

labre/#firstPage)，前述のビオフェルミンS錠は「人にはヒトの乳酸菌」とのキャッチフレーズで広告・販売している(http://www.biofermin.co.jp/)。われわれは，このような前提のもとに販売されている食品や薬品は安全であり，安心して購入できると考えている。したがって，生物産業の成果物である水産物を生産する以上，仔稚魚期の疾病を防除する目的に使用するプロバイオティクスも，食の安心・安全を担保できることが必要不可欠である。そのためには，そもそもわれわれが食している魚介類やそれらが食する餌料から培養・分離された細菌を用いることが最低限必要となる。

このように，まだまだ解決すべき課題が山積みの本技術であるが，国民に安心・安全な水産物を安定して供給する観点から，その技術の確立が望まれる。

(渡邉研一)

参考文献

Fuller, R. (1989) Probiotics in man and animals. Journal of Applied Bacteriology., 66: 365－378.

Gibson, G. R. and Roberfroid, M. B. (1995) Dietary modulation of the human colonic microbiota: introducing the concept of prebiotics. Journal of Nutrition, 125 (6) : 1401－1412.

Iriant, A. and Austin, B. (2002) Probiotics in aquaculture. Journal of Fish Diseases, 25: 633－642.

増村和彦・安信秀樹・岡田直子・室賀清邦 (1989) ヒラメ仔魚の腸管白濁症原因菌としての *Vibrio* sp. の分離. 魚病研究, 24: 135－141.

Merrifield, D. L., Dimitroglou, A., Foey, A., Davies, S. J., Baker, R. T. M., Bøgwald, J., Castex, M. and Ringø, E. (2010) The current status and future focus of probiotic and prebiotic applications for salmonids. Aquaculture, 302: 1－18.

Munday, B. L. and Nakai, T. (1997) Nodaviruses as pathogens in larval and juvenile marine finfish. World Journal of Microbiology and Biotechnology, 13: 375－381.

Newaj-Fyzul, A., Al-Harbi, A. and Austin, B. (2014) Review: developments in the use of probiotics for disease control in aquaculture. Aquaculture, 431: 1－11.

Nishizawa, T., Muroga, K. and Arimoto, M. (1996) Failure of the 'Polymerase chain reaction (PCR) method to detect stripedjack nervous necrosis virus (SJNNV) in striped jack *Pseudocaranx dentex* selected as spawners. Journal of Aquatic Animal Health, 8: 332－334.

Nogami, K. and Maeda, M. (1992) Bacteria as Biocontrol Agents for Rearing Larvae of the Crab *Portunus trituberculatus*. Canadian Journal of Fisheries and Aquatic Sciences, 49: 2373－2376.

Sakami, T, Koiso, M. and Sugaya, T. (2014) Characterization of bacterial community composition in rotifer cultures under unexpected growth suppression. Fisheries Science, 80: 757－765.

清水智子 (2008) 抗ウイルス活性を有する魚類腸内細菌を用いたヒラメのウイルス性表皮増生症の制御に関する研究. 北海道大学博士学位論文.

清水智子・篠崎大祐・笠井久会・澤辺智雄・渡辺研一・吉水守 (2005) 細菌叢を制御したシオミズツボワムシを投与したヒラメの腸内細菌叢. 水産増殖, 53: 275－278.

渡辺研一・吉水守 (2000) オゾン処理海水で飼育したマツカワ稚魚の細菌叢. 北海道大學水産學部研究彙報, 51 (1) : 63－69.

渡辺研一・吉水守 (2002) 大腸菌発現VNNウイルス外被タンパク質に対するマ

ツカワの液性免疫応答開始時期. 魚病研究, 37: 92－94.

Watanabe, K., Suzuki, S., Nishizawa, T., Suzuki, K., Yoshimizu, M. and Ezura, Y. (1998) Control strategy for viral nervous necrosis of barfin flounder. Fish Pathology, 33: 445－446.

渡辺研一・篠崎大祐・小磯雅彦・桑田博・吉水守 (2005) シオミズツボワムシ複相単性生殖卵の消毒. 日本水産学会誌, 71: 294－298.

吉松隆夫 (1999) やさしくできるアルテミア耐久卵脱殻処理のすすめ方. 養殖, 36 (2) : 106－112.

吉水守 (1999) ワクチン投与までの防疫対策. アクアネット, 2: 26－29.

吉水守・絵面良男 (1999) 抗ウイルス物質産生細菌による魚類ウイルス病の制御. Microbes Environ., 14: 269－275.

Yoshimizu, M., Fushimi, Y., Kouno, K., Shinada, C., Ezura, Y. and Kimura, T. (1992) Biological control of infectious hematopoietic necrosis by antiviral substance producing bacteria. *In*: Proceedings of the OJI International Symposium on Salmonid Diseases, Oct. 22－25, 1991 (Kimura T. Ed.) , Hokkaido University Press, 301－307.

❖ 第16章 ❖

食の安全をめざした漁港・産地市場の衛生管理

1　はじめに

食品の安全性確保の手法は,「リスク分析」とフードチェーン・アプローチとよばれる「生産現場から食卓までの一貫した対策」である。食品加工分野では，安全性を損ねる危害要因を分析し，危害を及ぼす可能性のある重要な管理点で安全性を確認するシステム（HACCP：Hazard Analysis Critical Control Point）が導入されている。すなわち，事業者は天然魚介類あるいは養殖産物の漁獲から陸揚げ，加工場への搬送，加工場から消費者に届くまでの流れ（フードチェーン）の各段階ごとに危害分析（HA）を行い，重要な管理点（CCP）を抽出し，施設ごとに管理者が整備を進め，消費者が客観的に評価できるシステムを事業者と行政が一体となって構築する必要がある。水産物の流通はその経路が複雑なため，食中毒などの事故が発生した場合，原因の特定が困難で，その間に消費者の不安が増幅して，加工場から小売店まで関連する産業全体に多大な影響を及ぼす可能性がある。水産物の安全確保は漁獲から消費までのすべての段階で，食品衛生に関する理解と忠実な実行が必要である。

2　消費者の食品衛生に対する意識

食品安全委員会が2003年に実施した「食の安全に関する意識調査」で，生産から消費までの各段階で，安全性確保のために改善が必要なのは，水産物では生産段階（76.9%），次いで製造および加工段階（58.9%）となっている（複数回答可）。食品の産地や材料，賞味期限などを消費者にわかりやすく，信頼される形で示す必要も指摘されている。米国へ輸出される水産加工食品は，HACCPの導入に関する連邦規則の改正を受け，この規則の適用を受けるに至った。またヨーロッパ連合（EU）が示した水産食品取扱施設などの衛生基準に準拠し，EU域内に輸出する水産物の取り扱い要領が改正された（笠井ら，2004）。輸入水産物に関しては，検疫所で食品衛生法に基づく検査が行われ，水産物の安全性確保が図られている。

3　漁獲から消費者までの水産物の流れ

漁獲されてから消費者に届くまでの水産物の流れは，漁場→漁獲→漁港→産地市場→加工場→消費市場→小売店→消費者となっている。加工場から消費者までの各過程は HACCP に基づく衛生品質管理対策が行われている。漁獲から加工場までの過程における衛生管理は，生産者が個々の判断で取り組んでいるところが多かったが，産地市場を中心に，衛生管理に関する取り組みが進み，衛生管理型漁港の整備が進んでいる。

水産物のフードチェーンでは多くの非加熱食品が流通している。魚介類のタンパク質は畜肉に比較して劣化が早く，低温にして肉質を保つとともに，漁獲されてから産地市場を経て消費者に届くまでのすべての段階で，食中毒細菌あるいは腐敗細菌をつけない，増やさないための管理を行い，水産物の品質と安全性を確保しなければならない。ウイルスは，従来宿主細胞内でのみ増殖する。食中毒患者から排出され，下水処理場で不活性化されないままに流れ出たウイルスは，貝類に餌とともに取り込まれ，生物濃縮される。冬季の低水温下でウイルスは安定であり，感染性が保持されるため，出荷前に浄化を考えなければならない（吉水, 2007）。一方，加熱調理が基本の畜肉が地面に置かれていないのに対し，以前は，生で食べる魚を魚市場の床に並べていた。手かぎで魚を引きずったり，ときに長靴で蹴飛ばしたりする光景がみられ，スーパーマーケットでの魚の陳列からは想像できない扱いであった。水産関係者に食品を取り扱ううえでの衛生に関する意識改革が求められ，水産物を床から離す運動が進められた。現在は 60 cm（最低 10 cm 以上），床から離されるようになっている。

4　水産物の衛生管理，品質管理の必要性

水産食品に起因する健康障害の第 1 位は，腸炎ビブリオ（*Viblio parahaemolyticus*）による食中毒であり，1996 ～ 2005 年の統計では毎年 108 ～ 839 件，患者数 1,342 ～ 12,318 人の発生が報告され（厚生労働省食中毒統計資料），件数も患者数も日本の食中毒全体の 4.6 ～ 28.6 % を占めていた。しかし，2011 ～ 2015 年は 47 ～ 224 件と減少し，この減少は漁港および産地市場の衛生管理，とくに氷の使用と清浄海水の使用

によるものと考えられている。1998年に北海道でイクラの腸管出血性大腸菌（O157：H7）による食中毒が発生し，水産関係者に大きな衝撃を与えた。早期の段階で食中毒の発生源である加工場が特定されたにもかかわらず，一時，すべてのイクラ製品が小売店の店頭から消え，サケ漁業への影響も懸念された（笠井ら，2004）。この事例は，水産物のフードチェーン・アプローチにおける品質・衛生管理のあり方について，多くの教訓を残した。水産物の取り扱いは，大量生産，大量流通，大量消費を特徴としているために，食中毒など人に及ぼす危害は，品質・衛生管理上のわずかな過失でもその規模は著しく拡大する。また，複雑な流通経路のために原因の特定が遅れ，消費者の不安が増幅し，さらには風評被害により関連産業全体に影響が及ぶおそれがある。

水産食品の安全確保は食品衛生法の理念にのっとり，生産現場から消費者までのフードチェーンを，リスク分析の手法に従って自主管理することを基本にしている。フードチェーン・アプローチでは加工場でのHACCP同様，流通過程でのリスク分析を行い，生産から小売店に至るすべての過程で安全性を損ねる可能性のある作業工程を分析し，危害を及ぼす可能性のあるすべての重要管理点で安全性を確認するための管理基準を設定し，安全性が保たれているかどうかを定期的に検査して製品の安全性を保証している。

さらに，生産者と顔の見える関係を築くことで，消費者が安心感を得られるような配慮が必要となってきた。このような安心感と安全性の確保とは必ずしも一致しないが，安全性を確保するとともに，トレーサビリティの導入によって消費者に生産者の顔が見えるようになり，食品産業に従事する人々にも責任感が生まれてきた。

EUは農業分野において農業生産工程管理（GAP：Good Agricultural Practice）手法を導入し，生産された農産物の安全性や品質を保証して消費者，食品事業者の信頼を確保している。農産物の安全確保のみならず，環境保全，食品の品質の向上，労働安全の確保などに有効な手法であり，水産庁では委員会を設け水産物でもGAPの普及を提唱している。日本でも多くの養殖業者が自らの養殖生産条件や実力に応じてGAPに取り組むことが，安全な水産物の安定的な供給，環境保全，経営の改善や効率化の実現につながるとして普及が図られている。基本はリスク分析に基づく自主衛生管理である。さらにイギリスなどでは漁獲時点での資源管理を進めるマリン・エコラベル（MSC）の普及が図られ，日本でも日本版マリン・エコラベル（マリン・エコラベル・ジャパン）の認証が進められている（第14章参照）。養殖魚へのGAPの導入や食品衛生法の理念に合致した漁港の衛生管理およびその度合い（レベル）の認定が図られ，水産物の衛生品質管理に優れた産地市場を認定，公表（http://qc.suisankai.or.jp/）することにより，先進的取り組みの事例を広く紹介して，産地市場の衛生品質管理の向上をめざしている。水産加工場へのHACCPの導入とこれらの衛生管理システムの普及，前述のトレーサビリティが組み合わさって，水産物の安全性が確保されるようになってきた。

水産物の品質管理，衛生管理の取り組みでは，前述のイクラの事例を受け，サケ定置網漁業で水産物の漁獲から加工場に至るまでの産地の一貫した品質管理を行う必要が出てきたことから，漁獲，漁港，産地市場，加工場など，業種別の品質管理の現状が調査，分析され，さらに問題点を把握して具体的な改善策を盛り込んだモデル計画が策定された。これらの調査における危害分析結果および調査結果をもとに，サケのほか，マダイ，ブリなどの養殖魚についても，全国で品質管理および衛生管理の整備がみられるようになった。漁獲物を食中毒原因細菌による汚染から守ることが，より安全な食品を消費者へ提供するために必要と考えられる。漁獲から消費者までの水産物の流れのなかで，水産物が加工場に搬入されてからは，厚生労働省が管轄する衛生部局の指導に従うことになる。漁獲から加工場に至るまでは農林水産省の指導のもとにあり，後述する漁港を含めた水産物の品質管理および衛生管理に関する配慮が，両省および消費安全局から求められている。

5　漁港における品質管理・衛生管理

漁港での品質管理，衛生管理には，漁獲されてから加工場に受け入れられるまでの工程が含まれる。加工場は食品を取り扱う場所であり，食品衛生法のもとで衛生管理が行われてきた。しかし，加工場に搬入されるまでの水産物の取り扱いは農林水産省の指導に任されてきた。この工程には漁獲から漁港での水揚げ作業，産地市場でのセリまでが含まれる。

5-1　漁獲から水揚げ前まで

この工程では作業従事者の健康管理，船の清掃，備品と有害物の管理，出航前と帰港時の点検，氷と使用海水の衛生管理，船倉の衛生管理，漁獲物の品質管理，船内作業の衛生管理などがあげられる。全国の漁港の衛生管理レベルを，少なくとも食品衛生法の理念に合ったレベルに設定しようという取り組みが行われている。作業従事者の健康管理は基本であり，定期的な健康診断が必要である。船の清掃も重要な課題である。船内の備品は，船体の揺れにより容易に倒れないように，有害物はこぼれないように管理する必要がある。前述の出航前および帰港時の点検結果は，必ず記録に残すようにする。これはHACCPに基づく自主衛生管理の基本となる。氷の衛生管理に関しては，規格の制定など整備が進んでいるが，使用海水の衛生管理に関しては，港内海水をそのまま使用してよいものかどうか検討が行われている。また船倉の衛生管理，漁獲物の品質管理，船内作業の衛生管理は，食品原料としての魚介類の品質を保持するための重要な要素である。

現在の漁港の港内海水は必ずしも衛生的ではなく（横山ら，2010），また多くの港では，漁船は漁港内の海水で船体を洗浄し，この洗浄水を港内にもどす行為が港の汚染につながっている。船倉には氷とともに港内海水を満たす場合が多いが，港内海水は化学的な成分で差がなくても，細菌を指標にすると港外海水と大きな違いがみられ，大腸菌や食中毒細菌が存在する可能性がある。このような港内海水で船体や岸壁，市場の床を洗う問題への対処として，殺菌海水がある。以前は大量の海水の殺菌処理が難しく，水産排水，とくに養殖排水や漁港の排水などの殺菌を論議することができなかったが，有機物除去法とともに大量の海水の殺菌が技術的に可能となった現在（吉水・笠井，2002；吉水，2006），漁港での殺菌海水の使用について，関係者全員で考える必要がある。

5-2　水揚げ場

水産物を水揚げする場合，当然のことながら岸壁に直接置かないようにする必要がある。サケ・マス類の事例を参考に，全国で水揚げ場での保冷タンクの利用が広く普及してきた。水揚げ場となる岸壁には作業車が乗り入れ，近隣の住民も車で出入りするため，車の導線を設け，作業台あるいは選別台を設置し，選別された漁獲物は保冷タンクに収容するように改善された。また岸壁の清掃も重要な課題である。鳥害は糞害も含めて，その防止のために港の清掃は重要である。

5-3　産地市場

産地市場に関しては，多くの市場で建物の構造を衛生管理型に改める必要があり，漁港における荷捌き場の衛生管理指針が策定され（http://www.jfa.maff.go.jp/j/gyoko_gyozyo/g_hourei/pdf/），大日本水産会は水産物の衛生品質管理に優れた産地市場を認定している（http://qc.suisankai.or.jp/）。具体的には，扉の二重化による鼠(そ)族（ネズミなどの小動物）や昆虫の侵入防止，フォークリフトの専用化，床の水はけの改善，漁獲物を載せる台の設置，未処理排水の港内への流出防止，入場者の制限および専用の作業衣，帽子着用の義務化，トイレ使用時の靴の履き替えなどであり，使用水も水道水あるいは殺菌海水とするなど，長期計画のもとで改善が進んでいる（図1）。EUへの輸出に関しても，産地市場整備のガイドラインが策定されている（水産庁漁港漁場整備部，2015）。

さらに，荷捌き場において漁獲物に関する記録を残すことが重要な意

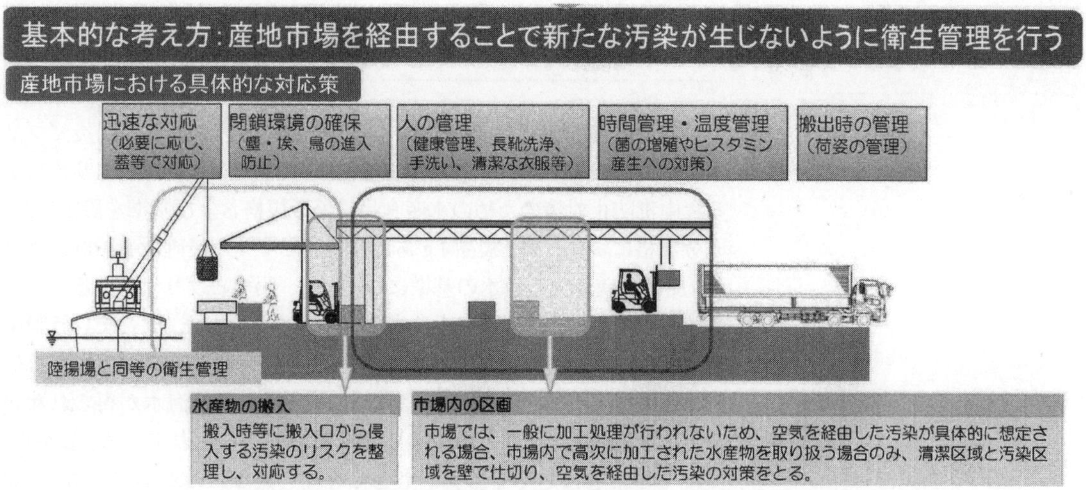

図1　衛生管理型漁港における産地市場（漁港漁場漁村総合研究所 浪川珠乃氏提供）

味をもつ（http://www.maff.go.jp/j/syouan/seisaku/trace/index.html）。トレーサビリティを導入する場合，水産物は個体ではなく群が最小単位となると考えられるため，識別票は，牛の耳についているような個体ごとではなく，養殖魚では生簀，天然魚では定置網や刺網あるいは漁場，漁船ごととなる。その意味でも入出港記録，漁獲の日時，場所，網あるいは養殖生簀の場所などの記録が重要であり，危害分析を行う場合の重要参考資料となる。

6　加工場および輸送，流通における品質管理・衛生管理

加工場では早くから衛生管理が導入され，現在はHACCPへの対応で，順次改善がなされており，多くの優れたHACCPマニュアルがある。施設では原料処理区域と食品加工区域の明確化，従業員の衛生管理に対する意識の向上と健康管理，そして作業区域内での手，足，衣類の衛生管理，製品の温度管理，異物混入防止などが図られている。

輸送は大部分が保冷あるいは冷凍設備を備えたトラックやコンテナーとなっている。この場合，冷凍機の故障，電源のトラブル，交通事故あるいは交通渋滞などにより品質が変化したり，輸送に時間がかかったりすることがあり，これらに関しても記録の整備が不可欠であり，フードチェーン・アプローチの重要課題となる。流通過程ではさらに受け取り確認とそのときの輸送庫内温度の確認と記録，賞味期限の管理，クレーム管理，リコール時の協力体制などの整備が必要である。

7　非加熱の水産物の品質管理，衛生管理

日本の水産食品による食中毒の第1位は，前述のように腸炎ビブリオによるものであり，厚生労働省は2000年5月に，腸炎ビブリオによる食中毒防止対策のための水産食品に係る規格および基準を設定した。成分規格については，製品1gあたり腸炎ビブリオ最確数を100以下とし，加工に使用する海水の基準については，腸炎ビブリオによる二次汚染防止のため，殺菌海水や人工海水の使用を規定した。ここでいう殺菌海水とは，飲用適の水か清浄な海水を意味する。当時の技術水準では，紫外線殺菌しか該当する方法はなく，十分量の殺菌海水が得られないことから，やむなく海水への次亜塩素酸添加が行われている。しかし，環境や作業者に対する影響が大きく管理も難しいのが実情であり，環境に優しく簡単かつ効果的な殺菌装置の普及が望まれている。さらに，イクラや生ホタテガイ製品，生食用カキは，加工で熱を加える工程がないために，これらの安全性を確保するには，加工場での衛生管理はもちろん原料段階での洗浄，鮮度保持管理，品質管理が重要になる。加工原料としての漁獲物を食中毒細菌による汚染から防ぐことは，より安全な食品を消費者へ提供するために必要な処置と考える。

8　トレーサビリティの必要性

HACCPによって安全性を確保するとともに，トレーサビリティの導入によって，生産者，製造者にも責任を自覚してもらうことが小売店として当然の販売戦略であり，消費者が望むところでもある。前述した漁獲から消費者に至るまでの水産物の流れのなかで，とくに受け渡し場所における品質・衛生管理の問題点の分析，改善策，基準の策定が必要であり，記録を残すことにより矢印を逆にたどること，すなわちトレーサビリティが可能となる。最もたいせつなことは，消費者の信頼を得るための情報の開示，提供である。漁獲の情報から加工，流通の情報など，生産現場から小売現場までの各過程での情報を開示することによって，消費者は安心して商品を購入することができる。まだ試行段階ではあるが，携帯電話やスマートフォンでバーコードを読み取ったり，スーパーで端末を操作したりすると，生産者の顔が見え，いつどこで漁獲され，どの業者の車でどこに運ばれ，セリはいつ，誰が競り落とし，どこで加工されたかといった情報が得られるようになった。各種バーコードやICチップの開発が行われているが，識別標識の管理をどの機関が行うかがこれからの課題である。HACCPの導入とともに，このような情報

が提供されれば, 消費者は安心して水産物を購入できるようになる。

（吉水 守）

参考文献

笠井久会・野村哲一・吉水守 (2004) 秋サケの食品としての安全性確保について, 魚と卵, 170: 1－8.

水産庁漁港漁場整備部 (2015) 漁港・市場における輸出対策ガイドライン, 2015 年版, 97 pp.

横山純・笠井久会・森里美・林浩志・吉水守 (2010) 漁港の衛生管理に向けた細菌学的調査, 日水誌, 76: 62－67.

吉水守 (2006) 魚貝類の疾病対策および食品衛生のための海水電解殺菌装置の開発, 日水誌, 72: 831－834.

吉水守 (2007) 安全・安心な水産物の提供をめざして–秋サケとホタテ・カキを例に, 日本水産資源保護協会 月報, 512: 9－15.

吉水守・笠井久会 (2002) 種苗生産施設における用水および排水の殺菌, 工業用水, 523: 13－26.

◉ コラム－5 ◉

新しいビジネスモデルに基づくホタテガイ加工の提案

ホタテガイは日本の水産業において重要な水産物であり，その加工品は輸出主要品目となっている。先達による増養殖事業の成功は，原貝の安定生産をもたらし，過疎化が進行する地域の経済を支えている。とりわけ北海道産のホタテガイは東アジアにおいて，すでにジャパンブランドとして確立されているほどである。原貝を冷凍するだけの加工度の低い両貝冷凍品*の輸出増大や，主産地であるオホーツク海沿岸の低気圧被害による生産力低下は，産地に展開する加工業者に対して原貝の調達困難，価格高騰をまねき，恒常的な労務管理や事業継続に影響する問題が顕在化しつつある（図1）。

ホタテガイ加工は大きな閉殻筋（貝柱）を主な原料としており，軟体部を構成する貝柱以外の部位は，外套膜（ミミあるいはヒモとよばれる）を除き廃棄されている。このため，原料貝の高騰に対抗するためには，貝柱加工の生産性向上や製品の高品質化が必要となる。しかしながら，1個の加工品を生産する現在のビジネスモデルでは，対応に限界がある。本質的な問題の解決のためには，1原料から複数の新製品を創出す

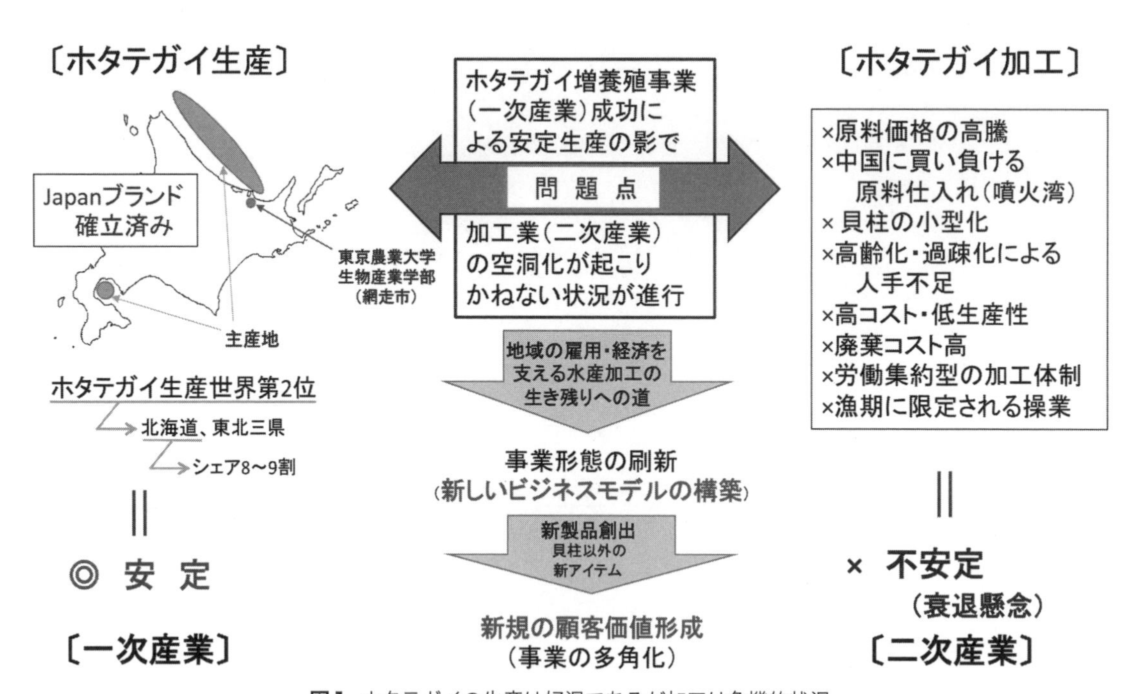

図1 ホタテガイの生産は好況であるが加工は危機的状況

＊ 両貝冷凍品：原貝を左右の殻がついたまま冷凍したもの。

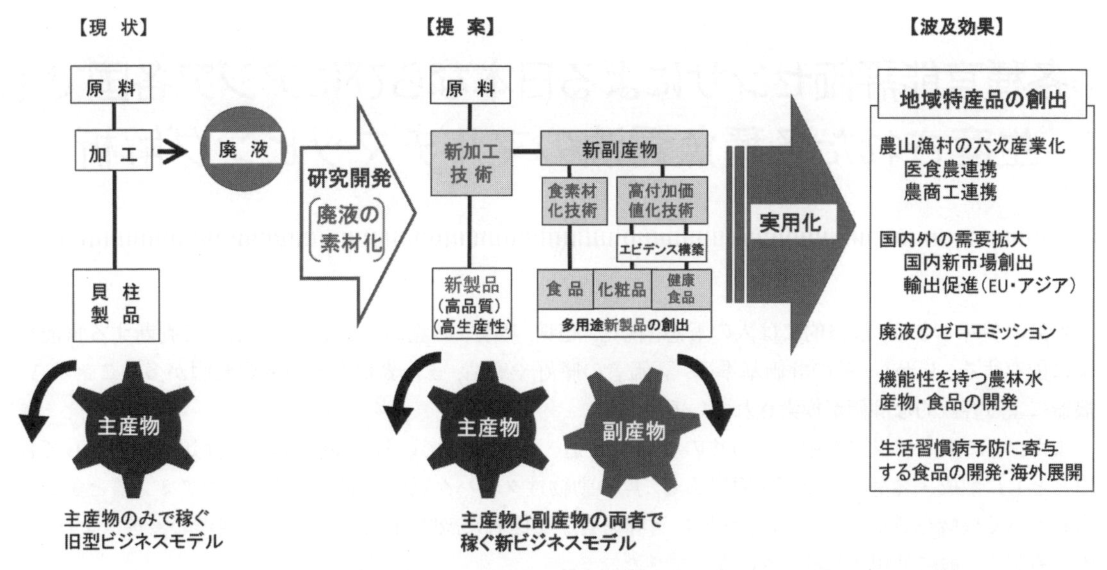

図2 新しいビジネスモデル構築のコンセプト

る多角化ビジネスモデルの構築が必要であると考える。ホタテガイ加工は，貝柱摘出を非加熱で処理する生鮮加工用途と加熱（煮熱）によって行う加熱加工用途の２つに大別される。どちらも，貝柱摘出は手作業で行う労働集約的なプロセスであることから改善が求められるが，とくに煮熱プロセスは生産性のボトルネックとなっている。このため加熱加工用途の改善の余地は大きい。

煮熱プロセスではグリコーゲンやタウリン，グリシンといった遊離アミノ酸などの有価成分が煮液に溶出してしまい，その成分の有効な回収，利用がなされていない。グリコーゲンは保湿材として化粧品素材となりうる。タウリン，グリシンは人体で胆汁酸の材料となっており，煮熱プロセスで溶出したものが回収，素材化できればコレステロール代謝改善に役立つ新商品の創出が期待できる。遊離アミノ酸はこのような機能性に加えて呈味に優れていることからも，食素材として利用価値を高めることが期待される。これら有価成分を加工現場で素材化することにより，現行のホタテガイ加工を高度化し，新素材を創出する新しいビジネスモデルに転換できると考えており，実現に向けた取り組みを行っている。

（山﨑雅夫）

参考文献

山﨑雅夫（2014）ホタテ乾燥品の生産性向上と高品質化技術の開発．日本食品保蔵科学会誌，40（3）：135－141.

◉ コラム－6 ◉

各種官能評価センサによる日本ならびにアジア各国で生産された各種魚醤油のマルチマッピング解析

食品の美味しさは，最終的には人の五感（視覚，聴覚，嗅覚，味覚および触覚）によって判断する官能評価に依存する。しかし，その評価基準は，評価者の嗜好や感情，また表現などの変動要因が多いことから，機器による客観的な評価が模索されている。

また，主に東南アジアを中心に多くの種類が製造・販売されている魚醤油は，魚介類を原料として食塩とともに熟成・発酵させた調味料である。魚の動物性タンパク質の分解により生じたアミノ酸と魚肉に含有される核酸を豊富に含むため，濃厚な旨味を有する優れた調味料で，エスニック料理の浸透により，日本でも広く一般に使用されるようになってきた。

図1 各種機器による魚醤油の美味しさの解析

われわれは，主に東南アジアで生産されている魚醤油について各種官能評価センサを用いて，色調，味および香りを解析し，種々の製品をグルーピングしてそれらの特徴を明らかにする研究を行っている。

以下に研究の概要を記す。タイ，ベトナム，韓国および日本で生産されている各種魚醤油について，AlphaMOS 社の画像解析装置（IRIS）にて色調の，電子味覚システム（αASTREE）にて味の，さらににおい識別センサーシステム（αFOX）にて香りの解析を行うとともに，香気成分についてはヘッドスペース法にて Agilent・Technologies 社の GC-MS を用いて測定した（図1参照）。

その結果，タイ，ベトナムおよび韓国産の魚醤油は同じグループに分類され，色調，香りおよび味の類似性が高く，香気成分のばらつきが少ない傾向がみられた。それに対し，日本産の魚醤油はそれらとは別のグループとして判別され，原料，添加物および製造方法の相違が影響していることが示唆された。

（佐藤広顕）

❖ 第 17 章 ❖

水産業の六次産業化

1　六次産業化の背景

“六次産業化”は農林漁業といった一次産業者が自ら加工を行い，商品を作って販売・サービスを行うビジネスモデルである。現在，この“六次産業化”は，若年層の流出による高齢化や人口減少で疲弊する農山漁村地域を活性化させる方法の 1 つとして注目されている。2011（平成 23）年 3 月に「地域資源を活用した農林漁業者等による新事業の創出等及び地域の農林水産物の利用促進に関する法律」として法制化され，日本の重要な政策に位置づけられた。

日本経済は 1960 年代に世界的にも類例をみない高度経済成長を実現するが，当時の農山漁村地域からは大量の労働力が大都市圏や臨海工業地帯へと流出し，都市部への人口集中と農山漁村地域での過疎化といった問題をもたらした。背景には，都市部と農山漁村地域で拡大する所得格差が存在していた。

こうしたなかで新たな所得を獲得するために，1970 年代には生産条件の不利な農山村地域における地域振興策としての動きや，小規模農業・農村女性の自立を促す活動，個別経営による農業経営の複合化・事業の多角化を目的とした加工・販売・サービスを行う活動が展開し，地域の食品工業として経営組織の発展に取り組む事例もみられるようになってきた。すなわち，そこには個別の経営問題にとどまらず，地域全体の産業活性化という視点があり，地域の生産物を加工したり，販売方法を工夫することで農家の手取り収入を増やしたものから，地域の加工業やサービス業と結びついた地域ぐるみの展開へ発展させるものまで，多様な事例がみられる。したがって，一次産業者が自ら加工を行ったり，販売活動をする“六次産業化”はけっして新しい取り組みではない。

本橋修二氏は，表 1 に示すように，農村地域の加工活動の実態を 5 つに類型化（本橋, 2001）し，①農家自給向上型，②地域自給向上型，③農業経営向上型，④地域農業振興型，⑤地域食品産業展開型に整理して，自給的段階から企業的段階まで経営組織の発展段階として捉えている。本来，農山漁村における加工活動は，自家農林水産物の余剰品や規格

表1 農村加工活動の５つの類型と展開
本橋 (2001) をもとに作成。

経営タイプ	内容	目標
①農家自給向上型	自家農産物の加工・貯蔵利用が中心	家庭・地域食生活提案をめざした多品目少量生産方式
②地域自給向上型	加工・販売による地域農産物の発掘と利用拡大	
③農業経営向上型	農業＋農産加工部門の複合経営	PB (プライベート・ブランド) 商品, 特産品開発・育成をめざした多品目中～大量生産方式
④地域農業振興型	農業生産＋1.5 次産業の地域複合経営	
⑤地域食品産業展開型	地域農業と結びついた企業的農産加工の展開	地域ブランド, 産地形成をめざした多品目大量生産方式

外品を用いて, 自家消費や贈答用として開始され, それぞれの地域の伝統的な加工・貯蔵法が確立する過程でもあった。

さて, こうした取り組みを“六次産業化”として最初に世へ提唱したのは, 今村奈良臣氏 (東京大学名誉教授) である。これまでの経済社会の発展のなかでは, 社会的分業が進み, 農山漁村でとれた農産物や水産物を大消費地に流通させるための流通システムが構築され, 農業協同組合や漁業協同組合がその中核を担っていた。そのなかで, 農林漁業は食品原料の生産を担当する分野に特化し, 農林水産加工や食品加工は食品製造企業が担い, 流通・販売・サービスなどを卸・小売業やサービス産業が担うようになっていた。

そこで, 今村氏は,「農業は農畜産物の生産という一次産業にとどまるのではなく, 二次産業 (農畜産物の加工や食品製造) や三次産業 (販売・流通・情報サービス・グリーンツーリズムなど) にまで踏み込むことで農村に新たな付加価値＝所得を創り出し, 新たな就業機会を創り出す活動をすすめよう」(今村, 1997) として“六次産業化”を提唱した。

今村氏が“六次産業化”を提唱した当時の日本は, バブル経済破綻後の「平成不況」とか「失われた 10 年」などと表現されたように景気が低迷し, 地方においても雇用の受け皿であった製造業を中心とする誘致企業の撤退 (生産拠点のアジア化など) がみられるなど, 雇用がどんどん失われていった時代状況でもあった。

ちなみに, 農林水産省が発表した 2011 年度の「農林漁業及び関連産業を中心とした産業連関表」によれば, 日本国民全体の食用農林水産物の生産から飲食料の最終消費に至る流れは, 食用農林水産物が約 10 兆 4,700 億円 (国内生産 9 兆 1,700 億円, 輸入食用農林水産物 1 兆 3,000 億円) に, 輸入加工食品 5 兆 9,100 億円が食材として国内供給され, 飲食料の最終消費額は約 76 兆 2,700 億円 (100％) となっている。この内訳は生鮮品等が 12 兆 4,700 億円 (16％), 加工品が 38 兆 6,800 億円 (51％), 外食が 25 兆 1,200 億円 (33％) となっている。

すなわち，国内外の食材が最終消費者に届くまでに，食品製造業，食品関連流通業，外食産業を経由することで，加工経費，商業マージン，運賃，調理サービス代などが付加されており，今村氏の“六次産業化”は，まさに農山漁村から生み出された付加価値を農山漁村にとりもどす取り組みであると言える。

2　六次産業化の動向と水産業の六次産業化

“六次産業化”の概念については，農商工連携との比較で説明される場合が多い。図1で示される六次産業化は，一次産業の農林水産業が主体となり事業の多角化として，製造分野（二次産業），販売・サービスの分野（三次産業）へ進出し，さまざまな投資を行って生産施設を増強し，顧客に向けて直接，製品やサービスを提供するビジネスモデルを表している。

一方，一次産業，二次産業，三次産業が連携し取り引きをするかたちで，新商品やサービスを提供する仕組みを農商工連携と言うが，農商工連携の主体（イニシアチブ）は，一次産業とは限らず，製造業や小売業が主体になるケースもある。その場合は，一次産業は，安価に原料を供給する役割にとどめられてしまう可能性もある。したがって，本来の“六次産業化”は，一次産業がイニシアチブをもって価格決定権を有していることがとくに重要である。

この農山漁村における“六次産業化”の活動は実に多様に存在するが，これらの動向を統計的に把握しようとする場合に，農林水産省「農業・農村の6次産業化総合調査」が参考になる（http://www.maff.go.jp/j/tokei/kouhyou/rokujika/）。

表2は，農業・漁業生産関連事業の年間総販売金額と総従事者数を示しているが，いわば“六次産業化”の市場規模を示すものである。農業生産関連事業は，農産物の加工，農産物直売所，観光農園，農家民泊，農家レストランなど，農産物の輸出，漁業生産関連事業は，水産物の加工，水産物直売所によって構成されている。

これを年間販売金額でみると，農業生産関連事業は2011年の1兆6,368億円から2013年の1兆8,174億円へと増加し，漁業生産関連事業は1,615億円から2,031億円へと増加している。また，事業体数は，農業生産関連事業は2011年の65,030事業体から2013年の66,680事業体へと増加し，漁業生産関連事業は2,150事業体から2,100事業体へと減少している。さらに従事者数は，農業生産関連事業は2011年の42万9,200人から2013年の46万7,100人へと増加し，漁業生産関連事業は1万8,200人から2万3,000人へと増加している。総じて農業・漁業の生産関連事

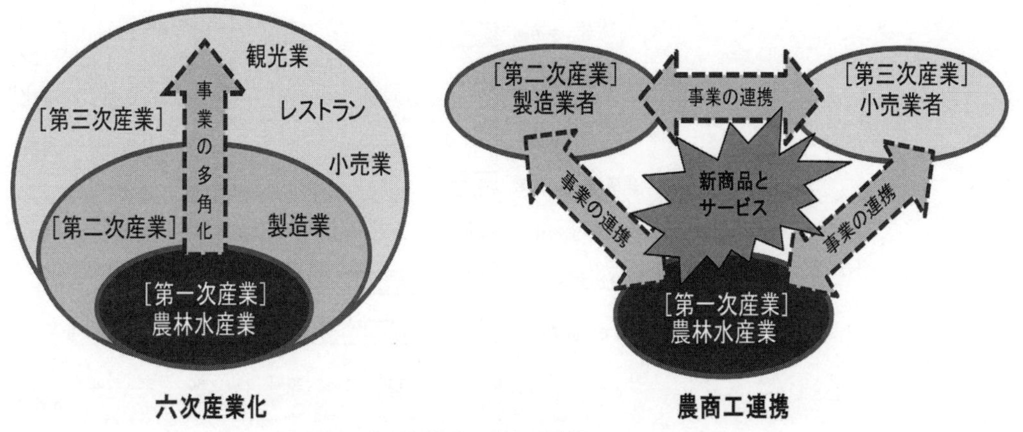

図1　六次産業化と農商工連携

表2　農業・漁業生産関連事業の年間総販売金額と総従事者数の推移
農林水産省「農業・農村の6次産業化総合調査」。

単位：100万円，100人

	年間販売金額			事業体数			従事者数		
	2011年度	2012年度	2013年度	2011年度	2012年度	2013年度	2011年度	2012年度	2013年度
農業生産関連事業　計	1,636,820	1,745,125	1,817,468	65,030	66,350	66,680	4,292	4,512	4,671
農産物の加工	780,118	823,730	840,670	29,850	30,390	30,590	1,561	1,606	1,779
農産物直売所	792,734	844,818	902,555	22,980	23,560	23,710	2,000	2,149	2,126
観光農園	37,622	37,932	37,766	8,810	8,850	8,730	559	560	569
農家民宿	5,631	5,731	5,431	1,960	1,960	2,090	70	73	69
農家レストランなど	19,884	27,207	31,045	1,350	1,480	1,570	90	113	128
農産物の輸出	—	5,707	—	—	120	—	—	11	—
漁業生産関連事業　計	161,521	185,361	203,191	2,150	2,170	2,100	182	211	230
水産物の加工	133,912	154,250	171,916	1,560	1,560	1,490	145	163	174
水産物直売所	27,609	31,112	31,275	580	610	610	37	48	56

業，すなわち“六次産業化”の市場規模は増加傾向にあると言える。

ただし，日本全体の農業産出額，漁業・養殖業生産額の数字と対比すると，その位置づけは，高い水準とは言えないだろう。例えば，農林水産省「生産農業所得統計」（http://www.maff.go.jp/j/tokei/kouhyou/nougyou_sansyutu/）によれば，農業と畜産業を合わせた農業産出額は2013年で8兆4,668億円となっており，先の農業生産関連事業の1兆8,174億円は約21％となっている。一方，「漁業・養殖業生産統計」によれば，海面漁業と内水面漁業を合わせた漁業・養殖業生産額は2013年で1兆4,396億円となっており，先の漁業生産関連事業の2,031億円は約11％となっている。

こうしてみると農業と漁業・養殖業には，約10％の開きがあるが，水

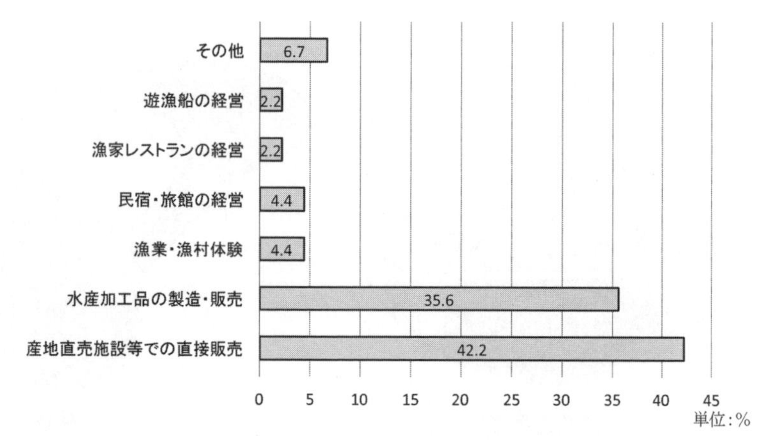

図2 漁業者による六次産業化の取り組み内容（割合）
農林水産省「食料・農業・農村及び水産資源の持続的利用に関する意識・意向調査」（2011年5月公表）。
注：情報交流モニターのうち，漁業者モニター400名を対象。回収率は86.8％（347名）。「すでに6次産業化の取り組みを行っている」と回答した者（45名）について，その取り組み内容を聞いたもの。

産物流通においては，青果物流通と比較して，水産物の水揚げ量が変動しがちで，多様な魚種を短時間で処理することが求められてくるため，産地卸売市場（漁業者・卸売業者・漁業協同組合→産地買受人）と消費地卸売市場（卸売業者→仲卸業者）という2段階の卸売市場を経由していることが特徴となっている。すなわち，水産物は産地から消費地まで常時冷蔵による鮮度保持が必要となることや，その多くが切り身や刺身に調理されたうえで販売されることから，流通コストが割高*になるといった特徴がある。そのため，漁業者・漁業協同組合による直接販売への取り組みは，農業に対して遅れてきたと言える。また，どちらかというと，農畜産物に対して水産物では，生鮮品としての素材そのものの鮮度や価値を重視したブランド化への取り組みが先行していたため，高次加工が行われにくいという特性もあった。

例えば，先の「農業・農村の6次産業化総合調査」では，漁業生産関連事業の内訳が水産物の加工と水産物直売所しか把握できなかったが，図2で示した農林水産省「食料・農業・農村及び水産資源の持続的利用に関する意識・意向調査」（2011年5月公表）によれば，漁業者を対象に行ったアンケート結果からは，“六次産業化”の取り組み内容として多いのは，「産地直売施設等での直接販売」（42.2％），「水産加工品の製造・販売」（35.6％）であり，「漁業・漁村体験」（4.4％），「民宿・旅

＊ 2009年「食品流通段階別価格形成調査」の水産物経費調査および青果物経費調査によれば，水産物の価格構造は，生産者受取価格に相当する部分が28.0％であるのに対して，青果物では生産者受取価格の割合は44.7％となっている。水産庁「加工・流通業の持続的発展と安全な水産物の安定供給の実現」2011年11月を参照のこと。

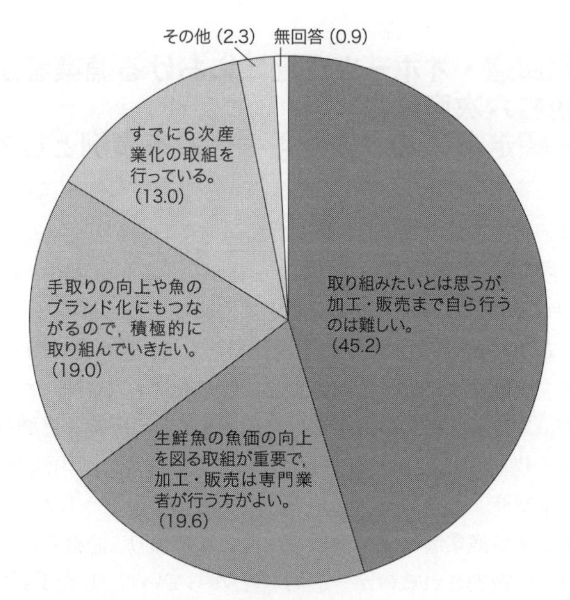

図3 漁業者の六次産業化に対する意識（割合）
農林水産省「食料・農業・農村及び水産資源の持続的利用に関する意識・意向調査」（2011年5月公表）。
注：情報交流モニターのうち，漁業者モニター400名を対象。回収率は86.8％（347名）。「すでに6次産業化の取り組みを行っている」と回答した者（45名）について，その取り組み内容を聞いたもの。

館の経営」（4.4％），「漁家レストランの経営」（2.2％），「遊漁船の経営」（2.2％）となっている。どちらかというと，地元の消費者に対する地元の水産物の販売や，地元消費者が地元の水産物を消費する“地産地消”に向けた取り組みが先行しており，観光・ツーリズム分野への取り組みはまだ浅い。

一方，図3で示した漁業者の“六次産業化”に対する意識では，「すでに6次産業化の取組を行っている」（13.0％），「手取りの向上や魚のブランド化にもつながるので，積極的に取り組んでいきたい」（19.0％）となっており，これらの前向きな意向は32％となっている。それに対して，「生鮮魚の魚価の向上を図る取組が重要で，加工・販売は専門業者が行う方がよい」（19.6％），「取り組みたいとは思うが，加工・販売まで自ら行うのは難しい」（45.2％）としており，65％近くの漁業者は“六次産業化”に対して否定的である。

実際に，家族労働力を中心とする農業分野での“六次産業化”の課題は，労働力の不足，あるいは専門的人材の不足が第一と言われているが，漁業分野でも同様で，“六次産業化”を推進するには，新たな雇用の確保や加工・販売の専門的な知識・技術を持った人材の育成・確保が課題になってくる。

3　北海道・オホーツク地域における漁業者が取り組む六次産業化 −網走市**のワカサギの佃煮を事例として−

北海道・オホーツク地域は，全国においても漁業がとても盛んな地域であり，生産量・生産額ともに全国シェアが高いことは周知（第 14 章参照）のとおりである。また，漁業とともに水産加工業も展開している。とくにホタテガイは，各加工産地の主力原料として，玉冷（貝柱の冷凍品），干し貝柱，醤油漬けなどの各種加工品に製品化されている（コラム 5 参照）。また，スケトウダラの冷凍すり身加工も，揚げ蒲鉾など練り製品加工への原料供給に重要な役割をはたしている。また，国内消費のほか，ホタテガイやサケなどは海外にも輸出されている。こうしたなかで，オホーツク地域の漁業者は主に漁獲を中心としており，漁獲物は漁業協同組合を通して販売されるのが一般的***となっている。したがって，漁業者が直接，加工・販売などに取り組む“六次産業化”の事例はまだ少ない。

しかし，網走市においては漁業者が取り組む“六次産業化”として，ワカサギの加工・販売の事例がある。これらは漁業者が加工製造施設をもって製品を作り，自ら販売を行っている。具体的にこのワカサギの佃煮の加工・販売の事例を紹介したい。

主に網走湖で漁獲されているワカサギは，道内一の漁獲量（2014 年で 127.4 t）を誇っており，種卵は道内外の湖などに移殖されている。ワカサギの佃煮は，土産や贈答品として一定の需要があり，網走市内の土産店では必ず目にすることができる。

ワカサギの佃煮は，水産加工会社と漁業者が製造するケースに分かれるが，網走市では網走湖で漁業を営む約 30 件の漁業者のうち，6 〜 7 件の漁業者が佃煮の製造施設をもち，販売まで行っている。取材に応じてくれた A 経営は，先代から数えて約 50 年のワカサギの佃煮製造の歴史がある。以下では，ワカサギの漁獲−佃煮の加工・製造−販売の工程に分けてみていきたい（主な工程は図 4 を参照）。

** 網走郡大空町を含む。

*** 北海道水産林務部「北海道水産現勢」2013 年によれば，年間の北海道の組合員 1 人あたり生産額は 1,760 万円に対して，オホーツク海域の組合員 1 人あたり生産額は 4,680 万円となっており，オホーツク海域は日本海域の 940 万円，太平洋海域の 1,630 万円と比較してもずば抜けた生産額となっている。“六次産業化”のために，さらなる経費をかけてまで漁業者自らが加工・販売に投資をするべきかどうか，といった議論は常に存在している。

図4 ワカサギの佃煮の製造工程の一部

3-1　ワカサギの漁獲

網走湖では，10 月ごろから曳き網漁法で，湖表面が氷結する期間は氷下漁という漁法でワカサギを漁獲する。漁獲量は，かつては漁獲制限がない時代もあったが，現在では 1 日あたり 100 kg までと決まっており，A 経営の年間漁獲量は約 3 ～ 3.5 t となっている。漁獲量を制限しているのは資源維持の側面が大きい。漁獲されたワカサギは，大きさによって大・中・小に選別され，大・中サイズは仲買人を経て市場出荷され，小サイズは自社で佃煮に加工し販売する。

3-2　佃煮の加工・製造

ワカサギの佃煮は，主に①原料の洗浄，異物除去，②選別，③計量，④加熱（煮熟），⑤液切り，⑥冷却，⑦包装，⑧保管，⑨出荷といった各工程を経て加工・製造し，出荷される。

①原料の洗浄，異物除去，および②選別は，機械による選別と目視による選別によって行われる。異物は水草やほかの魚種，ゴミなどのことで，見つかれば取り除く。

③計量では，主原料（ワカサギ）と副原料（砂糖，水飴など）の計量を行う。

④加熱（煮熟）では，主原料（ワカサギ）を煮釜に入れて加熱し，これに副原料（砂糖，水飴など）を加えて煮熟する。

⑤液切りは，ざるを用いて行い，⑥冷却をして，⑦包装は，500 g で計量して，箱詰め作業を行い，⑧保管される（A 経営では 500 g 包装と 1 kg 包装の 2 種類がある）。

この工程は，原料の搬入から包装まで約 2 時間半で行われるが，A 経営の労働力は，家族 3 名と臨時雇用 2 名の合計 5 名である。

3-3 佃煮の販売

佃煮の販売価格は，各漁業者の製造工程や製造施設の規模などによって異なっており，A経営では1,400円（税込み）/500gに設定している。市内の土産店やスーパーなどでは流通経費が含まれるため2,000円台で販売されているので，漁業者からの直接取引価格のほうが消費者にとっては安価となる。ワカサギを市場出荷する場合は浜値が平均で450～500円/kg（小サイズ）となっているが，原料の歩留まり率を50%として勘案すれば，佃煮として販売する際には約2～3倍の付加価値が形成されていることになる。

ワカサギの佃煮は年末の歳暮商品としての需要が高く，A経営では8月ごろから予約注文を受け付け，宅配業者を通じて全国に発送している。主に東京・神奈川からの注文が多く，ほぼ固定客（リピーター）を確保している。佃煮の甘さ加減などは地域で統一することなく，各漁業者それぞれが個性を活かしており，A経営はほどよい甘さを特徴にしている。

4 おわりに

農山漁村地域における“六次産業化”の背景や水産業における“六次産業化”の動向をふまえ，漁業者が取り組む“六次産業化”の事例として，網走市のA経営によるワカサギの佃煮を取り上げた。A経営のワカサギの佃煮は，家族経営をベースとしながら，小サイズのワカサギに付加価値をつけ，味や製法に個性を求め，固定客（リピーター）を獲得しながら，一定の雇用と所得を生み出す“六次産業化”の事例として位置づけをすることができる。

しかし，食文化の変化により佃煮の需要が伸び悩むなかで，今後の経営対応をどのように考えるかといったところに課題がある。主に中高年層が固定客となっている現在は，漁業者の個性を活かした味付けが受け入れられているが，今後は佃煮の甘みや固さなど，顧客の志向に応じて工夫する必要が出てくるかもしれない。このほかにも，漁業者・漁業協同組合・産地買受人による直接取引といった流通ルートの多様化が，水産業の“六次産業化”を進めるうえでの鍵になると考えられる。

また，農林水産省の試算****によれば，食の外部化や食の簡便化が進

**** 農林水産省「少子・高齢化の進展の下におけるわが国の食料支出額の将来試算」2010年9月27日（プレスリリース；http://www.maff.go.jp/j/press/kanbo/kihyo01/100927.html）によれば，2005年の生鮮品の支出割合が26.8%から2025年には21.3%へと減少し，調理食品の支出割合が12.0%から16.6%へと増加することが予測されている。

み，人口減少・高齢化も伴って，家計の支出構成が生鮮品からより加工度の高い調理食品などへシフトすることが見込まれている。魚介類や水産加工品の消費が漸減傾向にあるなかで，調理食品や外食のウエイトが高まっている。しかし，こうした加工度の高い調理食品を製造するためには，一定の投資も必要であり，漁業者などの小経営者が対応するには限界もみられる。その地域の資源を有効活用し，地域のブランド商品として育てていくにはマーケティング戦略のみならず，衛生管理の徹底を含めて，さまざまな地域のステークホルダー（ここでは漁業者・漁業協同組合・産地買受人・行政・消費者など）が連携して活動することで，農山漁村地域全体の視点から活性化を展望する視点が求められてくる。

なお，水産業の“六次産業化”において，農業と比較して大きく異なる点は，漁業資源は適切な管理を行いつつ，持続的利用を視野に入れた対応を行っていかなければならない点にある。

（菅原 優）

参考文献

本橋修二 (2001) 農村加工と地域形成. *In*:「地域資源活用食品加工総覧」, 農山漁村文化協会, pp. 53－56.

今村奈良臣 (1997) 農業の第六次産業化のすすめ. 公庫月報, 農林漁業金融公庫 1997年10月号: 2－3.

◉ コラム－7 ◉

地域におけるアクアバイオ学科の役割

網走市では，世界でも有数の好漁場である「オホーツク海」と「網走湖」「能取湖」「藻琴湖」「濤沸湖」の4つの汽水湖で漁業が営まれており，漁獲量5万～6万t，生産額120億～140億円にもなる豊かな漁業が行われている。

オホーツク海ではサケ，カラフトマス，ホタテガイ，スケトウダラ，内水面ではヤマトシジミ，ワカサギが主に漁獲されており，ともに科学的知見に基づいた「つくり育てる漁業」と「資源管理型漁業」により安定的に漁業生産が行われている。これらの漁業は，網走水産試験場（現在の北海道立総合研究機構水産研究本部網走水産試験場），水産孵化場（現在の北海道立総合研究機構水産研究本部さけます・内水面水産試験場）や北海道の技術普及指導機関である水産技術普及指導所の学術的・技術的なサポートにより支えられている。そこに1989年に東京農業大学生物産業学部が開校され，さらに2006年にアクアバイオ学科が新設されたことにより，網走における水産研究体制は拡充強化され，既存機関とともに，網走の水産資源や漁場・海洋環境評価，未利用資源の有効利用などさまざまな面で協力いただいている。

公的研究機関と大学の機能を比較することは困難であるが，大学の研究の特徴として「基礎的研究と応用研究の両方が実施可能であること」，「時限や人事異動にとらわれない長期的な継続研究が可能であること」が大きいと考える。

産業としては，産業に直結する研究が評価されがちであるが，長期的また発展的な視野に立つと，基礎的研究が不可欠であると考える。また公的研究機関での研究は，事業年度や時限があり，一定期間内に結果が求められるが，自然科学的研究では，計画どおりに進むことは不可能に近いのが現状である。また，公的研究機関では人事異動による担当者の入れ替わりがあり，長期的な研究を1人の研究者が継続して行う

図1 沿岸環境調査

図2 藻琴湖の環境調査

ことは困難であり，環境モニタリングなど継続して長期間データを蓄積することも困難になってきている。しかしながら，網走市のような豊かな漁業を持続的に行うためには，地道なモニタリングを長期継続することは必須である。

現在，沿岸ならびに内水面の環境や低次生産に関するモニタリング調査がアクアバイオ学科で実施されている（図1，図2）。またホッカイエビの資源解析やキチジをはじめとした新たな増養殖技術開発，未利用資源の有効利用など，さまざまな面でアクアバイオ学科は地域に活躍の場をもつ。

公的研究機関では財政的な理由などにより，組織改編や集約化が徐々にすすめられてきており，現在実施されている調査研究を維持することも困難な状況になると予想されている。このようななかで，今まで以上に，地域におけるアクアバイオ学科の役割は重要となり，期待も大きくなると考えている。水産業が基幹産業である網走市としても，今まで以上に地域産業と大学が良い関係を築くための努力とサポートを行い，ともに「利」を得られる関係性の構築の一助を担いたい。

（渡部貴聴）

おわりに

現在，アクアバイオ学科には，371名の学部学生，大学院の博士前期課程には14名，後期課程には5名の学生が在籍する。そして，これまで，602名の学生がアクアバイオ学科を卒業し，36名の学生が大学院の博士前期課程を，2名の学生が大学院の博士後期課程を修了した。今後も，アクアバイオ学科教職員および学生一丸となり，オホーツク海，ひいては日本の水産業の持続発展に寄与することを誓い，筆を擱くことにする。

末筆ながら，アクアバイオ学科を支えてきてくれた元東京農業大学理事長（故）松田藤四郎先生，現東京農業大学理事長　大澤貫寿先生，元東京農業大学学長　進士五十八先生，現東京農業大学学長　高野克己先生，元東京農業大学副学長　蓑茂寿太郎先生，現東京農業大学副学長　渡部俊弘先生，元生物産業学部学部長兼アクアバイオ学科初代学科長　伊藤雅夫先生，元生物産業学部学部長　横濱道成先生，現生物産業学部学部長　黒瀧秀久先生，元アクアバイオ学科教授　谷口旭先生，元アクアバイオ学科教授　柏井誠先生，元アクアバイオ学科教授　坂井勝信先生，元アクアバイオ学科教授　水野眞先生，元アクアバイオ学科教授（故）鈴木淳志先生，元アクアバイオ学科准教授　桜井智野風先生，元アクアバイオ学科准教授　金岩稔先生，現アクアバイオ学科嘱託准教授　宇仁義和先生，現生物産業学部事務部長　小畑幹夫氏，元生物産業学部事務部長　松丸禎二氏，元生物産業学部事務部長　廣谷淳一氏，現生物産業学部事務員　西尾耕一氏，現アクアバイオ学科事務員　篠原聖子氏，元アクアバイオ学科事務員　西野菜穂子氏，アクアバイオ学科在校生および卒業生，北海道さけ・ます増殖事業協会，紋別漁業協同組合，湧別漁業協同組合，佐呂間漁業協同組合，サロマ湖養殖漁業協同組合，常呂漁業協同組合，西網走漁業協同組合，網走漁業協同組合，斜里第一漁業協同組合，羅臼漁業協同組合，標津漁業協同組合，阿寒湖漁業協同組合，国立研究開発法人水産研究・教育機構，北海道，網走市，北見市，紋別市，標津町，斜里町，小清水町，清里町，大空町，美幌町，羅臼町，北海道大学など関係者各位に感謝の意を表する。

松原　創・塩本明弘

著者一覧（五十音順，☆印は編著者）

朝隈康司	東京農業大学生物産業学部アクアバイオ学科
荒井克俊	北海道大学大学院水産科学研究院
伊藤雅夫	東京農業大学名誉教授
柏井　誠	東京農業大学元教授
金岩　稔	三重大学生物資源学部，東京農業大学生物産業学部アクアバイオ学科元准教授
小林万里	東京農業大学生物産業学部アクアバイオ学科
佐藤広顕	東京農業大学生物産業学部食品香粧学科
塩本明弘☆	東京農業大学生物産業学部アクアバイオ学科
白井　滋	東京農業大学生物産業学部アクアバイオ学科
菅原　優	東京農業大学生物産業学部地域産業経営学科
瀬川　進	東京農業大学生物産業学部アクアバイオ学科
園田　武	東京農業大学生物産業学部アクアバイオ学科
高橋　潤	東京農業大学生物産業学部アクアバイオ学科
谷口　旭	三洋テクノマリン（株）生物生態研究所，東京農業大学生物産業学部アクアバイオ学科元教授，東北大学名誉教授
千葉　晋	東京農業大学生物産業学部アクアバイオ学科
中川至純	東京農業大学生物産業学部アクアバイオ学科
中村隆俊	東京農業大学生物産業学部生物生産学科
西野康人	東京農業大学生物産業学部アクアバイオ学科
松原　創☆	東京農業大学生物産業学部アクアバイオ学科
蓑茂壽太郎	（一財）公園財団理事長
宮腰靖之	さけます・内水面水産試験場さけます資源部
山﨑雅夫	東京農業大学生物産業学部食品香粧学科
山家秀信	東京農業大学生物産業学部アクアバイオ学科
吉水　守	北海道大学名誉教授
渡邉研一	東京農業大学生物産業学部アクアバイオ学科
渡部貴聴	網走市水産港湾部水産漁港課漁業振興係

アクアバイオ学概論（がくがいろん）

2016年10月15日　第1版第1刷発行
2024年3月31日　第1版第2刷発行

編著者　松原　創（まつばら　はじめ），塩本　明弘（しおもと　あきひろ）
発行者　岡 健司
発行所　株式会社生物研究社
〒108－0073　東京都港区三田2－13－9－201
電話　(03) 6435－1263
Fax　(03) 6435－1264
印刷・製本　モリモト印刷株式会社

落丁本・乱丁本は，小社宛にお送り下さい。
送料小社負担にてお取り替えします。

Printed in Japan
ISBN978-4-915342-74-5 C3062